机动目标跟踪的多模型滤波理论与方法（MATLAB版）

李文玲　杜军平　著

北京航空航天大学出版社

内 容 简 介

机动目标跟踪在军事和民用领域均有重要应用，例如导弹防御、空中交通管制、移动机器人定位导航等。目标运动模式的随机性、多样性和复杂性使得采用单一、固定的运动模型难以描述目标所有可能的运动模式，将目标运动模式的变化描述为多种运动模型之间的切换成为机动目标跟踪的重要方法。本书聚焦为随机跳变系统的机动目标跟踪问题建模，将机动目标跟踪转化为随机跳变系统的多模型自适应滤波问题加以解决，并且结合不同跟踪场景遇到的问题，介绍了几类多模型自适应滤波方法，以及如何在多传感器分布式跟踪场景中将多模型自适应滤波进行分布式实现，进一步在随机有限集框架下介绍了如何将多模型自适应滤波方法与概率假设密度结合来跟踪时变数目的机动目标，最后介绍了多模型自适应滤波在运动载体 GPS 导航和车辆定位中的应用。

本书适用于航空航天、电子信息、自动控制专业研究生和高年级本科生的专业学习，也可供有关科研人员参考。

图书在版编目(CIP)数据

机动目标跟踪的多模型滤波理论与方法：MATLAB 版 / 李文玲，杜军平著. -- 北京 ：北京航空航天大学出版社，2020.10

ISBN 978-7-5124-3372-4

Ⅰ. ①机… Ⅱ. ①李… ②杜… Ⅲ. ①滤波技术—目标跟踪—研究 Ⅳ. ①TN953

中国版本图书馆 CIP 数据核字(2020)第 189154 号

机动目标跟踪的多模型滤波理论与方法

(MATLAB 版)

李文玲　杜军平　著

责任编辑　孙兴芳

*

北京航空航天大学出版社出版发行

北京市海淀区学院路 37 号(邮编 100191)　http://www.buaapress.com.cn

发行部电话：(010)82317024　传真：(010)82328026

读者信箱：goodtextbook@126.com　邮购电话：(010)82316936

北京富资园科技发展有限公司印装　各地书店经销

*

开本：710×1 000　1/16　印张：10.75　字数：229 千字

2020 年 11 月第 1 版　2024 年 5 月第 3 次印刷　印数：1 501～1 800 册

ISBN 978-7-5124-3372-4　定价：39.00 元

前　言

机动目标跟踪旨在利用传感器获取的测量信息，经数据关联后，采用动态系统滤波方法估计出目标的运动状态参数。其关键问题之一就是动态系统滤波方法的设计。由于目标运动过程中可能在多种运动模式之间随机切换，所以采用多模型描述目标运动成为机动目标跟踪的重要方法，相应的，多模型滤波是机动目标跟踪的重要研究方向。多模型滤波方法自20世纪60年代发展以来，受到国内外学者的广泛关注，2015年NASA发布的技术路线图在*Advanced Onboard Navigation Algorithms*章节中明确将多模型滤波方法作为2015—2035年关注的一个重要研究方向。

本书是结合作者近年来的科学研究成果编写而成的，较为系统地介绍了机动目标跟踪的多模型滤波方法，内容包括机动目标跟踪的运动建模与基本的动态系统滤波、几类改进的多模型自适应滤波、多传感器分布式多模型滤波、随机有限集模型与滤波、多模型滤波在导航和定位中的应用等。第1章介绍机动目标跟踪的难点、研究现状、目标运动模型和动态系统滤波方法；第2章介绍多模型信息论滤波、多模型反馈学习滤波、多模型随机矩阵滤波、多模型风险灵敏性滤波和分层交互式多模型滤波；第3章介绍分布式多模型 H_∞ 滤波、分布式多模型一致滤波和分布式多模型扩散滤波；第4章介绍随机有限集模型、多模型概率假设密度滤波、非线性概率假设密度 H_∞ 滤波和多传感器概率假设密度滤波；第5章介绍多模型滤波在GPS导航以及车辆定位中的应用。

本书编写工作得到了北京航空航天大学自动化科学与电气工程学院的领导以及北京航空航天大学出版社的鼎力支持和无私帮助，在此一并表示衷心的感谢；并对文中引用的参考文献作者表示感谢。

随着目标机动能力的不断提升以及跟踪环境的日益复杂，机动目标跟踪领域将会出现更多创新性的理论、方法和技术。本书是面向机动目标跟踪系统设计与运用的专著，重点介绍机动目标跟踪的多模型滤波方法和相关专业基础知识，寄望于为读者提供一个面向机动目标跟踪系统设计的技术参考。本书适用于航空航天、电子信息、自动控制专业研究生和高年级本科生的专业学习,也可供有关科研人员参考。

受限于作者之能力,本书的观点难免有不妥之处,恳请读者批评指正,以期完善提高。

作 者

2020年7月31日于北京

书中程序代码均为核心代码,完整版程序请发邮件至编辑邮箱(goodtextbook@126.com)索取。也可以关注公众号"北航科技图书",回复"3372",免费获得下载链接。若需其他帮助,请拨打010-82317738联系本书编辑。

目　　录

第1章 机动目标跟踪

1.1 机动目标跟踪问题

多目标跟踪是指将传感器接收到的数据分解为对应于不同目标产生的不同观测集合上，通过对目标运动的建模，实现对多个目标运动状态的估计过程。在此过程中，一旦运动航迹被确认，被跟踪的目标数目以及对应于每一条运动航迹的目标状态参数，如位置、速度和加速度等均可相应地估计出来。多目标跟踪综合运用了随机统计决策理论、最优估计理论、知识工程等现代信息处理技术，涉及指挥、控制、通信、计算机和情报等学科发展的前沿问题，逐渐成为国际上研究的热门方向。多目标跟踪在现代军事和民用领域中都有广泛的应用，例如军事中的各种防卫系统，民用中的空中交通管制系统、汽车防碰撞系统以及GPS导航系统等。提供可靠而准确的高质量目标状态信息始终是多目标跟踪研究的首要任务。

通俗地讲，目标机动是指目标的运动形式在不断地变化，例如，目标从匀速运动到加速运动，从直线运动到转弯运动。机动目标跟踪的基本概念形成于20世纪50年代，但直到70年代初期Kalman滤波理论成功应用于目标跟踪领域后，基于状态空间的机动目标跟踪理论与方法才引起人们的普遍关注和极大兴趣。虽然机动目标跟踪的研究在近几十年来得到很大的发展并取得了一些实际应用，但是由于机动目标出现的随机性、多样性和复杂性，以及跟踪环境变得越来越复杂，对机动目标的跟踪一直是一个极具挑战性的问题，迄今为止仍没有一种通用的技术方法适合于所有跟踪环境。因此，对机动目标跟踪问题的进一步研究具有重大理论意义及工程应用价值。

传统的目标跟踪系统是一对一系统，即采用一个传感器跟踪一个目标。对于单机动目标跟踪，其研究难点主要来源于两种不确定性：一是目标运动形式的不确定性，二是量测来源的不确定性。首先，由于缺乏对被跟踪目标运动模型的先验知识，因此建立合理的目标运动模型是机动目标跟踪的基础。这就要求所建模型既要尽可能符合机动实际,又要便于数学处理和工程应用。根据机动目标的运动特征,使用单一、固定的运动模型很难准确地描述目标的运动形式,而采用不合理的目标运动模型或不合适的估计方法又往往导致跟踪性能变差。鉴于此,研究人员提出了一些适合描述多种运动方式的多模型系统,其中一类系统具有参数连续变化和动态模式随机跳变的混合特点,因此被称为随机跳变系统。研究基于随机跳变系统估计理论的机动目标跟踪方法已经成为一个重要方向。其次,量测来源不确定性是指传感器接收到的量测信息与跟踪者感兴趣的目标对应关系的不确定性。量测来源不确定性的起因包括:检测过程导致的随机虚警、有虚假的反射体产生的杂波干扰或者人为制造的虚假目标对抗措施。处理量测来源不确定性的方法是各种数据关联技术,典型的数据关联方法包括最近邻数据关联、概率数据关联和全邻数据关联等。

相比于单机动目标跟踪,多机动目标跟踪的另一个困难是目标数目的不确定性,这是因为新的目标可能在任意时刻出现,而已确定的目标也可能随时脱离跟踪空间范围。传统的多机动目标跟踪方法是基于数据关联的,这种方法把多机动目标分解成几个单机动目标分别跟踪。因此,除了单机动目标跟踪需要的数据关联和状态估计要素外,多机动目标跟踪的基本要素还包括跟踪起始与跟踪终止。跟踪起始是一种建立新的目标航迹文件的决策方法,包括假设航迹形成、航迹初始化和航迹确认;跟踪终止是指当被跟踪目标脱离跟踪空间范围或被摧毁后,目标跟踪系统必须能够自动终止航迹并删除已终止航迹的文件。必须指出的是,多机动目标跟踪的数据关联不仅用来判断量测信息属于虚警还是已确认的航迹,而且还需要判断是否属于新产生的航迹,因此实现方法往往更加困难。在过去的几十年里提出的几种有代表性的数据关联方法包括联合概率数据关联、多假设数据关联和多维分配数据关联等。当目标数目过多或者干扰杂波密度过大时,基于数据关联的多机动目标跟踪算法往往导致计算组合爆炸问题,研究满足实时跟踪的并行数据关联算法或者研究避免数据关联的多机动目标跟踪算法成为一个重要问题。

随着目标机动性能和电子对抗技术的不断提高,仅依靠单传感器的目标跟踪方法已经不能满足需要,必须运用多传感器提供的量测信息进行优化处理,以获取目标状态估计,分析目标行为意图。与此同时,传感器技术的发展使其制造成本不断降低,功能却日益增强。人们开始探索利用多个传感器进行目标跟踪的方法,以期通过综合运用多个同类或异类传感器信息来提高目标跟踪精度。多传感器系统并不是简单数量上的集合,而是在总体功能上互补、协同地组成一个整体。多传感器信息融合的基本原理是充分利用多个传感器资源,通过对观测信息进行合理支配和使用,把在时间和空间上的冗余和互补信息按照某种准则进行组合,以获取对被观测目标的一致性认识。与对单传感器获得的信息集合进行的信息处理相比,多传感器信息融合在解决目标检测、跟踪和识别等方面有更多优势,如增强系统生存能力、扩展时空覆盖范围、提高可信度以及改善系统可靠性等。

迄今为止,国内外已有多部专著和多篇综述性文章来评述多机动目标跟踪研究的发展进程和在实际应用中取得的成果，而且每年举行的目标跟踪及信息融合会议都涉及多机动目标跟踪方面的研究。例如：AIAA Guidance, Navigation, and Control Conference、SPIE Conference on Signal and Data Processing of Small Targets 以及 International Conference on Information Fusion 等。此外，国际上一些著名的杂志近年来也出版了大量多机动目标跟踪方面的文章，例如：*IEEE Transactions on Signal Processing*、*IEEE Transactions on Aerospace and Electronic Systems*、*AIAA Journal of Guidance, Control, and Dynamics* 和 *IET Radar, Sonar and Navigation* 等。这些都充分说明多机动目标跟踪研究的意义和活跃性，同时也表明多机动目标跟踪的理论与方法仍不完善，有待进一步研究和发展。

正如前面所述，一个完整的多机动目标跟踪过程应包括三方面，即跟踪起始、跟踪维持和跟踪终止。具体地说，首先利用接收到的量测信息建立新的目标航迹，典型的跟踪起始方法有连续多次扫描和基于目标后验概率的决策分析方法。其次，通过跟踪门准则和数据关联技术实现量测信息与已确定航迹的配对，然后利用信息处理技术获取各个目标的状态参数，更新已确定目标的航迹。跟踪终止则是跟踪起始的逆过程，是指当有目标离开跟踪空间时消除多余的目标航迹，主要使用连续多次扫描和概率决策分析方法。本书将重点研究跟踪维持问题，即设计不同跟踪环境下的目标状态估计算法。为此，下面介绍如何描述目标运动形式的不确定性，如何处理量测来源的不确定性，以及如何处理目标数目的不确定性。

1.1.1 目标运动形式的不确定性

对于机动目标跟踪而言，挑战之一就是目标运动形式的不确定性。这种不确定性表现为：对跟踪系统来说，被跟踪目标的精确动态模型是未知的。于是，对目标运动建模是机动目标跟踪的一个首要问题。在目标运动模型的构造过程中，考虑到缺乏有关目标运动的精确数据以及存在着许多不可预测的现象，如周围环境的变化及驾驶员主观操作等知识，需要引入状态噪声的概念。当目标做匀速直线运动时，加速度常常被看作是具有随机特性的扰动输入，并可假设其服从零均值白色高斯分布。然而，当目标发生转弯或逃避等机动现象时，上述假设则不尽合理，这时加速度变成非零均值时间相关有色噪声过程。因此，随着目标机动能力的提高和机动方式的多样性，对目标运动的建模也得到了极大的发展。

处理目标未知机动的两种主要方法是输入估计和自适应滤波。输入估计方法是由 Y. Chan 等人于 1979 年提出的一种使用最小二乘法计算加速度大小的方法。它的优点就是目标的未知机动可以直接利用量测信息进行估计，无需重新初始化任何滤波器参数。然而，传统的输入估计方法假定输入强度在检测窗内是常量，而实际上机动可能以多种形式变化，因而上述假定成为传统输入估计方法的主要缺陷。另外，输入估计可能出现检测滞后问题。因此，根据这种苛刻的目标机动形式假定得出的目标机动估计，性能十分有限。为克服此困难，许多学者进行了不同形式的修正。

自适应滤波方法之一是由 Y. Bar-Shalom 和 K. Birmiwal 于 1982 年提出的变维滤波方法。变维滤波方法不依赖于目标机动的先验假设,而是把机动看作是目标动态特性的内部变化。它采用平均信息法进行检测,采用切换策略进行调整,即在没有机动的情况下,跟踪滤波器采用原来的运动模型,一旦检测到机动,新的状态分量被附加上,滤波器就要使用较高维数的运动模型,再由非机动检测器检测机动消除并转换到原来的运动模型。使用变维自适应滤波时,如果量测数据无法提供足够的信息用于模型的判断,则会产生模型的误判,从而导致跟踪性能的下降。事实上,变维滤波器采用的是多模型思想,但是,由于采用的是硬切换策略,所以每个时刻的目标状态估计仍然是由一个运动模型得出,效果不甚理想。

自适应滤波的另一种方法是多模型方法。在机动目标跟踪问题中,目标的运动形式不断变化,传统的滤波方法由于只使用单个模型,很难完整地表征机动目标的运动特性。例如,在城市街道运行的车辆遇到红灯时,需要一个减速的过程乃至停止。此时,如果仍然使用一个匀速运动模型进行跟踪,往往就会有较大误差甚至失跟的可能。在这一背景下,人们设计了多模型滤波方法。机动目标跟踪的多模型思想是指将目标可能的运动模式映射为模型集,集合中的模型代表不同的机动模式,同时使用多个滤波器并行工作,通过计算每个模型的有效概率,然后对每个子滤波器的估计值进行加权,得到目标状态的最终估计。相比于变维滤波,多模型方法采用的是软切换策略。它实质是多模型自适应控制思想在机动目标跟踪领域的推广和应用。因其具有独特的处理结构以及将复杂问题简化的能力,因而受到很大的重视。特别地,基于随机跳变系统模型的机动目标跟踪已成为一个热门研究方向。2015 年,NASA Technology Roadmaps(TA 5:Communications, Navigation, and Orbital Debris Tracking and Characterization Systems)中将“Navigation filter algorithms”作为一个需要进一步开展研究的重要课题,并在“Advanced Onboard Navigation Algorithms”中明确指出将多模型估计作为一个重点研究方向(“Gaussian mixture model-based estimation; multiple-model estimation, Sigma Point Kalman filters, Cauchy-based filters”)。

1.1.2 量测来源的不确定性

机动目标跟踪的另一个挑战是量测来源的不确定性。换句话说,跟踪环境中可能存在干扰或杂波,使得即使跟踪单个目标,传感器收到的有效量测也可能有多个,这就需要确立量测信息与目标航迹之间的关系。对于多机动目标跟踪,不仅要确定量测是否来自杂波,还需要区分哪个量测来自哪个目标航迹。如何将有效量测信息和目标航迹关联起来,正是数据关联研究的内容。数据关联是传统多机动目标跟踪中最重要的研究内容之一。数据关联结果的好坏直接关系到跟踪性能的优劣。特别是当被跟踪的目标数目较多、杂波密度较大且目标运动互相接近时,数据关联的过程往往变得更加复杂。值得一提的是,随机有限集理论在多目标跟踪中的应用为多目标跟踪提供了一种新的研究思路，这种方法成功避免了数据关联问题，但也带来了其他困难，具体将在 1.2 节中介绍。

目前，常用的数据关联技术包括最近邻数据关联、概率数据关联（Probabilistic Data Association, PDA）、全邻数据关联、联合概率数据关联（Joint PDA，JPDA）、多假设数据关联以及多维分配数据关联等。需要指出的是，PDA 和 JPDA 算法都不具备跟踪起始和跟踪终止的能力，也就是说，它们只适合跟踪固定数目的目标。为克服这一困难，D. Musicki 等人提出了集成 PDA（IPDA）和集成 JPDA（JIPDA）算法，用于处理跟踪起始和跟踪终止的问题，并进一步与交互式多模型方法结合用于跟踪机动目标。数据关联技术的主要难点在于目标数过多或者干扰杂波密度过大时，经常导致计算上的组合爆炸问题，因此发展适合于并行运算的数据关联算法成为一个趋势。

从应用数学角度讲，多机动目标跟踪的本质是一个估计问题，其中目标运动的不确定性描述是系统状态空间的建模过程，而量测来源的不确定性处理是把数据关联技术与传统估计方法结合的过程。一旦运动模型建立，多机动目标跟踪的主要问题就是如何处理不同跟踪环境下的量测问题，把不同的环境特征与估计方法相结合。例如，当使用随机跳变系统运动模型时，多传感器跟踪系统的量测处理就是在多模型框架下考虑信息融合问题。

1.1.3　目标数目的不确定性

多机动目标跟踪的一个重要挑战是目标数目的不确定性。也就是说，在跟踪区域和跟踪区间内，需要跟踪的目标数目是变化的，随时可能有新的目标进入跟踪区域，随时可能有目标离开跟踪区域，甚至有的目标可以分裂成多个目标。这涉及目标的跟踪起始和跟踪终止的判定，给多机动目标跟踪带来极大的困难。随机有限集建模与滤波方法成为跟踪时变数目多机动目标的一个重要手段，受到国内外学者的广泛关注。

1.2　机动目标跟踪的研究现状

随着目标机动性能的提高以及跟踪环境的日益复杂，仅仅利用单传感器进行多机动目标跟踪已经不能满足需要。多机动目标跟踪的一个首要问题就是对目标运动进行建模，以处理机动形式的随机性和多样性，建立的模型能否反映目标的运动直接关系到跟踪效果的优劣。由于对跟踪者来说，目标的运动形式无法精确知道，因此仅用一种类型的运动模型往往无法正确描述目标在整个跟踪区间内的运动。基于随机跳变系统的多模型建模方法为解决此问题提供了一种新的研究思路。随机跳变系统是一类带有 Markov 切换参数的多模型系统，模型之间的切换由一个离散时间 Markov 链驱动。在描述目标机动时，目标运动的不同形式对应随机跳变系统的不同模型,而目标的机动对应 Markov 链的切换。由于多模型的引入,传统的基于单模型的跟踪方法难以奏效。例如,多传感器融合公式都是针对单模型系统建立的,而在多模型框架下如何设计融合策略以及如何推导多模型融合公式都是亟需解决的问题。

1.2.1 目标运动的随机跳变系统模型

多模型方法的基本思想是将目标可能的运动模式映射为模型集,集合中的模型代表了目标的不同机动模式,同时使用多个滤波器并行工作,通过计算每个模型的有效概率,对每个子滤波器的估计值进行加权得到目标状态的最终估计。早在 1965 年,D. Magill 就提出了第一代多模型方法,并由 D. Lainiotis 和 P. Maybeck 进一步改进。第一代多模型方法的主要特点是采用固定数目的模型,并且模型滤波器之间独立工作,没有交互,输出结果是对各子滤波器估计的融合,这也称为自治多模型方法(Autonomous Multiple Model, AMM)。

在继承第一代多模型估计融合优势的基础上,研究人员发展了基于模型滤波器交互的第二代多模型方法。第二代多模型方法仍然使用固定数目的模型,但考虑模型之间的交互,例如,目标运动模型之间的切换可能服从一个有限状态的 Markov 过程或半 Markov 过程。若记 $\boldsymbol{x}_k$ 为目标在 k 时刻的运动状态(包括位置、速度以及加速度等参数),$\boldsymbol{r}_k$ 表示一个有限状态的 Markov 过程或半 Markov 过程,则目标运动模型可建模为

$$\boldsymbol{x}_k = \boldsymbol{F}_{k-1}(\boldsymbol{r}_k)\boldsymbol{x}_{k-1} + \boldsymbol{G}_{k-1}(\boldsymbol{r}_k)\boldsymbol{w}_{k-1}(\boldsymbol{r}_k) \tag{1.1}$$

式中:$\boldsymbol{w}_{k-1}(\boldsymbol{r}_k)$为过程噪声;$\boldsymbol{F}_{k-1}(\boldsymbol{r}_k)$和 $\boldsymbol{G}_{k-1}(\boldsymbol{r}_k)$分别为依赖于 Markov 过程的系统转移矩阵与噪声分布矩阵。换句话说,针对不同运动模型的描述,$\boldsymbol{F}_{k-1}(\boldsymbol{r}_k)$和 $\boldsymbol{G}_{k-1}(\boldsymbol{r}_k)$具有不同的形式。在本书中,总假设 $\boldsymbol{r}_k$ 为一个有限状态 Markov 过程,并称系统(1.1)为随机跳变系统。

针对随机跳变系统的机动目标跟踪算法,最具代表性的是 G. Ackerson 和 K. Fu 于 1970 年提出的 n 阶广义伪贝叶斯(n-order Generalized Pseudo Bayesian, GPBn)方法以及 H. Blom 和 Y. Bar-Shalom 于 1988 年提出的交互式多模型(Interacting Multiple Model, IMM)方法。一阶 GPB(GPB1)算法采用最简单的重初始化方法,即把前一时刻的总体状态估计作为当前时刻的滤波初始条件,然后各模型按基本的 Kalman 滤波进行状态估计,同时计算各个模型的概率,最后利用加权和求得当前时刻的最终状态估计。二阶 GPB(GPB2)算法则需要考虑过去两个采样时间间隔内的历史,滤波器初始输入要在此假设下重新计算,这种算法需要 M^2 个滤波器并行处理(其中 M 为集合中的模型数目),计算量较大。在 GPB 方法基础上发展起来的 IMM 方法通过使用一种更有效的假设管理技术,使得 IMM 估计具有 GPB2 的性能和 GPB1 计算量上的优势,其已成功应用于许多实际问题。例如,欧洲空中交通管制计划是最先应用 IMM 方法的项目之一,法国 Hadamard 计划的研究结果表明,在众多方法中仅有 IMM 方法能够获得严格的速度估计。IMM 方法也被应用于

包括近千个目标和多部传感器的大型空中交通管制研究计划中。在利用IMM方法进行目标状态估计时，考虑到每个模型滤波器都有可能成为当前有效的系统模型滤波器，每个滤波器的初始条件都是基于前一时刻各条件模型滤波结果的合成。虽然IMM方法已经获得成功应用，但必须指出的是，其跟踪性能在很大程度上依赖于模型集的选择。事实上，IMM方法通常只是根据目标可能机动的先验知识来设计运动模型集，并未利用目标实时机动的有关信息。因此，在实际应用中，为了尽可能覆盖所有范围的机动，所选的模型集应尽可能大，然而过多的模型使用除了急剧增加计算量外，还会因大量运动模型的不匹配使得估计器的性能降低。固定结构多模型方法的这一局限性引起了学者们的注意，并提出两种解决方案：一是设计更好的模型集；二是使用可变模型集。

1992年，李晓榕教授在没有固定结构限制的情况下，创立了变结构多模型方法的理论基础，也就是第三代多模型方法。其基本思想是，通过对量测信息以及一些验前和验后信息的融合，使得任何时刻的模型集合通过一个自适应过程确定。该方法最重要的就是模式相关性的概念，即目标当前时刻的运动模式与其前一时刻的运动状态和模式是相关的。变结构多模型方法主要解决两方面的问题：一是如何设计好的模型集；二是如何使模型集自适应。李晓榕教授首先从理论上提出了三类通用的模型集离线设计方法：最小概率分布匹配法、最小模式距离法和矩匹配方法，对于模型集的设计具有一般性的理论指导意义。另外，也有学者提出在线设计模型的方法。在变结构多模型方法中，一种重要而实用的方法是递归自适应模型集方法，它包括模型集自适应和模型集序列条件估计两部分。模型集自适应是决策部分，它通过使用先验知识和量测序列中的后验信息确定在每个时刻使用哪个模型集来进行估计；模型集序列条件估计是估计部分，主要包括初始化新激活的模型滤波器、重初始化仍在起作用的模型滤波器、基于当前模型的状态估计、对每个模型与起作用的运动模式匹配概率的计算以及最终的估计融合。

李晓榕教授把三代多模型方法与团队协作进行了类比，给出了一种有趣的解释。首先，单模型方法的性能完全依赖于团队中被认为是最优秀成员的决策能力；其次，第一代多模型方法中的各个成员独立工作，其性能取决于各成员表现后的最优情形，因此往往优于单模型方法；再次，第二代多模型方法中的各个成员互相交流协作，结果自然比第一代多模型方法要好；最后，第三代多模型方法引入了优胜劣汰的规则，根据实际情况决定引入新的成员或者剔除不适合协作的旧成员，因此比前两种多模型方法更胜一筹。必须指出的是，随着协作规则的增加或深入，计算负担也大大增加。

1.2.2 多传感器分布式机动目标跟踪

多传感器目标跟踪系统具有搜索范围大、作用距离远和可靠性高等显著特点，特别适用于广阔海域和空域的监视。近几十年，国内外学者在多传感器信息融合领域已经取得了很多成果及应用。在系统结构方面,已经提出了集中式、分布式和混合式。集中式系统将各个传感器接收到的量测信息全部传送到融合中心,在融合中心统一进行数据关联和状态估计等。若不考虑数据关联问题,集中式融合有扩维滤波和量测融合两种实现方法,特别是当各传感器的量测误差统计独立时,两种方法在性能上等价。

集中式融合结构的优点是可以使信息量损失最小,因而融合结果最优,可作为各种分布式和混合式融合算法性能比较的参照。但同时由于数据量比较大,使得融合系统需要具有足够的带宽来传输原始数据,并且融合中心必须具有大容量的数据处理能力,所以工程上较难实现。另外,由于融合中心计算负担重,出现故障时会导致系统瘫痪,所以系统的生存能力差。

分布式融合也称为传感器级融合或自主式融合。在这种结构中,每个传感器都有自身的跟踪滤波器,首先根据自身接收到的量测信息获取目标状态的局部估计,然后把这些局部结果传送到融合中心,根据规定的优化标准进行全局融合。由于融合中心是对局部航迹融合,因此也称为航迹融合(track-fusion)。分布式结构对信道容量要求较低,可靠性较好,系统生命力强,因在工程上易于实现而得到高度重视,成为信息融合研究的重点结构之一。分布式融合系统根据通信方式的不同又可分为无反馈分层融合和有反馈分层融合。无反馈分层融合是指各传感器节点把局部估计全部传送到融合中心以形成全局估计,而有反馈分层融合中的全局估计可以反馈到各局部节点,它具有容错的优点。例如,当检测到某个局部节点的估计结果很差时,不必把它排斥在系统之外,而是可以利用全局结果来修正局部节点的状态。这样既改善了局部节点的信息,又可继续利用该节点的信息。研究表明,有反馈分层融合结构并不能改善融合系统的性能,但可以提高局部估计的精度。

与分布式融合性能等价的是完全分布式融合,在这种结构中,各节点由网状形式相连接,每个节点都可以享有其他节点的信息以获得全局最优估计。与具有中心节点的分布式融合相比,这种结构的系统可靠性更强,任何一个节点损坏,对于整个系统的影响都非常小,系统仍可以鲁棒地工作。但是,这种融合结构的可扩展性较差,每增加一个节点,都需要能够与其他任何一个节点通信。为提高系统的可扩展性,2005 年,R. Olfati-Saber 等人提出了基于一致性方法的分布式融合式结构。该结构不需要传感器节点之间两两相连,而是通过享有与它相连节点的局部信息来达到全局最优估计。基于一致性方法的分布式融合已成为近年来一个研究热点,并取得了一些初步成果。

混合式结构是集中式和分布式两种结构的组合,同时传送各个节点的量测以及各个节点经过跟踪处理的航迹。该结构保留了集中式和分布式两种结构的优点,但在通信带宽、计算量、存储量上一般要付出更大的代价。对于多传感器机动目标跟踪,当目标运动建模为随机跳变系统时,S. Jeong 利用并行滤波方法研究了杂波环境中的单机动目标跟踪;J. Tugnait 等人又进一步提出了各种改进的多传感器多机动目标跟踪算法，但这些仍然属于集中式融合的范畴。Z. Ding 和 L. Hong 提出了具有融合中心的多传感器分布式机动目标跟踪算法。由于目标运动建模为多模型系统，在使用单模型分布式估计融合公式时需要一个统一的全局模型，而这对一般的随机跳变系统来说是不存在的。因此，如何构造等价的全局模型是一个研究重点。2004 年，L. Hong 等人又提出一种无需构造等价模型的多模型分布式估计融合结构，并应用于地面目标的跟踪，但是这种结构仍需要一个融合中心。对于非全连接传感器网络，N. Sandell 等人首次将分布式信息融合公式与 JPDA 技术结合，用于跟踪多目标。由于算法中采用单运动模型，因而并不适合多机动目标的跟踪。

1.2.3 多目标跟踪的随机有限集理论

正如前面所述，传统的多机动目标跟踪方法采取把各个子问题逐个击破，然后把解决各个子问题的方法合并在一起的思想处理复杂环境下的多机动目标跟踪问题。它实际上是把对多机动目标的跟踪分解为对多个单机动目标的跟踪，这种研究一般依赖于数据关联技术。考虑到现有的数据关联技术往往会出现组合爆炸问题，需要较大的计算量，因此研究避免数据关联的多机动目标跟踪方法显得尤为重要。

1994 年，R. Mahler 首次提出使用随机有限集理论处理多目标跟踪问题，并初步给出了多传感器多目标跟踪的理论描述，证明了模糊逻辑、Dempster-Shafer 理论、基于准则的推理都是规范 Bayes 建模方法的推论。R. Mahler 提出的随机有限集理论通过对多目标状态和量测集合建模为随机有限集进行整体处理，得到了递推的 Bayes 公式，从而成功地规避了数据关联带来的困难，并且其计算复杂度比传统跟踪方法要小得多。经过进一步的研究，2003 年，R. Mahler 提出了随机有限集一阶矩的概念，并给出了基于一阶矩的概率假设密度递推公式。这为随机有限集理论在工程上的实现奠定了基础。R. Mahler 于 2007 年进一步提出了随机有限集高阶矩的概念。O. Erdinc 等人根据物理空间描述法给出了概率假设密度的另一种更加形象的解释，使研究学者更加容易接受这一项技术。由于递推公式中包含高维积分，概率假设密度在很多实际应用中几乎不能解析实现。针对这一问题，2003 年，H. Sidenbladh 首先给出了概率假设密度递推公式的粒子滤波数值逼近形式，并应用到数目变化的地面目标跟踪问题中。之后，许多学者结合粒子滤波技术的特点，给出了多种改进形式。

虽然粒子滤波能够很好地处理非线性非高斯系统，但是由于滤波过程需要大量的采样粒子，故所给出的算法往往要求较大的计算量，并且存在粒子退化和峰值提取困难等问题。为克服此问题，2006 年，B. Vo 等人在假设系统为线性高斯系统的情形下，提出了基于 Kalman 滤波的闭形式高斯混合概率假设密度递推公式，并进一步使用扩展 Kalman 滤波和无迹 Kalman 滤波处理了非线性高斯系统。高斯混合的实现方式计算量较小，峰值提取简单，易于工程实现，已经成功应用于说话者人数和方位的估计、声纳图像跟踪、地面目标跟踪以及视觉跟踪中。特别地，B. Vo 等人通过把量测集合建模为有限集,处理了单目标跟踪问题。自此国际上更加注重基于随机有限集理论的多目标跟踪方法,并取得一大批理论成果和算法实现。必须指出的是,上述算法仅限于目标运动状态为单模型情形,并不适用于多机动目标的跟踪。

基于随机有限集理论的多机动目标跟踪也有所发展,已有文献把目标运动建模为随机跳变系统,分别给出了多模型概率假设密度递推公式的粒子实现和高斯混合实现算法。正如 B. Vo 等人指出,现有文献中提出的基于随机跳变系统的多模型高斯混合概率假设密度滤波器仍类似于自治型多模型方法,还没有实现 IMM 的机制。IMM 方法不能直接引入到随机有限集理论主要是因为存在两个困难:一是原本需要计算的一维模型的概率转化为多维随机有限集的联合概率,计算复杂度和可操作性很难实现;二是在多模型概率假设密度递推的过程中需要使用修剪技术来阻止计算高斯项数的指数增长,而对于不同模型的修剪后,可能导致在下一步递推中具有不同的高斯项数,以致不能再进行交互。此外,N. Nandakumaran 等人提出了随机有限集的粒子滤波平滑算法,分别用于处理非机动和机动目标跟踪问题;进一步提出了高斯混合形式的平滑算法用于处理多目标跟踪问题,但是并没有处理多机动目标的跟踪,这是因为随机跳变系统平滑算法的实现本身就非常困难,并且往往是基于 IMM 方法发展起来的。

从多目标跟踪领域发表的文章来看,基于随机有限集理论的多目标跟踪是一个新的研究方向,也是现阶段的一个研究热点,但仍处于研究的初始阶段。由于算法的高效性和可行性,将在更多领域取代传统的多目标跟踪方法,并且不断扩大它的应用领域,这就迫切需要开展深入的基础理论研究和实际技术的应用。

1.3 目标运动模型

近几十年来,国内外学者对运动建模问题进行了大量的研究工作。最简单的两种模型是近匀速运动模型和近匀加速运动模型,它们分别针对的是理想的匀速和匀加速目标。在这种模型中,机动被看作是一种随机输入,并通过噪声方差来表示其大小。虽然这两种模型可以很好地表征非机动目标的运动特性,但是对机动目标往往产生较大的模型误差。1970 年,R. Singer 提出了一种加速度为零均值一阶平稳 Markov 过程的机动模型,称为 Singer 模型。Singer 模型假设目标加速度服从一阶时间相关过程,其时间相关函数为指数衰减形式。由于零均值假设对于实际环境中的高机动目标跟踪不尽合理,只适用于匀速和匀加速范围内的目标运动。R. Moose 于 1975 年提出了一种半 Markov 跳跃过程模型,该模型假设机动加速度不为零均值,而是一个有限状态的半 Markov 过程,加速度的各个状态值由 Markov 过程的转移概率来确定。相比于 Singer 模型,Moose 模型由于引入了非零均值加速度而更符合实际。然而,Moose 模型为了保证过程收敛,需要大量预先选定的平均值,这也是实际及实时运算中所不可取的。1981 年,J. Kendrick 等人提出了一种把机动目标法向加速度的大小描述成非对称分布的时间相关随机过程的运动模型，该模型被认为是现代载人飞行器逃避机动的典型模型。Singer 模型和 Moose 模型实际上是一种验前假设统计模型，它考虑到各种不同的机动。然而，当考虑的只是当前时刻某一具体机动时，对于这一具体机动发生的可能性，Singer 模型认为很小，机动加速度零均值的假定使得对于加速度较大的机动显得无能为力。1984 年，周宏仁教授提出了“当前”统计模型。该模型本质上是非零均值时间相关模型，其机动加速度的当前概率密度用修正的 Rayleigh 分布描述。与传统的 Singer 模型和 Moose 模型相比，它能更为真实地反映目标机动范围和强度的变化。1997 年，K. Mehrotra 和 P. Mahapatra 提出了机动目标的 Jerk 模型。在这种模型中，状态向量包括目标的位置、速度、加速度和加速度变化率，其中加速度的变化称为 Jerk。在 Jerk 模型中，假设目标 Jerk 服从零均值的一阶时间相关过程，其时间相关函数为指数衰减形式。由于引入了加速度变化率，Jerk 模型可以较好地应用于强机动目标跟踪中。除了上述运动模型外，还有微分多项式模型、协调转弯模型以及各种模型的推广形式。总的来说，机动目标运动建模的趋势是采用非零均值时间相关模型，并努力反映不同情况下目标的机动特性。

下面将给出几类常用运动模型的数学表达形式。不失一般性，考虑二维平面上的运动。

(1) 近匀速运动模型(CV)

目标状态的离散化方程可表示为

$$\boldsymbol{x}_k = \boldsymbol{F}_{k-1}\boldsymbol{x}_{k-1} + \boldsymbol{G}_{k-1}\boldsymbol{w}_{k-1} \tag{1.2}$$

式中：$\boldsymbol{x}_k = [x_k^p, x_k^v, y_k^p, y_k^v]^{\mathrm{T}}$ 表示 k 时刻目标的状态向量；(x_k^p, y_k^p) 与 (x_k^v, y_k^v) 分别表示目标在 $X-Y$ 平面上的位置和速度分量；$\boldsymbol{w}_{k-1}$ 为零均值高斯白噪声向量；$\boldsymbol{F}_{k-1}$ 与 $\boldsymbol{G}_{k-1}$ 分别为状态转移矩阵和过程噪声分布矩阵，当采样时间间隔设为 T 时，$\boldsymbol{F}_{k-1}$ 与 $\boldsymbol{G}_{k-1}$ 的具体形式如下：

$$\boldsymbol{F}_{k-1} = \begin{bmatrix} 1 & T & 0 & 0 \\ 0 & 1 & 0 & 0 \\ 0 & 0 & 1 & T \\ 0 & 0 & 0 & 1 \end{bmatrix}, \quad \boldsymbol{G}_{k-1} = \begin{bmatrix} T^2/2 & 0 \\ T & 0 \\ 0 & T^2/2 \\ 0 & T \end{bmatrix}$$

事实上，通过对上述方程的简单分析可知，近匀速运动模型是把加速度建模为高斯白噪声，并用噪声协方差反映加速度的大小。

(2) 近匀加速运动模型(CA)

目标状态的离散化方程仍然可以用式(1.2)表示。但是，需要在目标状态向量中引入加速度分量 (x_k^a, y_k^a)，即目标状态向量定义为 $\boldsymbol{x}_k = [x_k^p, x_k^v, x_k^a, y_k^p, y_k^v, y_k^a]^{\mathrm{T}}$。此时

$$\boldsymbol{F}_{k-1}=\begin{bmatrix}1 & T & T^2/2 & 0 & 0 & 0\\0 & 1 & T & 0 & 0 & 0\\0 & 0 & 1 & 0 & 0 & 0\\0 & 0 & 0 & 1 & T & T^2/2\\0 & 0 & 0 & 0 & 1 & T\\0 & 0 & 0 & 0 & 0 & 1\end{bmatrix},\quad \boldsymbol{G}_{k-1}=\begin{bmatrix}T^2/2 & 0\\T & 0\\1 & 0\\0 & T^2/2\\0 & T\\0 & 1\end{bmatrix}$$

在近匀加速运动模型中,加速度的增量被假定为一个独立白噪声过程。所谓加速度在一段时间的增量,就是加速度的导数在这个时间段的积分。

(3) 协调转弯运动模型(CT)

目标状态的离散化方程也可以用式(1.2)表示,此时

$$\boldsymbol{F}_{k-1}=\begin{bmatrix}1 & \dfrac{\sin\omega T}{\omega} & 0 & -\dfrac{1-\cos\omega T}{\omega}\\0 & \cos\omega T & 0 & -\sin\omega T\\0 & \dfrac{1-\cos\omega T}{\omega} & 1 & \dfrac{\sin\omega T}{\omega}\\0 & \sin\omega T & 0 & \cos\omega T\end{bmatrix},\quad \boldsymbol{G}_{k-1}=\begin{bmatrix}T^2/2 & 0\\T & 0\\0 & T^2/2\\0 & T\end{bmatrix}$$

式中:ω 表示协调转弯率。易见,当 $\omega>0$ 时,模型表示目标向左转弯;而当 $\omega<0$ 时,模型表示目标向右转弯;特别地,当 $\omega\to0$ 时,模型退化为近匀速运动。需要指出的是,上述模型中假定协调转弯率是已知的。对于未知情形,一种建模方式是把协调转弯率 ω 作为待估计量引入信息状态向量,即 $x_k=[x_k^p,x_k^v,y_k^p,y_k^v,\omega_k]^{\mathrm{T}}$,从而可得类似模型。协调转弯运动模型往往用来建模随机跳变系统。具体地说,鉴于对被跟踪目标运动形式的未知,总可以假设目标在以不同的协调转弯率运动,当把具有不同协调转弯率的运动模型用 Markov 过程联系起来时,很自然地就建模为线性随机跳变系统。

1.4　动态系统滤波

1.4.1　Kalman 滤波

首先介绍 Kalman 滤波的优化标准,即状态估计在什么意义下是最优的。

设 $\boldsymbol{a}\in\mathbb{R}^n$,$\boldsymbol{B}\in\mathbb{R}^{n\times m}$,若对参数 $\boldsymbol{x}$ 的估计可以表示为量测信息 $\boldsymbol{z}$ 的线性函数,即

$$\hat{\boldsymbol{x}}=\boldsymbol{a}+\boldsymbol{B}\boldsymbol{z}$$

则称为线性估计;进而如果估计误差的均方值达到最小,则称之为线性最小方差估计,如果这种估计还是无偏的,则称之为线性无偏最小方差估计。

考虑如下离散时间线性随机动态系统:

$$\begin{aligned}\boldsymbol{x}_k&=\boldsymbol{F}_{k-1}\boldsymbol{x}_{k-1}+\boldsymbol{G}_{k-1}\boldsymbol{w}_{k-1}\\\boldsymbol{z}_k&=\boldsymbol{H}_k\boldsymbol{x}_k+\boldsymbol{v}_k\end{aligned}\tag{1.3}$$

式中：$k\in\mathbb{N}$ 是时间指标；$\boldsymbol{x}_k\in\mathbb{R}^n$ 为系统在 k 时刻的状态向量；$\boldsymbol{w}_{k-1}$ 是过程噪声向量；$\boldsymbol{F}_{k-1}$ 与 $\boldsymbol{G}_{k-1}$ 分别为状态转移矩阵和噪声分布矩阵；$\boldsymbol{z}_k\in\mathbb{R}^p$ 是 k 时刻对系统状态的量测向量；$\boldsymbol{H}_k$ 为量测矩阵；$\boldsymbol{v}_k$ 为量测噪声。记 $\boldsymbol{Z}_k=\{\boldsymbol{z}_1,\cdots,\boldsymbol{z}_k\}$ 为直到 k 时刻的所有量测信息，则基于量测信息 $\boldsymbol{Z}_k$ 对 $\boldsymbol{x}_k$ 的估计问题称为状态滤波问题。对 $\boldsymbol{x}_{k+l}$，$l>0$ 的估计问题，称为状态预测问题；而对 $\boldsymbol{x}_{k+l}$，$l<0$ 的估计问题，称为状态平滑问题。

针对系统(1.3)，假设噪声 $\boldsymbol{w}_{k-1}$ 与 $\boldsymbol{v}_k$ 为互相独立的零均值高斯白噪声，且协方差矩阵分别为 $\boldsymbol{Q}_{k-1}$ 和 $\boldsymbol{R}_k$，即 $\boldsymbol{w}_{k-1}\sim N(\boldsymbol{w}_{k-1};0,\boldsymbol{Q}_{k-1})$，$\boldsymbol{v}_k\sim N(\boldsymbol{v}_k;0,\boldsymbol{R}_k)$，其中，

$$N(\boldsymbol{x};\hat{\boldsymbol{x}},\boldsymbol{P})=\det(2\pi\boldsymbol{P})^{-1/2}\exp\left[-\frac{1}{2}(\boldsymbol{x}-\hat{\boldsymbol{x}})^{\mathrm{T}}\boldsymbol{P}^{-1}(\boldsymbol{x}-\hat{\boldsymbol{x}})\right]$$

此外，二者还与初始状态 $\boldsymbol{x}_0\sim N(\boldsymbol{x}_0;\hat{\boldsymbol{x}}_0,\boldsymbol{P}_0)$ 独立，则有如下 Kalman 滤波公式使得状态估计是线性无偏最小方差：

步骤一：初始条件，即

$$\hat{\boldsymbol{x}}_{0|0}=\hat{\boldsymbol{x}}_0,\quad \tilde{\boldsymbol{x}}_{0|0}=\boldsymbol{x}_0-\hat{\boldsymbol{x}}_{0|0},\quad \mathrm{Cov}\{\tilde{\boldsymbol{x}}_{0|0}\}=\boldsymbol{P}_0$$

步骤二：提前预测值及其预测误差协方差矩阵，即

$$\hat{\boldsymbol{x}}_{k|k-1}=E\{\boldsymbol{x}_k\mid\boldsymbol{Z}_{k-1}\}=\boldsymbol{F}_{k-1}\hat{x}_{k-1|k-1}$$

$$\boldsymbol{P}_{k|k-1}=\mathrm{Cov}\{\tilde{\boldsymbol{x}}_{k|k-1}\}=\boldsymbol{F}_{k-1}\boldsymbol{P}_{k-1|k-1}\boldsymbol{F}_{k-1}^{\mathrm{T}}+\boldsymbol{G}_{k-1}\boldsymbol{Q}_{k-1}\boldsymbol{G}_{k-1}^{\mathrm{T}}$$

式中：$\hat{\boldsymbol{x}}_{k-1|k-1}$ 表示 $k-1$ 时刻的 Kalman 滤波估计值；$\boldsymbol{P}_{k-1|k-1}$ 表示 $k-1$ 时刻的估计误差协方差矩阵；$\tilde{\boldsymbol{x}}_{k|k-1}=\boldsymbol{x}_k-\hat{\boldsymbol{x}}_{k|k-1}$ 表示单步预测误差值。

步骤三：滤波更新值及其滤波误差协方差矩阵，即

$$\hat{\boldsymbol{x}}_{k|k}=E\{\boldsymbol{x}_k\mid\boldsymbol{Z}_k\}=\hat{\boldsymbol{x}}_{k|k-1}+\boldsymbol{K}_k(\boldsymbol{z}_k-\boldsymbol{H}_k\hat{\boldsymbol{x}}_{k|k-1})$$

$$\boldsymbol{P}_{k|k}=\mathrm{Cov}\{\tilde{\boldsymbol{x}}_{k|k}\}=\boldsymbol{P}_{k|k-1}-\boldsymbol{P}_{k|k-1}\boldsymbol{H}_k^{\mathrm{T}}(\boldsymbol{H}_k\boldsymbol{P}_{k|k-1}\boldsymbol{H}_k^{\mathrm{T}}+\boldsymbol{R}_k)^{-1}\boldsymbol{H}_k\boldsymbol{P}_{k|k-1}$$

式中：$\tilde{\boldsymbol{x}}_{k|k}=\boldsymbol{x}_k-\hat{\boldsymbol{x}}_{k|k}$ 表示滤波误差值；而 k 时刻的 Kalman 滤波增益矩阵为

$$\boldsymbol{K}_k=\boldsymbol{P}_{k|k-1}\boldsymbol{H}_k^{\mathrm{T}}(\boldsymbol{H}_k\boldsymbol{P}_{k|k-1}\boldsymbol{H}_k^{\mathrm{T}}+\boldsymbol{R}_k)^{-1}$$

需要指出的是，Kalman 滤波的主要限制是要求精确知道系统动态模型，并且要求准确知道噪声的统计特性，而这在实际中往往无法获得，尤其是在未知运动形式的目标跟踪领域。注意，Kalman 滤波是在时间域内的一个递推形式，其计算是一个迭代的预测—更新过程，并且无需大量的存储空间，从而便于计算机实时处理。在实际递推过程中，往往采用 Kalman 滤波的信息滤波器形式。所谓信息滤波器，就是在预测和更新两个步骤中都递推地计算协方差矩阵的逆。具体地，定义下述信息形式：

$$\boldsymbol{Y}_{k|k}=\boldsymbol{P}_{k|k}^{-1}$$

$$\hat{\boldsymbol{y}}_{k|k}=\boldsymbol{Y}_{k|k}\hat{\boldsymbol{x}}_{k|k}$$

$$\boldsymbol{Y}_{k|k-1}=\boldsymbol{P}_{k|k-1}^{-1}$$

$$\hat{\boldsymbol{y}}_{k|k-1}=\boldsymbol{Y}_{k|k-1}\hat{\boldsymbol{x}}_{k|k-1}$$

则上述预测与更新步骤可改写为

$$\begin{aligned}\hat{\boldsymbol{y}}_{k|k-1} &= \boldsymbol{Y}_{k|k-1}\boldsymbol{F}_{k-1}\boldsymbol{Y}_{k|k}^{-1}\hat{\boldsymbol{y}}_{k-1|k-1} \\ \boldsymbol{Y}_{k|k-1} &= (\boldsymbol{F}_{k-1}\boldsymbol{Y}_{k-1|k-1}^{-1}\boldsymbol{F}_{k-1}^{\mathrm{T}} + \boldsymbol{G}_{k-1}\boldsymbol{Q}_{k-1}\boldsymbol{G}_{k-1}^{\mathrm{T}})^{-1} \\ \hat{\boldsymbol{y}}_{k|k} &= \hat{\boldsymbol{y}}_{k|k-1} + \boldsymbol{H}_k^{\mathrm{T}}\boldsymbol{R}_k^{-1}z_k \\ \boldsymbol{Y}_{k|k} &= \boldsymbol{Y}_{k|k-1}^{-1} + \boldsymbol{H}_k^{\mathrm{T}}\boldsymbol{R}_k^{-1}\boldsymbol{H}_k\end{aligned}$$

当系统状态维数 n 大于量测维数 p 时,采用 Kalman 滤波形式较好,因为此时所需的求逆矩阵是 $p\times p$ 的;反之,当系统状态维数 n 小于量测维数 p 时,采用信息滤波形式较好,因为此时所需的求逆矩阵是 $n\times n$ 的。信息滤波形式的另一个好处是易于处理多传感器信息融合问题。

1.4.2 扩展 Kalman 滤波

考虑如下离散时间非线性随机动态系统:

$$\left.\begin{aligned}\boldsymbol{x}_k &= f(\boldsymbol{x}_{k-1}) + \boldsymbol{w}_{k-1} \\ \boldsymbol{z}_k &= h(\boldsymbol{x}_k) + \boldsymbol{v}_k\end{aligned}\right\} \tag{1.4}$$

式中:$k\in\mathbb{N}$ 为时间指标;$\boldsymbol{x}_k\in\mathbb{R}^n$ 为 k 时刻状态向量;$\boldsymbol{w}_{k-1}$ 为过程噪声;$f(\cdot)$为非线性动态函数;$\boldsymbol{z}_k\in\mathbb{R}^p$ 为量测向量;$h(\cdot)$为非线性量测函数;$\boldsymbol{v}_k$ 为量测噪声。

根据 Bayes 理论,概率密度函数包含系统状态所有可能的统计信息。因此,状态估计问题转化成了求解概率密度函数问题。特别地,当已求得 k 时刻的后验密度分布 $p(\boldsymbol{x}_k|\boldsymbol{Z}_k)$时,状态最优估计及其估计误差协方差矩阵可计算为

$$\hat{\boldsymbol{x}}_{k|k} = E\{\boldsymbol{x}_k \mid \boldsymbol{Z}_k\} = \int_{\mathbb{R}^n}\boldsymbol{x}_k p(\boldsymbol{x}_k \mid \boldsymbol{Z}_k)\mathrm{d}\boldsymbol{x}_k$$

$$\boldsymbol{P}_{k|k} = \mathrm{Cov}\{\tilde{\boldsymbol{x}}_{k|k}\} = \int_{\mathbb{R}^n}(\boldsymbol{x}_k - \hat{\boldsymbol{x}}_{k|k})(\boldsymbol{x}_k - \hat{\boldsymbol{x}}_{k|k})^{\mathrm{T}} p(\boldsymbol{x}_k \mid \boldsymbol{Z}_k)\mathrm{d}\boldsymbol{x}_k$$

利用 Bayes 公式,k 时刻的后验密度函数可以求得

$$p(\boldsymbol{x}_k \mid \boldsymbol{Z}_k) = \frac{p(\boldsymbol{z}_k \mid \boldsymbol{x}_k,\boldsymbol{Z}_{k-1})p(\boldsymbol{x}_k \mid \boldsymbol{Z}_{k-1})}{p(\boldsymbol{z}_k \mid \boldsymbol{Z}_{k-1})}$$

式中:$p(\boldsymbol{z}_k|\boldsymbol{x}_k,\boldsymbol{Z}_{k-1}) = p(\boldsymbol{z}_k|\boldsymbol{x}_k)$可由量测方程获得,而

$$p(\boldsymbol{x}_k \mid \boldsymbol{Z}_{k-1}) = \int_{\mathbb{R}^n} p(\boldsymbol{x}_k \mid \boldsymbol{x}_{k-1})p(\boldsymbol{x}_{k-1} \mid \boldsymbol{Z}_{k-1})\mathrm{d}\boldsymbol{x}_{k-1}$$

$$p(\boldsymbol{z}_k \mid \boldsymbol{Z}_{k-1}) = \int_{\mathbb{R}^n} p(\boldsymbol{z}_k \mid \boldsymbol{x}_k,\boldsymbol{Z}_{k-1})p(\boldsymbol{x}_k \mid \boldsymbol{Z}_{k-1})\mathrm{d}\boldsymbol{x}_k$$

由此可见,k 时刻的后验密度函数可以通过一个递推过程获得。换句话说,当已知 $k-1$ 时刻的后验概率密度 $p(\boldsymbol{x}_{k-1}|\boldsymbol{Z}_{k-1})$时,可以通过预测方程以及更新方程计算 k 时刻的后验密度函数 $p(\boldsymbol{x}_k|\boldsymbol{Z}_k)$。但是,由于求解后验概率密度时涉及高维积分的计算,一般情形下并不能得到最优的解析解。因此,各种次优的逼近形式非线性滤波算法应运而生。特别地,当过程噪声 $\boldsymbol{w}_{k-1}$ 与量测噪声 $\boldsymbol{v}_k$ 为高斯白噪声时,传统

的次优算法便是扩展 Kalman 滤波(Extended Kalman Filter,EKF)及其各种推广形式。由于 EKF 需要计算 Jacobian 矩阵,从而实现较为困难,所以近年来发展了多种免微分滤波算法,包括无迹 Kalman 滤波(Unscented Kalman Filter,UKF)、容积 Kalman 滤波(Cubature Kalman Filter,CKF)、正交 Kalman 滤波(Quadrature Kalman Filter,QKF)以及中心差分滤波(Central Difference Filter,CDF)等。

下面简单介绍 EKF 算法的实现过程。

假设非线性系统(见式(1.4))中过程噪声 $\boldsymbol{w}_{k-1}$ 与量测噪声 $\boldsymbol{v}_k$ 为独立的零均值高斯白噪声过程,且分别具有协方差矩阵 $\boldsymbol{Q}_{k-1}$ 和 $\boldsymbol{R}_k$,则有

$$p(\boldsymbol{x}_k \mid \boldsymbol{x}_{k-1}) = N(\boldsymbol{x}_k; f(\boldsymbol{x}_{k-1}), \boldsymbol{Q}_{k-1})$$

$$p(\boldsymbol{z}_k \mid \boldsymbol{x}_k) = N(\boldsymbol{z}_k; g(\boldsymbol{x}_k), \boldsymbol{R}_k)$$

又假设 $\boldsymbol{w}_{k-1}$、$\boldsymbol{v}_k$ 与初始状态分布独立,并且在 $k-1$ 时刻后验密度函数为

$$p(\boldsymbol{x}_{k-1} \mid \boldsymbol{Z}_{k-1}) = N(\boldsymbol{x}_{k-1}; \hat{\boldsymbol{x}}_{k-1|k-1}, \boldsymbol{P}_{k-1|k-1})$$

式中:$\hat{\boldsymbol{x}}_{k-1|k-1}$ 表示 $k-1$ 时刻的滤波估计值;$\boldsymbol{P}_{k-1|k-1}$ 表示 $k-1$ 时刻的估计误差协方差矩阵。

EKF 就是利用线性化方法把非线性滤波转化为一个近似线性滤波,当仅使用 Taylor 级数展开中的线性化主部时,非线性滤波过程可以用 Kalman 滤波算法实现,即

$$\hat{\boldsymbol{x}}_{k|k-1} = f(\hat{\boldsymbol{x}}_{k-1|k-1})$$

$$\boldsymbol{P}_{k|k-1} = \boldsymbol{F}_{k-1}\boldsymbol{P}_{k-1|k-1}\boldsymbol{F}_{k-1}^{\mathrm{T}} + \boldsymbol{Q}_{k-1}$$

$$\hat{\boldsymbol{x}}_{k|k} = \hat{\boldsymbol{x}}_{k|k-1} + \boldsymbol{K}_k[\boldsymbol{z}_k - h(\hat{\boldsymbol{x}}_{k|k-1})]$$

$$\boldsymbol{P}_{k|k} = \boldsymbol{P}_{k|k-1} - \boldsymbol{P}_{k|k-1}\boldsymbol{H}_k^{\mathrm{T}}(\boldsymbol{H}_k\boldsymbol{P}_{k|k-1}\boldsymbol{H}_k^{\mathrm{T}} + \boldsymbol{R}_k)^{-1}\boldsymbol{H}_k\boldsymbol{P}_{k|k-1}$$

式中:线性化矩阵 $\boldsymbol{F}_{k-1}$、$\boldsymbol{H}_k$ 以及增益矩阵 $\boldsymbol{K}_k$ 为

$$\boldsymbol{F}_{k-1} = \left.\frac{\partial f}{\partial \boldsymbol{x}}\right|_{x=\hat{x}_{k-1|k-1}}, \quad \boldsymbol{H}_k = \left.\frac{\partial h}{\partial x}\right|_{x=\hat{x}_{k|k-1}}$$

$$\boldsymbol{K}_k = \boldsymbol{P}_{k|k-1}\boldsymbol{H}_k^{\mathrm{T}}(\boldsymbol{H}_k\boldsymbol{P}_{k|k-1}\boldsymbol{H}_k^{\mathrm{T}} + \boldsymbol{R}_k)^{-1}$$

由此可见,EKF 是一种解析逼近的次优算法,即利用线性化主部逼近非线性函数。由于算法中需要求解非线性函数的 Jacobian 矩阵,当函数非线性较强不能仅用线性主部逼近或者函数不可微分时,EKF 就会产生较大误差,甚至不能再使用。为了提高 EKF 的估计精度和稳定性,目前已提出多种推广形式,如高阶 EKF 以及迭代 EKF 等。

1.4.3　无迹 Kalman 滤波

UKF 是 S. Julier 等人在 2000 年提出的一种免微分次优非线性滤波方法,UKF 的发展来源于一种认识,即逼近一个概率分布要比逼近任意的非线性函数要容易得多。UKF 的核心是无迹变换(Unscented Transform,UT),其基本思想是首先用一

组预先精确选定的σ点描述随机变量的统计特性,然后用σ点经过非线性函数变换传递随机变量的统计特性,最后基于变换后的σ点使用加权统计线性回归方法计算随机变量的均值与协方差。与EKF相比,UKF不仅避免了计算Jacobian矩阵,而且具有更高的估计精度。具体实现过程如下:

步骤一:基于$k-1$时刻的滤波估计$\hat{\boldsymbol{x}}_{k-1|k-1}$及相应误差协方差矩阵$\boldsymbol{P}_{k-1|k-1}$产生$\sigma$点,即

$$\boldsymbol{\chi}_{k-1|k-1}^{0}=\hat{\boldsymbol{x}}_{k-1|k-1},\quad W_0=\frac{\kappa}{n+\kappa}$$

$$\boldsymbol{\chi}_{k-1|k-1}^{s}=\hat{\boldsymbol{x}}_{k-1|k-1}+\left(\sqrt{(n+\kappa)\boldsymbol{P}_{k-1|k-1}}\right)_s,\quad W_s=\frac{\kappa}{2(n+\kappa)},\quad s=1,\cdots,n$$

$$\boldsymbol{\chi}_{k-1|k-1}^{s}=\hat{\boldsymbol{x}}_{k-1|k-1}-\left(\sqrt{(n+\kappa)\boldsymbol{P}_{k-1|k-1}}\right)_s,\quad W_s=\frac{\kappa}{2(n+\kappa)},\quad s=n+1,\cdots,2n$$

式中:$\boldsymbol{\chi}_{k-1|k-1}^{s}$称为第$s$个$\sigma$点;$W_s$为相应的$\sigma$点权重;$\kappa\in\mathbb{R}$是一个纯量;$\left(\sqrt{(n+\kappa)\boldsymbol{P}_{k-1|k-1}}\right)_s$表示矩阵$(n+\kappa)\boldsymbol{P}_{k-1|k-1}$平方根的第$s$个行向量或者第$s$个列向量,这取决于矩阵平方根的形式。例如,当矩阵$\boldsymbol{P}$分解为$\boldsymbol{P}=\boldsymbol{A}^{\mathrm{T}}\boldsymbol{A}$时,使用行向量;当矩阵$\boldsymbol{P}$分解为$\boldsymbol{P}=\boldsymbol{A}\boldsymbol{A}^{\mathrm{T}}$时,使用列向量。实际计算过程中可使用Cholesky分解获得。

步骤二:传播上述产生的σ点,并计算预测均值与相应误差协方差矩阵,即

$$\boldsymbol{\chi}_{k|k-1}^{s}=f(\boldsymbol{\chi}_{k-1|k-1}^{s}),\quad s=0,1,\cdots,2n$$

$$\hat{\boldsymbol{x}}_{k|k-1}=\sum_{s=0}^{2n}W_s\boldsymbol{\chi}_{k|k-1}^{s}$$

$$\boldsymbol{P}_{k|k-1}=\sum_{s=0}^{2n}W_s(\boldsymbol{\chi}_{k|k-1}^{s}-\hat{\boldsymbol{x}}_{k|k-1})(\boldsymbol{\chi}_{k|k-1}^{s}-\hat{\boldsymbol{x}}_{k|k-1})^{\mathrm{T}}+\boldsymbol{Q}_{k-1}$$

步骤三:获取量测信息$\boldsymbol{z}_k$后,进行滤波更新,即

$$\hat{\boldsymbol{x}}_{k|k}=\hat{\boldsymbol{x}}_{k|k-1}+\boldsymbol{K}_k(\boldsymbol{z}_k-\hat{\boldsymbol{z}}_{k|k-1})$$
$$\boldsymbol{P}_{k|k}=\boldsymbol{P}_{k|k-1}-\boldsymbol{K}_k\boldsymbol{P}_{zz}\boldsymbol{K}_k^{\mathrm{T}}$$

式中:增益矩阵$\boldsymbol{K}_k$可以由如下计算获取:

$$\boldsymbol{K}_k=\boldsymbol{P}_{xz}\boldsymbol{P}_{zz}^{-1}$$

$$\hat{\boldsymbol{z}}_{k|k-1}=\sum_{s=0}^{2n}W_s h(\boldsymbol{\chi}_{k|k-1}^{s})$$

$$\boldsymbol{P}_{xz}=\sum_{s=0}^{2n}W_s(\boldsymbol{\chi}_{k|k-1}^{s}-\hat{\boldsymbol{x}}_{k|k-1})\left[h(\boldsymbol{\chi}_{k|k-1}^{s})-\hat{\boldsymbol{z}}_{k|k-1}\right]^{\mathrm{T}}$$

$$\boldsymbol{P}_{zz}=\sum_{s=0}^{2n}W_s\left[h(\boldsymbol{\chi}_{k|k-1}^{s})-\hat{\boldsymbol{z}}_{k|k-1}\right]\left[h(\boldsymbol{\chi}_{k|k-1}^{s})-\hat{\boldsymbol{z}}_{k|k-1}\right]^{\mathrm{T}}+\boldsymbol{R}_k$$

需要说明的是,在UKF中,为了提高估计精度,往往选取纯量$\kappa=3-n$。因此,

当系统状态维数 $n>3$ 时，会导致 σ 点的权重 W_s 为负值，进而可能会使求取的估计误差协方差 $\boldsymbol{P}_{k|k}$ 是负定的，从而不能再进行下一步迭代过程的分解。这也是 UKF 的一个主要缺陷。针对这一个问题，目前发展了平方根 UKF 和迭代 UKF 等算法。

1.4.4　容积 Kalman 滤波

CKF 是由 I. Arasaratnam 与 S. Haykin 于 2009 年提出的一种免微分次优非线性滤波方法。鉴于非线性滤波的主要目的是实现对预测密度函数以及后验密度函数中高维积分的计算，CKF 的基本思想是使用数值积分准则逼近这两个积分表达式。具体地，对于任意一个函数 $f(\cdot)$ 以及加权函数 $w(\boldsymbol{x})\geqslant 0$，利用数值积分准则有

$$\int_D f(\boldsymbol{x})w(\boldsymbol{x})\mathrm{d}\boldsymbol{x} \approx \sum_{s=1}^{m} W_s f(\boldsymbol{x}_s)$$

式中：$D\subseteq\mathbb{R}^n$ 为积分区域；$\boldsymbol{x}_s$ 为积分点；W_s 为相应的权重；m 为积分点的个数。$\boldsymbol{x}_s$ 与 W_s 可以通过求解非线性函数的多项式逼近矩方程获得。

特别地，当处理非线性滤波时，遇到的加权函数实际为一个高斯分布的概率密度函数形式。此时，利用三阶对称数值积分准则可得

$$\int_{\mathbb{R}^n} f(\boldsymbol{x})N(\boldsymbol{x};\boldsymbol{\mu},\boldsymbol{\Sigma})\mathrm{d}\boldsymbol{x} \approx \frac{1}{2n}\sum_{s=1}^{2n} f(\sqrt{\boldsymbol{\Sigma}}\boldsymbol{\xi}_s+\boldsymbol{\mu})$$

式中：$\boldsymbol{\Sigma}=\sqrt{\boldsymbol{\Sigma}}\sqrt{\boldsymbol{\Sigma}}^{\mathrm{T}}$，以及

$$\boldsymbol{\xi}_s=\begin{cases}\sqrt{n}\boldsymbol{e}_s, & s=1,2,\cdots,n\\ -\sqrt{n}\boldsymbol{e}_{s-n}, & s=n+1,n+2,\cdots,2n\end{cases}$$

其中，$\boldsymbol{e}_s$ 表示在第 s 个位置为 1 其余为 0 的单位向量。

基于上述求解积分方法，CKF 算法的实现过程如下：

步骤一：基于 $k-1$ 时刻的滤波估计 $\hat{\boldsymbol{x}}_{k-1|k-1}$ 及相应误差协方差矩阵 $\boldsymbol{P}_{k-1|k-1}$ 产生积分点，即

$$\boldsymbol{\chi}^s_{k-1|k-1}=\hat{\boldsymbol{x}}_{k-1|k-1}+\sqrt{\boldsymbol{P}_{k-1|k-1}}\boldsymbol{\xi}_s,\quad s=1,\cdots,2n$$

式中：$\boldsymbol{\xi}_s$ 由数值积分准则计算获得。

步骤二：传播上述产生的积分点，并计算预测均值与相应误差协方差矩阵，即

$$\boldsymbol{\chi}^s_{k|k-1}=f(\boldsymbol{\chi}^s_{k-1|k-1}),\quad s=1,\cdots,2n$$

$$\hat{\boldsymbol{x}}_{k|k-1}=\frac{1}{2n}\sum_{s=1}^{2n}\boldsymbol{\chi}^s_{k|k-1}$$

$$\boldsymbol{P}_{k|k-1}=\frac{1}{2n}\sum_{s=1}^{2n}(\boldsymbol{\chi}^s_{k|k-1}-\hat{\boldsymbol{x}}_{k|k-1})(\boldsymbol{\chi}^s_{k|k-1}-\hat{\boldsymbol{x}}_{k|k-1})^{\mathrm{T}}+\boldsymbol{Q}_{k-1}$$

步骤三：基于预测 $\hat{\boldsymbol{x}}_{k|k-1}$ 及相应误差协方差矩阵 $\boldsymbol{P}_{k|k-1}$ 产生积分点，即

$$\boldsymbol{\psi}^s_{k|k-1}=\hat{\boldsymbol{x}}_{k|k-1}+\sqrt{\boldsymbol{P}_{k|k-1}}\boldsymbol{\xi}_s,\quad s=1,\cdots,2n$$

式中：$\boldsymbol{\xi}_s$ 由数值积分准则计算获得。

步骤四:获取量测信息 $\boldsymbol{z}_k$ 后,进行滤波更新,即

$$\hat{\boldsymbol{x}}_{k|k} = \hat{\boldsymbol{x}}_{k|k-1} + \boldsymbol{K}_k(\boldsymbol{z}_k - \hat{\boldsymbol{z}}_{k|k-1})$$

$$\boldsymbol{P}_{k|k} = \boldsymbol{P}_{k|k-1} - \boldsymbol{K}_k\boldsymbol{P}_{zz}\boldsymbol{K}_k^{\mathrm{T}}$$

式中:增益矩阵 $\boldsymbol{K}_k$ 可以由如下计算获取:

$$\boldsymbol{K}_k = \boldsymbol{P}_{xz}\boldsymbol{P}_{zz}^{-1}$$

$$\hat{\boldsymbol{z}}_{k|k-1} = \frac{1}{2n}\sum_{s=1}^{2n} h(\boldsymbol{\psi}_{k|k-1}^{s})$$

$$\boldsymbol{P}_{xz} = \frac{1}{2n}\sum_{s=1}^{2n}(\boldsymbol{\psi}_{k|k-1}^{s} - \hat{\boldsymbol{x}}_{k|k-1})[h(\boldsymbol{\psi}_{k|k-1}^{s}) - \hat{\boldsymbol{z}}_{k|k-1}]^{\mathrm{T}}$$

$$\boldsymbol{P}_{zz} = \frac{1}{2n}\sum_{s=1}^{2n}[h(\boldsymbol{\psi}_{k|k-1}^{s}) - \hat{\boldsymbol{z}}_{k|k-1}][h(\boldsymbol{\psi}_{k|k-1}^{s}) - \hat{\boldsymbol{z}}_{k|k-1}]^{\mathrm{T}} + \boldsymbol{R}_k$$

CKF 中需要求解积分点的个数比 UKF 中需要求解 σ 点的个数少一个,并且积分点 $\boldsymbol{\xi}_s$ 可以离线计算使得计算速度有所提高。另外,在 CKF 中所有积分点的权重是相等的且为正值,因此不会产生 UKF 中估计误差协方差矩阵负定的情形,提高了滤波器的稳定性。

需要指出的是,上述 EKF、UKF 以及 CKF 都是在假设过程噪声和量测噪声是高斯的情形下得到的,而实际应用中,这些假设往往不能得到满足。为处理受非高斯噪声干扰的非线性随机系统滤波问题,传统的方法是用一个高斯混合密度函数逼近非高斯噪声,近年来发展的粒子滤波(Particle Filter,PF)方法提供了一种较好的解决思路。

1.4.5 粒子滤波

正如前面所述,非线性滤波的目的是如何设计算法求解预测方程对应的先验概率密度函数以及更新方程对应的后验概率密度函数。为清晰,这里重述预测与更新方程:

预测方程:求解先验概率密度函数,即

$$p(\boldsymbol{x}_k \mid \boldsymbol{Z}_{k-1}) = \int_{\mathbb{R}^n} p(\boldsymbol{x}_k \mid \boldsymbol{x}_{k-1})p(\boldsymbol{x}_{k-1} \mid \boldsymbol{Z}_{k-1})\mathrm{d}\boldsymbol{x}_{k-1}$$

更新方程:求解后验概率密度函数,即

$$p(\boldsymbol{x}_k \mid \boldsymbol{Z}_k) = \frac{p(\boldsymbol{z}_k \mid \boldsymbol{x}_k, \boldsymbol{Z}_{k-1})p(\boldsymbol{x}_k \mid \boldsymbol{Z}_{k-1})}{p(\boldsymbol{z}_k \mid \boldsymbol{Z}_{k-1})}$$

其中分母为归一化常数,即

$$p(\boldsymbol{z}_k \mid \boldsymbol{Z}_{k-1}) = \int_{\mathbb{R}^n} p(\boldsymbol{z}_k \mid \boldsymbol{x}_k, \boldsymbol{Z}_{k-1})p(\boldsymbol{x}_k \mid \boldsymbol{Z}_{k-1})\mathrm{d}\boldsymbol{x}_k$$

PF 是一种用 Monte Carlo 仿真实现递推 Bayes 滤波的技术,其基本思想是用一组带有权重的随机样本表示需要的概率密度函数,而且基于这些样本和权重计算相

应的估计值。序贯重要性采样算法是一种基本的 PF 滤波算法。下面进行简单介绍。

假设后验概率密度函数 $p(\boldsymbol{x}_{0:k}|\boldsymbol{Z}_k)$可以用一组加权采样粒子$\{\boldsymbol{x}_{0:k}^i, w_k^i\}_{i=1}^{N_p}$ 逼近,即

$$p(\boldsymbol{x}_{0:k} \mid \boldsymbol{Z}_k) \approx \sum_{i=1}^{N_p} w_k^i \delta(\boldsymbol{x}_{0:k} - \boldsymbol{x}_{0:k}^i)$$

式中:N_p为粒子数目;$\boldsymbol{x}_{0:k}^i$ 和 w_k^i 分别为采样粒子和相应权重;$\delta(\cdot)$为狄拉克函数。如果粒子是从一个称为重要性密度函数 $q(\boldsymbol{x}_{0:k}|\boldsymbol{Z}_k)$中采样得到的,则权重定义为

$$w_k^i \propto \frac{p(\boldsymbol{x}_{0:k}^i \mid \boldsymbol{Z}_k)}{q(\boldsymbol{x}_{0:k}^i \mid \boldsymbol{Z}_k)}$$

特别地,若重要性密度函数可以分解为

$$q(\boldsymbol{x}_{0:k} \mid \boldsymbol{Z}_k) = q(\boldsymbol{x}_k \mid \boldsymbol{x}_{0:k-1}, \boldsymbol{Z}_k) q(\boldsymbol{x}_{0:k-1} \mid \boldsymbol{Z}_{k-1})$$

那么就可以利用已有的样本 $\boldsymbol{x}_{0:k-1}^i$ 以及新的状态采样粒子 $\boldsymbol{x}_k^i \sim q(\boldsymbol{x}_k|\boldsymbol{x}_{0:k-1}, \boldsymbol{Z}_k)$得到样本 $\boldsymbol{x}_{0:k}^i$。

这样,利用 Bayes 公式可得

$$\begin{aligned}
p(\boldsymbol{x}_{0:k} \mid \boldsymbol{Z}_k) &= \frac{p(\boldsymbol{z}_k \mid \boldsymbol{x}_{0:k}, \boldsymbol{Z}_k) p(\boldsymbol{x}_{0:k} \mid \boldsymbol{Z}_{k-1})}{p(\boldsymbol{z}_k \mid \boldsymbol{Z}_{k-1})} \\
&= \frac{p(\boldsymbol{z}_k \mid \boldsymbol{x}_{0:k}, \boldsymbol{Z}_k) p(\boldsymbol{x}_k \mid \boldsymbol{x}_{0:k-1}, \boldsymbol{Z}_{k-1}) p(\boldsymbol{x}_{0:k-1} \mid \boldsymbol{Z}_{k-1})}{p(\boldsymbol{z}_k \mid \boldsymbol{Z}_{k-1})} \\
&= \frac{p(\boldsymbol{z}_k \mid \boldsymbol{x}_k) p(\boldsymbol{x}_k \mid \boldsymbol{x}_{k-1})}{p(\boldsymbol{z}_k \mid \boldsymbol{Z}_{k-1})} p(\boldsymbol{x}_{0:k-1} \mid \boldsymbol{Z}_{k-1}) \\
&\propto p(\boldsymbol{z}_k \mid \boldsymbol{x}_k) p(\boldsymbol{x}_k \mid \boldsymbol{x}_{k-1}) p(\boldsymbol{x}_{0:k-1} \mid \boldsymbol{Z}_{k-1})
\end{aligned}$$

粒子权重更新公式为

$$\begin{aligned}
w_k^i &\propto \frac{p(\boldsymbol{x}_{0:k-1}^i \mid \boldsymbol{Z}_{k-1})}{q(\boldsymbol{x}_{0:k-1}^i \mid \boldsymbol{Z}_{k-1})} \frac{p(\boldsymbol{z}_k \mid \boldsymbol{x}_k^i) p(\boldsymbol{x}_k^i \mid \boldsymbol{x}_{k-1}^i)}{q(\boldsymbol{x}_k \mid \boldsymbol{x}_{0:k-1}^i, \boldsymbol{Z}_k)} \\
&\propto w_{k-1}^i \frac{p(\boldsymbol{z}_k \mid \boldsymbol{x}_k^i) p(\boldsymbol{x}_k^i \mid \boldsymbol{x}_{k-1}^i)}{q(\boldsymbol{x}_k^i \mid \boldsymbol{x}_{0:k-1}^i, \boldsymbol{Z}_k)} \\
&\propto w_{k-1}^i \frac{p(\boldsymbol{z}_k \mid \boldsymbol{x}_k^i) p(\boldsymbol{x}_k^i \mid \boldsymbol{x}_{k-1}^i)}{q(\boldsymbol{x}_k^i \mid \boldsymbol{x}_{k-1}^i, \boldsymbol{z}_k)}
\end{aligned}$$

式中:已选择 $q(\boldsymbol{x}_k|\boldsymbol{x}_{0:k-1}, \boldsymbol{Z}_k) = q(\boldsymbol{x}_k|\boldsymbol{x}_{k-1}, \boldsymbol{z}_k)$,从而后验概率密度函数可近似为

$$p(\boldsymbol{x}_k \mid \boldsymbol{Z}_k) \approx \sum_{i=1}^{N_p} w_k^i \delta(\boldsymbol{x}_k - \boldsymbol{x}_k^i)$$

可以证明,当采样粒子数目$N_p \to \infty$时,上式就逼近真实的后验概率密度函数。然而,序贯重要性采样算法的一个主要问题是粒子退化问题,即经过几次迭代后几乎所有的粒子都具有较小的权重,只有较少的粒子占据较大的权重。这种退化现象意味着大量的计算都被用来更新对逼近后验概率密度函数贡献较小的粒子。衡量粒子

退化的一个度量是有效样本容量,其定义为

$$\hat{N}_{\text{eff}} = \frac{1}{\sum_{i=1}^{N_p} (w_k^i)^2}$$

解决粒子退化问题的一个重要方法就是重采样。重采样是指当有效样本容量小于一个预先给定的阈值时,采用某种机制淘汰低权值的粒子,复制高权值的粒子,使得粒子数目在迭代过程中保持不变。常用的重采样算法包括确定性重采样和残差重采样等。需要说明的是,虽然重采样方法可以有效抑制粒子退化问题,但是又引入了粒子贫化问题,这是由于重采样后的粒子大多是通过复制高权值的粒子得到的,经过若干次迭代后粒子就坍塌到一个点上,换句话说,就是失去了粒子的多样性。解决粒子贫化的一个有效方法是在每次采样后实施一个 Markov Chain Monte Carlo(MCMC)移动步骤,使得粒子向多样性方向发展。

当把重采样方法与序贯重要性采样算法结合时又称为序贯重要性重采样粒子滤波。一般的粒子滤波实现算法包括以下三个步骤:

步骤一:从重要性密度函数中选取采样粒子 $\boldsymbol{x}_k^i \sim q(\boldsymbol{x}_k \mid \boldsymbol{x}_{k-1}^i, \boldsymbol{z}_k)$;

步骤二:计算粒子权重 w_k^i 并归一化;

步骤三:计算有效样本容量 $\hat{N}_{\text{eff}}$ 并判断是否进行重采样。

1.4.6 H_∞滤波

在 Bayes 框架下提出的随机系统 Kalman 滤波算法以均方误差为代价函数。这就要求准确已知系统模型和噪声统计特性,而这些在实际应用中却往往不能获得。例如,在多机动目标跟踪中对跟踪者来说,被跟踪目标的运动模型是未知的,而且量测噪声也并不能完全用高斯噪声来描述。因此,虽然 Kalman 滤波在理论中是最优的,但在实际应用中却是次优的,严重时可能导致滤波发散,影响估计精度。随着鲁棒 H_∞ 控制理论的发展,人们把 H_∞ 范数引入到滤波理论。H_∞ 滤波是以外界干扰到滤波误差的 H_∞ 范数最小化为代价函数,使得状态估计误差在最坏干扰下最小,从而提高滤波算法对系统不确定的鲁棒性。另外,H_∞ 滤波不再要求外界干扰是随机噪声且服从高斯分布,而仅仅要求干扰是能量有界的。下面将介绍 H_∞ 滤波的实现过程。

考虑离散时间线性动态系统(见式(1.3)),此处不对过程噪声和量测噪声的分布做任何假设,而仅要求它们是能量有界的 l_2 信号,即满足

$$\sum_{k=0}^{\infty} \boldsymbol{w}_k^{\mathrm{T}} \boldsymbol{w}_k < \infty$$

$$\sum_{k=0}^{\infty} \boldsymbol{v}_k^{\mathrm{T}} \boldsymbol{v}_k < \infty$$

不同于 Kalman 滤波，H_∞ 滤波可以估计系统状态的线性组合，即

$$\boldsymbol{y}_k = \boldsymbol{L}_k \boldsymbol{x}_k$$

式中：$\boldsymbol{y}_k$ 为待估计的信号；$\boldsymbol{L}_k$ 为一个相容维数的矩阵。特别当 $\boldsymbol{L}_k = \boldsymbol{I}_k$ 为单位矩阵时，待估计的信号就是系统状态向量 $\boldsymbol{x}_k$。记 $\hat{\boldsymbol{y}}_{k|k} \overset{\text{def}}{=} F\{\boldsymbol{z}_0, \boldsymbol{z}_1, \cdots, \boldsymbol{z}_k\}$ 表示在给定量测信息 $\{\boldsymbol{z}_j\}_{j=0}^k$ 时对信号 $\boldsymbol{y}_k$ 的估计，定义估计误差为

$$\boldsymbol{e}_k \overset{\text{def}}{=} \hat{\boldsymbol{y}}_{k|k} - \boldsymbol{y}_k = \hat{\boldsymbol{y}}_{k|k} - \boldsymbol{L}_k \boldsymbol{x}_k$$

记 $T_k(F)$ 为从未知扰动 $\boldsymbol{x}_0 - \hat{\boldsymbol{x}}_0$，$\{\boldsymbol{w}_j\}_{j=0}^k$，$\{\boldsymbol{v}_j\}_{j=0}^k$ 到估计误差 $\{\boldsymbol{e}_j\}_{j=0}^k$ 的转移算子，则 H_∞ 最优滤波的目的是寻求估计策略 F 使得 $T_k(F)$ 的 H_∞ 范数最小，其中 H_∞ 范数定义为

$$\| T_k(F) \|_\infty = \sup_{x_0, w \in l_2, v \in l_2} \frac{\sum_{j=0}^{k} \left\| \boldsymbol{e}_j \right\|_2^2}{\left\| \boldsymbol{x}_0 - \hat{\boldsymbol{x}}_0 \right\|_{\boldsymbol{P}_0^{-1}}^2 + \sum_{j=0}^{k} \left\| \boldsymbol{w}_j \right\|_{\boldsymbol{Q}_j^{-1}}^2 + \sum_{j=0}^{k} \left\| \boldsymbol{v}_j \right\|_{\boldsymbol{R}_j^{-1}}^2}$$

式中：$\| \boldsymbol{a} \|_W^2$（注：范数的一般表示形式）表示加权 $\boldsymbol{l}_2$ 范数，$\| \boldsymbol{a} \|_W^2 = \boldsymbol{a}^{\mathrm{T}} \boldsymbol{W} \boldsymbol{a}$；矩阵 $\boldsymbol{P}_0 > \boldsymbol{0}$ 反映了初始估计 $\hat{\boldsymbol{x}}_0$ 与真实状态 $\boldsymbol{x}_0$ 之间的差异；而矩阵 $\boldsymbol{Q}_j > \boldsymbol{0}$ 和 $\boldsymbol{R}_j > \boldsymbol{0}$ 由滤波器设计者根据经验或性能要求确定。换句话说，H_∞ 滤波是以把未知干扰对估计误差的最坏影响最小化为代价函数。由于对上述最小化问题鲜有闭形式的解，所以往往求解次优滤波算法，即寻求满足下面不等式的解：

$$\| T_k(F) \|_\infty < \gamma$$

式中：γ 为一纯量，根据不同问题来确定其取值范围。由此可见，可以通过若干次迭代次优算法达到近似 H_∞ 最优滤波的精度。

对于上述次优 H_∞ 滤波问题，已提出多种求解方法。下面给出 B. Hassibi 等人于 1996 年在 Krein 空间提出的一种求解过程：

$$\begin{aligned}
&\hat{\boldsymbol{y}}_{k|k} = \boldsymbol{L}_k \hat{\boldsymbol{x}}_{k|k} \\
&\hat{\boldsymbol{x}}_{k|k} = \hat{\boldsymbol{x}}_{k|k-1} + \boldsymbol{K}_k (\boldsymbol{z}_k - \boldsymbol{H}_k \hat{\boldsymbol{x}}_{k|k-1}) \\
&\boldsymbol{K}_k = \boldsymbol{P}_{k|k-1} \boldsymbol{H}_k^{\mathrm{T}} (\boldsymbol{H}_k \boldsymbol{P}_{k|k-1} \boldsymbol{H}_k^{\mathrm{T}} + \boldsymbol{R}_k)^{-1} \\
&\hat{\boldsymbol{x}}_{k|k-1} = \boldsymbol{F}_{k-1} \hat{\boldsymbol{x}}_{k-1|k-1} \\
&\boldsymbol{P}_{k|k-1} = \boldsymbol{F}_{k-1} \boldsymbol{P}_{k-1|k-1} \boldsymbol{F}_{k-1}^{\mathrm{T}} + \boldsymbol{G}_{k-1} \boldsymbol{Q}_{k-1} \boldsymbol{G}_{k-1}^{\mathrm{T}} \\
&\boldsymbol{P}_{k|k} = \boldsymbol{P}_{k|k-1} - \boldsymbol{P}_{k|k-1} \begin{bmatrix} \boldsymbol{H}_k^{\mathrm{T}} & \boldsymbol{L}_k^{\mathrm{T}} \end{bmatrix} \boldsymbol{R}_{e,k}^{-1} \begin{bmatrix} \boldsymbol{H}_k^{\mathrm{T}} & \boldsymbol{L}_k^{\mathrm{T}} \end{bmatrix}^{\mathrm{T}} \boldsymbol{P}_{k|k-1}
\end{aligned}$$

式中：矩阵 $\boldsymbol{R}_{e,k}$ 由如下计算获得：

$$\boldsymbol{R}_{e,k} = \begin{bmatrix} \boldsymbol{R} & 0 \\ 0 & -\gamma \boldsymbol{I} \end{bmatrix} + \begin{bmatrix} \boldsymbol{H}_k \\ \boldsymbol{L}_k \end{bmatrix} \boldsymbol{P}_{k|k-1} \begin{bmatrix} \boldsymbol{H}_k^{\mathrm{T}} & \boldsymbol{L}_k^{\mathrm{T}} \end{bmatrix}$$

从上述实现过程可以看出，H_∞ 滤波与 Kalman 滤波具有相同的观测器结构。特别地，如果权重矩阵 $\boldsymbol{Q}_{k-1}$ 和 $\boldsymbol{R}_k$ 分别取为过程噪声与量测噪声的协方差矩阵，则当

$\gamma \to \infty$时,H_∞滤波退化为Kalman滤波。事实上,B. Hassibi等人证明了两者在Krein空间是等价的,而γ可以看作是调整滤波器H_∞性能和最小方差性能的平衡参数。

1.4.7 交互式多模型滤波

考虑如下离散时间线性随机跳变系统:

$$\left.\begin{aligned} \boldsymbol{x}_k &= \boldsymbol{F}_{k-1}(r_k)\boldsymbol{x}_{k-1} + \boldsymbol{G}_{k-1}(r_k)\boldsymbol{w}_{k-1}(r_k) \\ \boldsymbol{z}_k &= \boldsymbol{H}_k(r_k)\boldsymbol{x}_k + \boldsymbol{v}_k(r_k) \end{aligned}\right\} \tag{1.5}$$

式中:$k \in \mathbb{N}$是离散时间变量;$\boldsymbol{x}_k \in \mathbb{R}^n$为$k$时刻的系统状态变量,$\boldsymbol{z}_k \in \mathbb{R}^p$为$k$时刻对系统的量测变量;$r_k$为系统模式空间$\mathcal{M}=\{1,2,\cdots,M\}$上的模式变量;$\boldsymbol{F}_{k-1}(r_k)$、$\boldsymbol{G}_{k-1}(r_k)$和$\boldsymbol{H}_k(r_k)$是适当维数的矩阵;$\boldsymbol{w}_{k-1}(r_k)$和$\boldsymbol{v}_k(r_k)$为零均值高斯白噪声,且协方差矩阵分别为$\boldsymbol{Q}_{k-1}(r_k)$和$\boldsymbol{R}_k(r_k)$。假设系统模式变量$r_k$为有限状态时间齐次Markov链,且转移概率为$\Pr\{r_k=j \mid r_{k-1}=i\}=\pi_{ij}$,$\forall\, i,j \in \mathcal{M}$。

随机跳变系统的最优估计是一个全假设树估计,即需要考虑每一时刻系统的所有可能模式。由全概率公式可知,其后验概率密度函数可表示为

$$p(\boldsymbol{x}_k \mid \boldsymbol{Z}_k) = \sum_{r=1}^{M^{k+1}} p(\boldsymbol{x}_k \mid M_k^r, \boldsymbol{Z}_k)\Pr\{M_k^r \mid \boldsymbol{Z}_k\}$$

式中:$M_k^r=\{M_0^{r_0},M_1^{r_1},\cdots,M_k^{r_k}\}$表示第$r$种可能的模式系列过程;$M_k^{r_k}$表示在时间区间$[k,k+1)$内系统状态按第$r_k$种模式演化,且$1 \leqslant r_k \leqslant M$。

由此可见,对于随机跳变系统的最优滤波算法来说,计算量和内存会随着时间递推呈指数增长,因此要达到最优是不可能的。所以,有必要利用某些假设管理技术来建立更加有效的非全假设树算法。比较常用的两种方法是删除不可能的模型序列或者合并相似的模型序列,经验表明,后者往往优于前者。交互式多模型(IMM)方法就是一种基于合并策略的最具费效比的随机跳变系统滤波算法。事实上,即便对于线性随机跳变系统,其滤波问题仍然属于非线性估计的范畴,因此发展粒子滤波实现方法是非常有必要的。

为方便讨论,当$r_k=r \in \mathcal{M}$时,把矩阵形式$\boldsymbol{A}_k(r_k)$简记为$\boldsymbol{A}_k^r$。IMM方法是由H. Blom和Y. Bar-Shalom在1988年首先提出的,并逐渐成为该领域的主流方法。IMM方法的基本思想是在进行随机跳变系统的状态估计时,每个系统模型都有可能成为当前有效的系统模型滤波器,每个滤波器的初始条件都是基于前一时刻条件模型滤波结果的合成。下面分四步详细描述IMM方法的整个过程。

步骤一:模型条件重初始化

模型条件重初始化是指假定第j个模型在当前时刻有效的条件下,与其匹配的滤波器的输入由上一时刻各滤波器的估计混合而成,具体包括:

混合概率:

$$\mu_{k-1|k-1}^{i|j}=\Pr\{r_{k-1}=i \mid r_k=j,\boldsymbol{Z}_{k-1}\}=\frac{1}{c_j}\pi_{ij}\mu_{k-1}^{i}$$

式中：$c_j=\sum_{i=1}^{M}\pi_{ij}\mu_{k-1}^{i}$ 为归一化常数；μ_{k-1}^{i} 为 $k-1$ 时刻匹配模型为 i 的概率。

混合状态估计及相应误差协方差矩阵：

$$\hat{\boldsymbol{x}}_{k-1|k-1}^{0j}=E\{\boldsymbol{x}_{k-1} \mid r_k=j,\boldsymbol{Z}_{k-1}\}=\sum_{i=1}^{M}\mu_{k-1|k-1}^{ij}\hat{\boldsymbol{x}}_{k-1|k-1}^{i}$$

$$\begin{aligned}\boldsymbol{P}_{k-1|k-1}^{0j}&=E\{(\boldsymbol{x}_{k-1}-\hat{\boldsymbol{x}}_{k-1|k-1}^{0j})(\boldsymbol{x}_{k-1}-\hat{\boldsymbol{x}}_{k-1|k-1}^{0j})^{\mathrm{T}} \mid r_k=j,\boldsymbol{Z}_{k-1}\}\\&=\sum_{i=1}^{M}\mu_{k-1|k-1}^{ij}[\boldsymbol{P}_{k-1|k-1}^{i}+(\hat{\boldsymbol{x}}_{k-1|k-1}^{i}-\hat{\boldsymbol{x}}_{k-1|k-1}^{0j})(\hat{\boldsymbol{x}}_{k-1|k-1}^{i}-\hat{\boldsymbol{x}}_{k-1|k-1}^{0j})^{\mathrm{T}}]\end{aligned}$$

式中：$\hat{\boldsymbol{x}}_{k-1|k-1}^{i}$ 和 $\boldsymbol{P}_{k-1|k-1}^{i}$ 分别为 $k-1$ 时刻第 i 个模型滤波器的状态估计及误差协方差矩阵。

步骤二：模型条件滤波

模型条件滤波是指在给定重初始化的状态估计和协方差矩阵的前提下，在获得新的量测信息后，利用 Kalman 滤波进行状态估计更新的过程，具体包括：

$$\hat{\boldsymbol{x}}_{k|k-1}^{j}=E\{\boldsymbol{x}_k \mid r_k=j,\boldsymbol{Z}_{k-1}\}=\boldsymbol{F}_{k-1}^{j}\hat{\boldsymbol{x}}_{k-1|k-1}^{0j}$$

$$\begin{aligned}\boldsymbol{P}_{k|k-1}^{j}&=E\{(\boldsymbol{x}_k-\hat{\boldsymbol{x}}_{k|k-1}^{j})(\boldsymbol{x}_k-\hat{\boldsymbol{x}}_{k|k-1}^{j})^{\mathrm{T}} \mid r_k=j,\boldsymbol{Z}_{k-1}\}\\&=\boldsymbol{F}_{k-1}^{j}\boldsymbol{P}_{k-1|k-1}^{0j}(\boldsymbol{F}_{k-1}^{j})^{\mathrm{T}}+\boldsymbol{G}_{k-1}^{j}\boldsymbol{Q}_{k-1}^{j}(\boldsymbol{Q}_{k-1}^{j})^{\mathrm{T}}\end{aligned}$$

$$\hat{\boldsymbol{z}}_{k|k-1}^{j}=E\{\boldsymbol{z}_k \mid r_k=j,\boldsymbol{Z}_{k-1}\}=\boldsymbol{H}_k^{j}\hat{\boldsymbol{x}}_{k|k-1}^{j}$$

$$\boldsymbol{S}_k^{j}=E\{(\boldsymbol{z}_k-\hat{\boldsymbol{z}}_{k|k-1}^{j})(\boldsymbol{z}_k-\hat{\boldsymbol{z}}_{k|k-1}^{j})^{\mathrm{T}} \mid r_k=j,\boldsymbol{Z}_{k-1}\}=\boldsymbol{H}_k^{j}\boldsymbol{P}_{k|k-1}^{j}(\boldsymbol{H}_k^{j})^{\mathrm{T}}+\boldsymbol{R}_k^{j}$$

$$\boldsymbol{K}_k^{j}=\boldsymbol{P}_{k|k-1}^{j}(\boldsymbol{H}_k^{j})^{\mathrm{T}}(\boldsymbol{S}_k^{j})^{-1}$$

$$\hat{\boldsymbol{x}}_{k|k}^{j}=E\{\boldsymbol{x}_k \mid r_k=j,\boldsymbol{Z}_k\}=\hat{\boldsymbol{x}}_{k|k-1}^{j}+\boldsymbol{K}_k^{j}(\boldsymbol{z}_k-\hat{\boldsymbol{z}}_{k|k-1}^{j})$$

$$\boldsymbol{P}_{k|k}^{j}=E\{(\boldsymbol{x}_k-\hat{\boldsymbol{x}}_{k|k}^{j})(\boldsymbol{x}_k-\hat{\boldsymbol{x}}_{k|k}^{j})^{\mathrm{T}} \mid r_k=j,\boldsymbol{Z}_k\}=\boldsymbol{P}_{k|k-1}^{j}-\boldsymbol{K}_k^{j}\boldsymbol{S}_k^{j}(\boldsymbol{K}_k^{j})^{\mathrm{T}}$$

步骤三：模型概率更新

模型概率更新就是对于模型 $j=1,2,\cdots,M$，计算 k 时刻的模型概率，即

$$\mu_k^{j}=\Pr\{r_k=j \mid \boldsymbol{Z}_k\}=\frac{c_j\Lambda_k^{j}}{\sum_{i=1}^{M}c_i\Lambda_k^{i}}$$

式中：模型似然函数为

$$\Lambda_k^{j}=N(\boldsymbol{z}_k;\hat{\boldsymbol{z}}_{k|k-1}^{j},\boldsymbol{S}_k^{j})$$

步骤四：估计融合

估计融合就是在给定各子滤波器输出的基础上，计算 k 时刻的总体估计和总体估计误差协方差矩阵，即

$$\hat{\boldsymbol{x}}_{k|k}=E\{\boldsymbol{x}_k\mid\boldsymbol{Z}_k\}=\sum_{j=1}^{M}\mu_k^j\hat{\boldsymbol{x}}_{k|k}^j$$

$$\begin{aligned}\boldsymbol{P}_{k|k}&=E\{(\boldsymbol{x}_k-\hat{\boldsymbol{x}}_{k|k})(\boldsymbol{x}_k-\hat{\boldsymbol{x}}_{k|k})^{\mathrm{T}}\mid\boldsymbol{Z}_k\}\\&=\sum_{j=1}^{M}\mu_k^j[\boldsymbol{P}_{k|k}^j+(\hat{\boldsymbol{x}}_{k|k}^j-\hat{\boldsymbol{x}}_{k|k})(\hat{\boldsymbol{x}}_{k|k}^j-\hat{\boldsymbol{x}}_{k|k})^{\mathrm{T}}]\end{aligned}$$

在IMM方法中，对量测信息的利用不仅反映在滤波估计中，也反映在模型概率的计算中，通过模型概率的变化起到自适应调整模型的作用；IMM方法具有模块化的特点，根据不同需要，滤波模块可以结合其他滤波算法如 H_∞ 滤波，提高算法鲁棒性和估计精度，也可以结合非线性滤波算法处理非线性随机跳变系统滤波问题；此外，IMM方法中各滤波模块可以并行处理，提高计算效率。

1.4.8 多模型粒子滤波

鉴于粒子滤波处理非线性问题的优越性，很自然地发展了随机跳变系统的多模型粒子滤波算法。现阶段已提出多种多模型粒子滤波算法，如多模型自举粒子滤波、Rao-Blackwellized粒子滤波以及IMM粒子滤波等。IMM粒子滤波实际上是把上述IMM方法中的Kalman滤波换成了一般的粒子滤波处理非高斯噪声问题，因此就不再赘述。下面主要介绍前两种多模型粒子滤波算法。

1. 多模型自举粒子滤波(Multiple Model BPF，MMBPF)

MMBPF是S. Mcginnity与G. Irwin于2000年提出的，它实际上是上述BPF在多模型框架下的推广。MMBPF的目的是求解系统状态 $\boldsymbol{x}_k$ 与Markov链 r_k 的联合后验边缘密度函数 $p(\boldsymbol{x}_k,r_k|\boldsymbol{Z}_k)$。假设在 $k-1$ 时刻，后验边缘密度函数 $p(\boldsymbol{x}_{k-1},r_{k-1}|\boldsymbol{Z}_{k-1})$ 可以用一组加权粒子逼近，即

$$p(\boldsymbol{x}_{k-1},r_{k-1}\mid\boldsymbol{Z}_{k-1})=\sum_{i=1}^{N_p}w_{k-1}^i\delta(\boldsymbol{x}_{k-1}-\boldsymbol{x}_{k-1}^i,r_{k-1}-r_{k-1}^i)$$

根据BPF滤波的过程，首先从重要性密度函数中进行采样，即

$$(\boldsymbol{x}_k,r_k)\sim q(\boldsymbol{x}_k,r_k\mid\boldsymbol{x}_{1:k-1}^i,r_{1:k-1}^i,\boldsymbol{Z}_k),\quad i=1,2,\cdots,N_p$$

接着计算粒子权重并归一化，即

$$w_k^i\propto w_{k-1}^i\frac{p(\boldsymbol{z}_k\mid\boldsymbol{x}_k^i,r_k^i)p(\boldsymbol{x}_k^i\mid\boldsymbol{x}_{k-1}^i,r_k^i)p(r_k^i\mid r_{k-1}^i)}{q(\boldsymbol{x}_k^i,r_k^i\mid\boldsymbol{x}_{1:k-1}^i,r_{1:k-1}^i,\boldsymbol{Z}_k)},\quad\sum_{i=1}^{N_p}w_k^i=1$$

又在BPF算法中重要性密度函数取为

$$q(\boldsymbol{x}_k,r_k\mid\boldsymbol{x}_{1:k-1}^i,r_{1:k-1}^i,\boldsymbol{Z}_k)=p(\boldsymbol{x}_k\mid\boldsymbol{x}_{k-1}^i,r_k)p(r_k\mid r_{k-1}^i)$$

权重更新公式为

$$w_k^i \propto w_{k-1}^i p(\boldsymbol{z}_k \mid \boldsymbol{x}_k^i, r_k^i), \quad \sum_{i=1}^{N_p} w_k^i = 1$$

则 k 时刻的后验边缘密度函数可以用新的采样粒子逼近，即

$$p(\boldsymbol{x}_k \mid \boldsymbol{Z}_k) = \sum_{i=1}^{N_p} w_k^i \delta(\boldsymbol{x}_k - \boldsymbol{x}_k^i)$$

因此，状态估计可以按如下计算获取：

$$\hat{\boldsymbol{x}}_{k|k} = \sum_{i=1}^{N_p} w_k^i \boldsymbol{x}_k^i$$

当获取 $k-1$ 时刻的加权粒子集合 $\{\boldsymbol{x}_{k-1}^i, r_{k-1}^i, w_{k-1}^i\}_{i=1}^{N_p}$ 后，MMBPF 的递推过程如下：

步骤一：以 Markov 链的转移概率 $\pi_{r_{k-1}^i r}$ 产生新的模式粒子 $r_k^i = r$；

步骤二：在新的模式 r_k^i 下，对系统状态进行采样 $\boldsymbol{x}_k^i \sim p(\boldsymbol{x}_k | \boldsymbol{x}_{k-1}^i, r_k^i)$；

步骤三：计算粒子权重 w_k^i 并归一化；

步骤四：计算有效样本容量 $\hat{N}_{\mathrm{eff}}$ 并判断是否进行重采样。

2. Rao-Blackwellized 粒子滤波(Rao-Blackwellized PF，RBPF)

RBPF 是 A. Doucet 等人于 2001 年提出的，它是利用 Rao-Blackwellized 的思想把要估计的状态划分为两部分，即可以解析估计的部分和不能解析估计的部分。对线性随机跳变系统来说，当模式变量 r_k 固定时，系统实际变成了一般的随机动态系统，其估计可以用 Kalman 滤波获得，而对于模式变量的估计则采用粒子滤波算法。相比于 MMBPF，由于 RBPF 仅对模式变量使用粒子采样估计，因此所需粒子数目大大减少。A. Doucet 等人也证明了 RBPF 的重要性权重方差小于通常粒子滤波器的方差。下面介绍 RBPF 的实现过程。

首先，后验密度函数 $p(\boldsymbol{x}_{1:k}, r_{1:k} | \boldsymbol{Z}_k)$ 可以进行如下分解：

$$p(\boldsymbol{x}_{1:k}, r_{1:k} \mid \boldsymbol{Z}_k) = p(\boldsymbol{x}_{1:k} \mid r_{1:k}, \boldsymbol{Z}_k) p(r_{1:k} \mid \boldsymbol{Z}_k)$$

由此可见，对于给定的模式序列 $r_{1:k}$，上式右端第一项可以使 Kalman 滤波求出状态估计。因此，只需对第二项中的模式变量使用粒子滤波估计。

接着，利用 Bayes 公式得

$$\begin{aligned} p(r_{1:k} \mid \boldsymbol{Z}_k) &= \frac{p(\boldsymbol{z}_k \mid r_{1:k}, \boldsymbol{Z}_{k-1}) p(r_{1:k} \mid \boldsymbol{Z}_{k-1})}{p(\boldsymbol{z}_k \mid \boldsymbol{Z}_{k-1})} \\ &= \frac{p(\boldsymbol{z}_k \mid r_{1:k}, \boldsymbol{Z}_{k-1}) p(r_k \mid r_{k-1})}{p(\boldsymbol{z}_k \mid \boldsymbol{Z}_{k-1})} p(r_{1:k-1} \mid \boldsymbol{Z}_{k-1}) \end{aligned}$$

由上式可以看出,已经构成了对模式变量估计的递推过程。因此,按照粒子滤波的实现过程,可以从重要性密度函数$q(r_k|r^i_{1:k1},\boldsymbol{Z}_k)$中对$r_k$进行采样,使得

$$p(r_k \mid \boldsymbol{Z}_k)=\sum_{i=1}^{N_p} w^i_k \delta(r_k-r^i_k)$$

式中:权重更新公式为

$$w^i_k \propto w^i_{k-1}\frac{p(\boldsymbol{z}_k \mid r^i_{1:k},\boldsymbol{Z}_{k-1})p(r^i_k \mid r^i_{k-1})}{q(r^i_k \mid r^i_{1:k-1},\boldsymbol{Z}_k)},\quad \sum_{i=1}^{N_p} w^i_k=1$$

从而,后验边缘密度函数可以通过如下计算获得:

$$p(\boldsymbol{x}_k \mid \boldsymbol{Z}_k)=\sum_{i=1}^{N_p} w^i_k p(\boldsymbol{x}_k \mid r^i_{1:k},\boldsymbol{Z}_k)=\sum_{i=1}^{N_p} w^i_k N(\boldsymbol{x}_k;\boldsymbol{x}^i_k,\boldsymbol{P}^i_k)$$

式中:$\boldsymbol{x}^i_k$与$\boldsymbol{P}^i_k$为相应粒子的均值和误差协方差矩阵,它们由 Kalman 滤波获得。需要说明的是,由于随机跳变系统的良好特征结构,重要性密度函数可以最优地选取,即当选取$q(r_k|r^i_{1:k-1},\boldsymbol{Z}_k)=p(r_k|r^i_{1:k-1},\boldsymbol{Z}_k)$时,重要性权重的方差是最小的。此时,

$$p(r_k \mid r^i_{1:k-1},\boldsymbol{Z}_k)=\frac{p(\boldsymbol{z}_k \mid r^i_{1:k-1},r_k,\boldsymbol{Z}_{k-1})p(r_k \mid r^i_{k-1})}{p(\boldsymbol{z}_k \mid r^i_{1:k-1},\boldsymbol{Z}_{k-1})}$$

把最优重要性密度函数代入权重更新公式可得

$$w^i_k \propto w^i_{k-1}p(\boldsymbol{z}_k \mid r^i_{1:k-1},\boldsymbol{Z}_{k-1}),\quad \sum_{i=1}^{N_p} w^i_k=1$$

其中,上式右端第二项可以表示为

$$p(\boldsymbol{z}_k \mid r^i_{1:k-1},\boldsymbol{Z}_{k-1})=\sum_{j=1}^{M} p(\boldsymbol{z}_k \mid r^i_{1:k-1},r_k=j,\boldsymbol{Z}_{k-1})p(r_k=j \mid r^i_{k-1})$$

而且,$p(\boldsymbol{z}_k|r^i_{1:k-1},r_k=j,\boldsymbol{Z}_{k-1})=N(\boldsymbol{z}_k;\boldsymbol{H}_k\boldsymbol{x}^{i,j}_{k|k-1},\boldsymbol{H}_k\boldsymbol{P}^{i,j}_{k|k-1}\boldsymbol{H}^{\mathrm{T}}_k+\boldsymbol{R}_k)$。

当获取$k-1$时刻的加权粒子集合$\{\boldsymbol{x}^i_{k-1},\boldsymbol{P}^i_{k-1},r^i_{k-1},w^i_{k-1}\}_{i=1}^{N_p}$后,RBPF 的递推过程如下:

步骤一:对所有可能模式$j\in\mathcal{M}$,利用 Kalman 滤波计算状态估计及误差协方差矩阵;

步骤二:从最优重要性密度函数$p(r_k|r^i_{1:k-1},\boldsymbol{Z}_k)$中产生新的模式粒子$r^i_k$;

步骤三:计算粒子权重w^i_k并归一化;

步骤四:计算有效样本容量$\hat{N}_{\mathrm{eff}}$并判断是否进行重采样。

1.5　小　结

本章主要介绍了机动目标跟踪的难点、研究现状和主要解决思路，并介绍了常用的目标运动模型和动态系统状态估计的基本方法。需要指出的是，机动目标跟踪算法的设计往往与跟踪场景有关，不同场景下需要设计不同的跟踪算法，没有统一的跟踪算法可以适用于所有的跟踪场景，因此本章内容主要为发展更一般场景下的机动目标跟踪算法提供基础理论。

第 2 章 多模型自适应滤波

2.1 多模型信息论滤波

交互式多模型滤波方法需要解决的一个重要问题是在交互层和组合层进行估计融合。矩匹配方法是进行估计融合的一个主要手段,该方法对高斯分布来讲可以匹配前两阶矩,因此表现出很好的优势。当分布是非高斯分布时,仅匹配前两阶矩不能很好地确保估计融合的结果,特别是当跟踪扩展目标时,需要对描述目标扩展分布的矩阵估计进行融合,这时矩匹配方法仅能匹配一阶矩。信息论融合方法是对多模型滤波中模式依赖的概率密度函数进行融合,相比矩匹配融合更具有一般性。

2.1.1 算法设计

首先介绍概率密度函数的信息论融合方法。记 $p(x)$ 和 $q(x)$ 为两个概率密度函数,则 Kullback-Leibler(KL)散度定义为

$$D_{\mathrm{KL}}(p \parallel q)=\int_{\mathbb{R}^n} p(\boldsymbol{x})\log \frac{p(\boldsymbol{x})}{q(\boldsymbol{x})}\mathrm{d}\boldsymbol{x} \tag{2.1}$$

KL 散度满足 $D_{\mathrm{KL}}(p \parallel q)\geqslant 0$,当且仅当 $p(\boldsymbol{x})=q(\boldsymbol{x})$ 时等号成立。需要指出的是,KL 散度并不是对称的,即 $D_{\mathrm{KL}}(p \parallel q)\neq D_{\mathrm{KL}}(q \parallel p)$,因此 KL 散度并不是一个距离。KL 散度可以作为性能标准寻找一个逼近真实分布的概率分布,在本书中用于寻找一个概率密度函数使之与一族概率密度函数的差异是最小的,为此,给出如下定义:

定义 2.1 给定 N 个概率密度函数 $p^i(\boldsymbol{x})$ 以及相应的权重 λ_i 满足

$$\sum_{i=1}^{N}\lambda_i=1,\quad \lambda_i\geqslant 0$$

定义加权 KL 散度为

$$\bar{p}(\boldsymbol{x}) = \arg\inf_{p\in\mathscr{P}} \sum_{i=1}^{N} \lambda_i D_{\mathrm{KL}}(p \parallel p^i) \tag{2.2}$$

对上述定义的加权 KL 散度有如下引理：

引理 2.1　由式(2.2)定义的加权 KL 散度有如下闭形式的解：

$$\bar{p}(\boldsymbol{x}) = \frac{\prod_{i=1}^{N} [p^i(\boldsymbol{x})]^{\lambda_i}}{\int \prod_{i=1}^{N} [p^i(\boldsymbol{x})]^{\lambda_i} \mathrm{d}\boldsymbol{x}}$$

特别地，如果每一个概率密度函数都是高斯分布的，即

$$p^i(\boldsymbol{x}) = N(\boldsymbol{x}; \hat{\boldsymbol{x}}_i, \boldsymbol{P}_i)$$
$$\stackrel{\text{def}}{=} \frac{1}{\sqrt{\det(2\pi\boldsymbol{P}_i)}} \exp\left[-\frac{1}{2}(\boldsymbol{x}-\hat{\boldsymbol{x}}_i)^{\mathrm{T}} \boldsymbol{P}_i^{-1} (\boldsymbol{x}-\hat{\boldsymbol{x}}_i)\right]$$

则加权 KL 散度为

$$\bar{p}(\boldsymbol{x}) = N(\boldsymbol{x}; \bar{\boldsymbol{x}}, \bar{\boldsymbol{P}})$$

其中，均值和协方差为

$$\bar{\boldsymbol{P}}^{-1} = \sum_{i=1}^{N} \lambda_i \boldsymbol{P}_i^{-1}$$

$$\bar{\boldsymbol{P}}^{-1}\bar{\boldsymbol{x}} = \sum_{i=1}^{N} \lambda_i \boldsymbol{P}_i^{-1} \hat{\boldsymbol{x}}_i$$

下面将基于上述定义的加权 KL 散度发展多模型信息论滤波方法。

考虑离散时间线性随机跳变系统：

$$\left.\begin{aligned} \boldsymbol{x}_k &= \boldsymbol{F}_{k-1}(r_k)\boldsymbol{x}_{k-1} + \boldsymbol{G}_{k-1}(r_k)\boldsymbol{w}_{k-1}(r_k) \\ \boldsymbol{z}_k &= \boldsymbol{H}_k(r_k)\boldsymbol{x}_k + \boldsymbol{v}_k(r_k) \end{aligned}\right\} \tag{2.3}$$

式中：$k \in \mathbb{N}$ 为离散时间变量；$\boldsymbol{x}_k \in \mathbb{R}^n$ 为 k 时刻的系统状态变量；$\boldsymbol{z}_k \in \mathbb{R}^p$ 为 k 时刻对系统的量测变量；r_k 表示系统模式空间 $\mathscr{M} = \{1, 2, \cdots, M\}$ 上的模式变量；$\boldsymbol{F}_{k-1}(r_k)$、$\boldsymbol{G}_{k-1}(r_k)$和 $\boldsymbol{H}_k(r_k)$是适当维数的矩阵；$\boldsymbol{w}_{k-1}(r_k)$和 $\boldsymbol{v}_k(r_k)$为零均值高斯白噪声，且协方差矩阵分别为 $\boldsymbol{Q}_{k-1}(r_k)$和 $\boldsymbol{R}_k(r_k)$。假设系统模式变量 r_k 为有限状态时间齐次 Markov 链，且转移概率为 $\Pr\{r_k = j \mid r_{k-1} = i\} = \pi_{ij}, \forall i, j \in \mathscr{M}$。

假设已得到 $k-1$ 时刻后验概率密度函数，即

$$\Pr\{r_{k-1} = i \mid \boldsymbol{Z}_{k-1}\} = \mu_{k-1}^i$$

$$p(\boldsymbol{x}_{k-1} \mid r_{k-1} = i, \boldsymbol{Z}_{k-1}) = N(\boldsymbol{x}_{k-1}; \hat{\boldsymbol{x}}_{k-1|k-1}^i, \boldsymbol{P}_{k-1|k-1}^i)$$

步骤一：模型条件重初始化

混合概率：

$$\mu_{k-1}^{i|j} = \Pr\{r_{k-1} = i \mid r_k = j, \boldsymbol{Z}_{k-1}\}$$

$$=\frac{\Pr\{r_k=j\mid r_{k-1}=i,\boldsymbol{Z}_{k-1}\}\Pr\{r_{k-1}=i\mid \boldsymbol{Z}_{k-1}\}}{\sum_{l=1}^{M}\Pr\{r_k=j\mid r_{k-1}=l,\boldsymbol{Z}_{k-1}\}\Pr\{r_{k-1}=l\mid \boldsymbol{Z}_{k-1}\}}=\frac{\pi_{ij}\mu_{k-1}^{i}}{\sum_{l=1}^{M}\pi_{lj}\mu_{k-1}^{l}}$$

为获取混合状态估计及相应误差协方差矩阵,采用加权 KL 散度,即

$$p_{k-1}^{0j}=\arg\inf_{p\in\mathscr{P}}\sum_{i=1}^{M}\mu_{k-1}^{i|j}D_{\mathrm{KL}}(p\parallel p_{k-1}^{i})$$

式中:$p_{k-1}^{i}\overset{\text{def}}{=\!=}\mathrm{p}(\boldsymbol{x}_{k-1}|r_{k-1}=i,\boldsymbol{Z}_{k-1})$。

利用引理 2.1,可得

$$p_{k-1}^{0j}=N(\boldsymbol{x}_{k-1};\hat{\boldsymbol{x}}_{k-1|k-1}^{0j},\boldsymbol{P}_{k-1|k-1}^{0j})$$

式中:混合状态估计及相应误差协方差矩阵为

$$\hat{\boldsymbol{x}}_{k-1|k-1}^{0j}=\boldsymbol{P}_{k-1|k-1}^{0j}\sum_{i=1}^{M}\mu_{k-1}^{i|j}(\boldsymbol{P}_{k-1|k-1}^{i})^{-1}\hat{\boldsymbol{x}}_{k-1|k-1}^{i}$$

$$\boldsymbol{P}_{k-1|k-1}^{0j}=\left[\sum_{i=1}^{M}\mu_{k-1}^{i|j}(\boldsymbol{P}_{k-1|k-1}^{i})^{-1}\right]^{-1}$$

步骤二:模型条件滤波

模型条件滤波可以采用标准的预测与更新过程,即

$$p(\boldsymbol{x}_k\mid r_k=j,\boldsymbol{Z}_{k-1})=\int p(\boldsymbol{x}_k\mid \boldsymbol{x}_{k-1},r_k=j)p_{k-1}^{0j}\mathrm{d}\boldsymbol{x}_{k-1}=N(\boldsymbol{x}_k;\hat{\boldsymbol{x}}_{k|k-1}^{j},\boldsymbol{P}_{k|k-1}^{j})$$

$$p(\boldsymbol{x}_k\mid r_k=j,\boldsymbol{Z}_k)=\frac{p(\boldsymbol{z}_k\mid \boldsymbol{x}_x,r_k=j,\boldsymbol{Z}_{k-1})p(\boldsymbol{x}_k\mid r_k=j,\boldsymbol{Z}_{k-1})}{p(\boldsymbol{z}_k\mid r_k=j,\boldsymbol{Z}_{k-1})}=N(\boldsymbol{x}_k;\hat{\boldsymbol{x}}_{k|k}^{j},\boldsymbol{P}_{k|k}^{j})$$

式中:预测和更新的均值及协方差矩阵为

$$\hat{\boldsymbol{x}}_{k|k-1}^{j}=\boldsymbol{F}_{k-1}^{j}\hat{\boldsymbol{x}}_{k-1|k-1}^{0j}$$

$$\boldsymbol{P}_{k|k-1}^{j}=\boldsymbol{F}_{k-1}^{j}\boldsymbol{P}_{k-1|k-1}^{0j}(\boldsymbol{F}_{k-1}^{j})^{\mathrm{T}}+\boldsymbol{G}_{k-1}^{j}\boldsymbol{Q}_{k-1}^{j}(\boldsymbol{G}_{k-1}^{j})^{\mathrm{T}}$$

$$\hat{\boldsymbol{x}}_{k|k}^{j}=\hat{\boldsymbol{x}}_{k|k-1}^{j}+\boldsymbol{K}_k^{j}(\boldsymbol{z}_k-\boldsymbol{H}_k^{j}\hat{\boldsymbol{x}}_{k|k-1}^{j})$$

$$\boldsymbol{P}_{k|k}^{j}=\boldsymbol{P}_{k|k-1}^{j}-\boldsymbol{K}_k^{j}\boldsymbol{S}_k^{j}(\boldsymbol{K}_k^{j})^{\mathrm{T}}$$

$$\boldsymbol{K}_k^{j}=\boldsymbol{P}_{k|k-1}^{j}(\boldsymbol{H}_k^{j})^{\mathrm{T}}(\boldsymbol{S}_k^{j})^{-1}$$

$$\boldsymbol{S}_k^{j}=\boldsymbol{H}_k^{j}\boldsymbol{P}_{k|k-1}^{j}(\boldsymbol{H}_k^{j})^{\mathrm{T}}+\boldsymbol{R}_k^{j}$$

步骤三:模型概率更新

模型概率更新如下:

$$\begin{aligned}\mu_k^{j}&=\Pr\{r_k=j\mid \boldsymbol{Z}_k\}\\&=\frac{p(\boldsymbol{z}_k\mid r_k=j,\boldsymbol{Z}_{k-1})\Pr\{r_k=j\mid \boldsymbol{Z}_{k-1}\}}{\sum_{l=1}^{M}p(\boldsymbol{z}_k\mid r_k=l,\boldsymbol{Z}_{k-1})\Pr\{r_k=l\mid \boldsymbol{Z}_{k-1}\}}\end{aligned}$$

$$=\frac{\Lambda_k^j\bar{\mu}_{k-1}^j}{\sum_{l=1}^{M}\Lambda_k^l\bar{\mu}_{k-1}^l}$$

式中：$\Lambda_k^j=N(\boldsymbol{z}_k;\boldsymbol{H}_k^j\boldsymbol{x}_{k|k-1}^j,\boldsymbol{S}_k^j)$，$\bar{\mu}_{k-1}^j=\sum_{l=1}^{M}\pi_{lj}\mu_{k-1}^l$。

步骤四：估计融合

为获取融合后的状态估计及相应误差协方差矩阵，采用加权 KL 散度，即

$$p_k=\arg\inf_{p\in\mathscr{P}}\sum_{j=1}^{M}\mu_k^j D_{\mathrm{KL}}(p\parallel p_k^j)$$

利用引理 2.1，可得

$$p_k=N(\boldsymbol{x}_k;\hat{\boldsymbol{x}}_{k|k},\boldsymbol{P}_{k|k})$$

式中：

$$\hat{\boldsymbol{x}}_{k|k}=\boldsymbol{P}_{k|k}\sum_{i=1}^{M}\mu_k^j(\boldsymbol{P}_{k|k}^j)^{-1}\hat{\boldsymbol{x}}_{k|k}^j$$

$$\boldsymbol{P}_{k|k}=\left[\sum_{i=1}^{M}\mu_k^j(\boldsymbol{P}_{k|k}^j)^{-1}\right]^{-1}$$

与经典的交互式多模型滤波采用矩匹配方法融合前两阶矩相比，多模型信息论滤波方法在交互层和融合层将概率密度函数进行融合，当概率密度函数是高斯分布时，能够得到闭形式的解，且解的形式为一类广义的协方差交叉融合，这种融合结果能够保证估计的一致性。

为了进一步简化融合过程，可以采用信息形式的滤波器进行融合。定义如下形式的信息向量和信息矩阵：

$$\boldsymbol{y}_{k|k}^i=(\boldsymbol{P}_{k|k}^i)^{-1}\hat{\boldsymbol{x}}_{k|k}^i$$

$$\boldsymbol{Y}_{k|k}^i=(\boldsymbol{P}_{k|k}^i)^{-1}$$

$$\boldsymbol{y}_{k|k-1}^i=(\boldsymbol{P}_{k|k-1}^i)^{-1}\hat{\boldsymbol{x}}_{k|k-1}^i$$

$$\boldsymbol{Y}_{k|k-1}^i=(\boldsymbol{P}_{k|k-1}^i)^{-1}$$

$$\boldsymbol{y}_{k|k}^{0i}=(\boldsymbol{P}_{k|k}^{0i})^{-1}\hat{\boldsymbol{x}}_{k|k}^{0i}$$

$$\boldsymbol{Y}_{k|k}^{0i}=(\boldsymbol{P}_{k|k}^{0i})^{-1}$$

$$\boldsymbol{y}_{k|k}=(\boldsymbol{P}_{k|k})^{-1}\hat{\boldsymbol{x}}_{k|k}$$

$$\boldsymbol{Y}_{k|k}=(\boldsymbol{P}_{k|k})^{-1}$$

在交互层和融合层，信息向量和信息矩阵融合公式为

$$\hat{\boldsymbol{y}}_{k-1|k-1}^{0j} = \sum_{i=1}^{M} \mu_{k-1}^{i|j} \hat{\boldsymbol{y}}_{k-1|k-1}^{i}$$

$$\boldsymbol{Y}_{k-1|k-1}^{0j} = \sum_{i=1}^{M} \mu_{k-1}^{i|j} \boldsymbol{Y}_{k-1|k-1}^{i}$$

$$\hat{\boldsymbol{y}}_{k|k} = \sum_{j=1}^{M} \mu_{k|k}^{j} \hat{\boldsymbol{y}}_{k|k}^{j}$$

$$\boldsymbol{Y}_{k|k} = \sum_{j=1}^{M} \mu_{k|k}^{j} \boldsymbol{Y}_{k|k}^{j}$$

根据矩阵加法、减法、乘法和逆运算的计算复杂性，有

① $\mathrm{SUM}(n\times m, n\times m)=O(nm)$；

② $\mathrm{SUB}(n\times m, n\times m)=O(nm)$；

③ $\mathrm{MUL}(n\times m, m\times p)=O(nmp)$；

④ $\mathrm{INV}(n\times n, n\times n)=O(n^3)$。

可以比较多模型信息论滤波与经典的交互式多模型滤波算法的计算复杂性，如表 2.1 所列。

表 2.1　计算复杂性比较

算　法	计算项	计算复杂性
经典 IMM	混合状态估计	Mn
	混合协方差矩阵	$M(3n^2+n)$
	融合状态估计	Mn
	融合协方差矩阵	$M(3n^2+n)$
多模型信息论滤波	混合状态估计	$M(n^3+2n^2)+n^2$
	混合协方差矩阵	$M(n^3+n^2)+n^3$
	融合状态估计	$M(n^3+2n^2)+n^2$
	融合协方差矩阵	$M(n^3+n^2)+n^3$

由表 2.1 可以看出，由于信息论方法在融合协方差矩阵过程中需要计算矩阵的逆，因此具有更高的计算复杂性。

2.1.2　性能分析

为了分析随机跳变系统的多模型信息论滤波估计性能，首先给出时变系统的 Kalman 滤波性能分析思路。

考虑如下时变线性系统：

$$\left.\begin{aligned} \boldsymbol{x}_k &= \boldsymbol{A}_{k-1}\boldsymbol{x}_{k-1} + \boldsymbol{B}_{k-1}\boldsymbol{w}_{k-1} \\ \boldsymbol{z}_k &= \boldsymbol{C}_k\boldsymbol{x}_k + \boldsymbol{v}_k \end{aligned}\right\} \tag{2.4}$$

式中：$\boldsymbol{x}_k \in \mathbb{R}^n$ 为系统状态向量；$\boldsymbol{z}_k \in \mathbb{R}^m$ 为传感器测量向量；$\boldsymbol{w}_{k-1}$ 和 $\boldsymbol{v}_k$ 分别是零均值高斯白噪声，且协方差矩阵分别为 $\boldsymbol{Q}_{k-1}$ 和 $\boldsymbol{R}_k$。

对于上述系统，Kalman 滤波的协方差矩阵可以由下式递推得到：

$$\boldsymbol{P}_{k|k}^{-1} = (\boldsymbol{A}_{k-1}\boldsymbol{P}_{k-1|k-1}\boldsymbol{A}_{k-1}^{\mathrm{T}} + \boldsymbol{B}_{k-1}\boldsymbol{Q}_{k-1}\boldsymbol{B}_{k-1}^{\mathrm{T}})^{-1} + \boldsymbol{C}_k^{\mathrm{T}}\boldsymbol{R}_k^{-1}\boldsymbol{C}_k$$

为方便，简记为

$$\boldsymbol{\Psi}_k(\boldsymbol{P}) = [(\boldsymbol{A}_{k-1}\boldsymbol{P}\boldsymbol{A}_{k-1}^{\mathrm{T}} + \boldsymbol{B}_{k-1}\boldsymbol{Q}_{k-1}\boldsymbol{B}_{k-1}^{\mathrm{T}})^{-1} + \boldsymbol{C}_k^{\mathrm{T}}\boldsymbol{R}_k^{-1}\boldsymbol{C}_k]^{-1}$$

则协方差矩阵可以表示为

$$\boldsymbol{P}_{k|k} = \boldsymbol{\Psi}_k(\boldsymbol{\Psi}_{k-1}(\cdots\boldsymbol{\Psi}_1(\boldsymbol{P}_{0|0})\cdots))$$

下面将介绍时变线性系统一致可控和一致可观的概念。

定义 2.2　时变线性系统(2.4)称为一致可控的，如果存在 $k_0>0$，$\kappa_1>0$ 和 $\kappa_2<\infty$ 使得

$$\kappa_1\boldsymbol{I} \leqslant \sum_{i=k-k_0+1}^{k} \boldsymbol{\Phi}_{k,i}\boldsymbol{B}_i\boldsymbol{Q}_i\boldsymbol{B}_i^{\mathrm{T}}\boldsymbol{\Phi}_{k,i}^{\mathrm{T}} \leqslant \kappa_2\boldsymbol{I}$$

式中：$\boldsymbol{I}$ 为相容维数的单位矩阵以及

$$\boldsymbol{\Phi}_{k,l} = \begin{cases} \boldsymbol{A}_{k-1}\boldsymbol{A}_{k-2}\cdots\boldsymbol{A}_l, & k>l \\ \boldsymbol{I}, & k=l \end{cases}$$

定义 2.3　时变线性系统(2.4)称为一致可观的，如果存在 $k_0>0$，$\kappa_3>0$ 和 $\kappa_4<\infty$ 使得

$$\kappa_3\boldsymbol{I} \leqslant \sum_{i=k-k_0}^{k} \boldsymbol{\Phi}_{i,k}\boldsymbol{C}_i\boldsymbol{R}_i\boldsymbol{C}_i^{\mathrm{T}}\boldsymbol{\Phi}_{i,k}^{\mathrm{T}} \leqslant \kappa_4\boldsymbol{I}$$

式中：$\boldsymbol{\Phi}_{i,k} = \boldsymbol{\Phi}_{k,i}^{-1}$。

对于 Kalman 滤波算法，有下述结论：

引理 2.2　若时变线性系统(2.4)是一致可控和一致可观的，且初始协方差矩阵 $\boldsymbol{P}_{0|0}>\boldsymbol{0}$，则 Kalman 滤波给出的协方差矩阵是一致有界的，即存在正定矩阵 $\boldsymbol{P}$ 和 $\bar{\boldsymbol{P}}$ 使得

$$\boldsymbol{P} \leqslant \boldsymbol{P}_{k|k} \leqslant \bar{\boldsymbol{P}}$$

利用上述引理，对多模型信息论滤波算法有如下结论：

定理 2.1　若线性随机跳变系统(2.3)是一致可控和一致可观的，且模式依赖的初始误差协方差矩阵 $\boldsymbol{P}_{0|0}^i>\boldsymbol{0}(i=1,2,\cdots,M)$，则多模型信息论滤波的协方差矩阵是一致有界的，即对 $k\geqslant k_0$ 存在矩阵 $\underline{\boldsymbol{P}}$ 和 $\bar{\boldsymbol{P}}$ 使得

$$\underline{\boldsymbol{P}} \leqslant \boldsymbol{P}_{k|k} \leqslant \bar{\boldsymbol{P}}$$

进一步有

$$\lim\sup_{k\to\infty} E\{(\boldsymbol{x}_k - \hat{\boldsymbol{x}}_{k|k})^{\mathrm{T}}(\boldsymbol{x}_k - \hat{\boldsymbol{x}}_{k|k})\} \leqslant \mathrm{tr}(\bar{\boldsymbol{P}})$$

证明：欲证融合后的协方差矩阵是有界的，只需要证明模式依赖的协方差矩阵是有界的，即只需要证明

$$\underline{\boldsymbol{P}}^{j} \leqslant \boldsymbol{P}_{k|k}^{j} \leqslant \bar{\boldsymbol{P}}^{j}$$

其中 $\underline{\boldsymbol{P}}^{j}$ 和 $\bar{\boldsymbol{P}}^{j}$ 是正定矩阵。

为此，可以得到

$$\begin{aligned}(\boldsymbol{P}_{k|k}^{j_k})^{-1} &= (\boldsymbol{P}_{k|k-1}^{j_k})^{-1} + (\boldsymbol{H}_k^{j_k})^{\mathrm{T}}(\boldsymbol{R}_k^{j_k})^{-1}\boldsymbol{H}_k^{j_k} \\ &= [\boldsymbol{F}_{k-1}^{j_k}\boldsymbol{P}_{k-1|k-1}^{0j_k}(\boldsymbol{F}_{k-1}^{j_k})^{\mathrm{T}} + \boldsymbol{G}_{k-1}^{j_k}\boldsymbol{Q}_{k-1}^{j_k}(\boldsymbol{G}_{k-1}^{j_k})^{\mathrm{T}}]^{-1} + (\boldsymbol{H}_k^{j_k})^{\mathrm{T}}(\boldsymbol{R}_k^{j_k})^{-1}\boldsymbol{H}_k^{j_k} \\ &= \left\{\boldsymbol{F}_{k-1}^{j_k}\left[\sum_{j_{k-1}=1}^{M}\mu_{k-1|k-1}^{j_{k-1}|j_k}(\boldsymbol{P}_{k-1|k-1}^{j_{k-1}})^{-1}\right]^{-1}(\boldsymbol{F}_{k-1}^{j_k})^{\mathrm{T}} + \boldsymbol{G}_{k-1}^{j_k}\boldsymbol{Q}_{k-1}^{j_k}(\boldsymbol{G}_{k-1}^{j_k})^{\mathrm{T}}\right\}^{-1} + \\ &\quad (\boldsymbol{H}_k^{j_k})^{\mathrm{T}}(\boldsymbol{R}_k^{j_k})^{-1}\boldsymbol{H}_k^{j_k}\end{aligned} \tag{2.5}$$

其中 $j_k, j_{k-1}, \cdots$ 表示所有可能的模式序列。

在每一时刻，选择如下矩阵：

$$\boldsymbol{P}_{k-1|k-1}^{j_{\max}} \stackrel{\text{def}}{=} \{\boldsymbol{P}_{k-1|k-1}^{L}: \boldsymbol{P}_{k-1|k-1}^{L} - \boldsymbol{P}_{k-1|k-1}^{j_{k-1}} \geqslant \boldsymbol{0}, L, j_{k-1} = 1, 2, \cdots, M\}$$

$$\boldsymbol{P}_{k-1|k-1}^{j_{\min}} \stackrel{\text{def}}{=} \{\boldsymbol{P}_{k-1|k-1}^{l}: \boldsymbol{P}_{k-1|k-1}^{l} - \boldsymbol{P}_{k-1|k-1}^{j_{k-1}} \leqslant \boldsymbol{0}, l, j_{k-1} = 1, 2, \cdots, M\}$$

由此可得

$$\sum_{j_{k-1}=1}^{M}\mu_{k-1|k-1}^{j_{k-1}|j_k}(\boldsymbol{P}_{k-1|k-1}^{j_{k-1}})^{-1} \leqslant \sum_{j_{k-1}=1}^{M}\mu_{k-1|k-1}^{j_{k-1}|j_k}(\boldsymbol{P}_{k-1|k-1}^{j_{\min}})^{-1} = (\boldsymbol{P}_{k-1|k-1}^{j_{\min}})^{-1}$$

$$\sum_{j_{k-1}=1}^{M}\mu_{k-1|k-1}^{j_{k-1}|j_k}(\boldsymbol{P}_{k-1|k-1}^{j_{k-1}})^{-1} \geqslant \sum_{j_{k-1}=1}^{M}\mu_{k-1|k-1}^{j_{k-1}|j_k}(\boldsymbol{P}_{k-1|k-1}^{j_{\max}})^{-1} = (\boldsymbol{P}_{k-1|k-1}^{j_{\max}})^{-1}$$

把上述两式代入式(2.5)得

$$(\boldsymbol{P}_{k|k}^{j_k})^{-1} \leqslant [\boldsymbol{F}_{k-1}^{j_k}\boldsymbol{P}_{k-1|k-1}^{j_{\min}}(\boldsymbol{F}_{k-1}^{j_k})^{\mathrm{T}} + \boldsymbol{G}_{k-1}^{j_k}\boldsymbol{Q}_{k-1}^{j_k}(\boldsymbol{G}_{k-1}^{j_k})^{\mathrm{T}}]^{-1} + (\boldsymbol{H}_k^{j_k})^{\mathrm{T}}(\boldsymbol{R}_k^{j_k})^{-1}\boldsymbol{H}_k^{j_k}$$

$$(\boldsymbol{P}_{k|k}^{j_k})^{-1} \geqslant [\boldsymbol{F}_{k-1}^{j_k}\boldsymbol{P}_{k-1|k-1}^{j_{\max}}(\boldsymbol{F}_{k-1}^{j_k})^{\mathrm{T}} + \boldsymbol{G}_{k-1}^{j_k}\boldsymbol{Q}_{k-1}^{j_k}(\boldsymbol{G}_{k-1}^{j_k})^{\mathrm{T}}]^{-1} + (\boldsymbol{H}_k^{j_k})^{\mathrm{T}}(\boldsymbol{R}_k^{j_k})^{-1}\boldsymbol{H}_k^{j_k}$$

注意上述两式可以写成

$$\boldsymbol{P}_{k|k}^{j_k} \geqslant \boldsymbol{\Psi}_k(\boldsymbol{\Psi}_{k-1}\cdots(\boldsymbol{\Psi}_1(\boldsymbol{P}_{0|0}^{j_{\min}})\cdots))$$

$$\boldsymbol{P}_{k|k}^{j_k} \leqslant \boldsymbol{\Psi}_k(\boldsymbol{\Psi}_{k-1}\cdots(\boldsymbol{\Psi}_1(P_{0|0}^{j_{\max}})\cdots))$$

根据引理 2.2 可知，上述模式依赖的协方差矩阵是一致有界的，因此最终的估计融合协方差矩阵是有界的，证毕。

2.1.3　仿真例子

例 2.1　考虑一个在文献中广泛采用的机动目标跟踪场景。目标初始位置是 $(2\times10^3, 10^4)$(单位：m)，初始速度为 $(0, -15)$(单位：m/s)，目标在 1～40 s 内匀速

运动，之后进行 90°转弯，加速度为 0.075 m/s²，持续时间 20 s，然后执行反方向的 90°转弯，加速度是−0.3 m/s²，持续时间 5 s，最后持续做匀速运动，直至 100 s 结束。

记目标状态向量为 $\boldsymbol{x}_k=[\xi_k,\dot{\xi}_k,\ddot{\xi}_k,\eta_k,\dot{\eta}_k,\ddot{\eta}_k]^{\mathrm{T}}$，采用匀速运动模型和匀加速运动模型进行跟踪，相应的系统状态转移矩阵和噪声分布矩阵分别为

$$\boldsymbol{F}_{k-1}^1=\begin{bmatrix}1 & T & 0 & 0 & 0 & 0\\ 0 & 1 & 0 & 0 & 0 & 0\\ 0 & 0 & 0 & 0 & 0 & 0\\ 0 & 0 & 0 & 1 & T & 0\\ 0 & 0 & 0 & 0 & 1 & 0\\ 0 & 0 & 0 & 0 & 0 & 0\end{bmatrix}$$

$$\boldsymbol{F}_{k-1}^2=\begin{bmatrix}1 & T & \frac{T^2}{2} & 0 & 0 & 0\\ 0 & 1 & T & 0 & 0 & 0\\ 0 & 0 & 1 & 0 & 0 & 0\\ 0 & 0 & 0 & 1 & T & \frac{T^2}{2}\\ 0 & 0 & 0 & 0 & 1 & T\\ 0 & 0 & 0 & 0 & 0 & 1\end{bmatrix}$$

$$\boldsymbol{G}_{k-1}^i\boldsymbol{Q}_{k-1}^i(\boldsymbol{G}_{k-1}^i)^{\mathrm{T}}=q^i\begin{bmatrix}\frac{T^5}{20} & \frac{T^4}{8} & \frac{T^3}{6} & 0 & 0 & 0\\ \frac{T^4}{8} & \frac{T^3}{3} & \frac{T^2}{2} & 0 & 0 & 0\\ \frac{T^4}{6} & \frac{T^2}{2} & T & 0 & 0 & 0\\ 0 & 0 & 0 & \frac{T^5}{20} & \frac{T^4}{8} & \frac{T^3}{6}\\ 0 & 0 & 0 & \frac{T^4}{8} & \frac{T^3}{3} & \frac{T^2}{2}\\ 0 & 0 & 0 & \frac{T^3}{6} & \frac{T^2}{2} & T\end{bmatrix}$$

式中：$q^1=0.01$，$q^2=0.25$。

两个模型的 Markov 链转移概率矩阵为

$$\boldsymbol{\Pi}=\begin{bmatrix}0.95 & 0.05\\ 0.05 & 0.95\end{bmatrix}$$

传感器的测量模型为

$$\boldsymbol{z}_k=\begin{bmatrix}1 & 0 & 0 & 0 & 0 & 0\\ 0 & 0 & 0 & 1 & 0 & 0\end{bmatrix}\boldsymbol{x}_k+\boldsymbol{v}_k$$

式中：测量噪声协方差矩阵为 $\boldsymbol{R}_k=\mathrm{diag}\{10^4,10^4\}$。

在仿真过程中，两个模型的初始概率均取为 $\mu_0^1=\mu_0^2=0.5$，目标的初始状态估计为真实值与一个偏差向量 $[100,10,0,100,10,0]^{\mathrm{T}}$ 的和，仿真结果为 1 000 次 Monte Carlo 仿真，性能指标为位置和速度的均方根误差。

多模型信息论滤波算法的 MATLAB 程序如下：

```
mOverallX(:,1) = OverallX(:,1);
UpdatedP(:,:,1,1) = inv([10000 0 0 0 0 0;0 100 0 0 0 0;0 0 1 0 0 0;0 0 0 10000 0 0;0 0 0 0
                    100 0;0 0 0 0 0 1]);
UpdatedP(:,:,2,1) = inv([10000 0 0 0 0 0;0 100 0 0 0 0;0 0 1 0 0 0;0 0 0 10000 0 0;0 0 0 0
                    100 0;0 0 0 0 0 1]);
UpdatedX(:,1,1) = UpdatedP(:,:,1,1) * OverallX(:,1);
UpdatedX(:,2,1) = UpdatedP(:,:,2,1) * OverallX(:,1);
for n = 1:1000          %%% Monte Carlo 次数
    for k = 2:100       %%% 仿真步数
        for i = 1:2
        %%% 预测概率
        Predictedprob(i,k) = PI(1,i) * Modeprob(1,k-1) + PI(2,i) * Modeprob(2,k-1);
        end
        for i = 1:2
            for j = 1:Model_number
            %%% 混合概率
            Mixingweight(j,i,k-1) = PI(j,i) * Modeprob(j,k-1)/Predictedprob(i,k);
            end
        end
        for i = 1:2
        %%% 混合协方差矩阵
        MixingP(:,:,i,k-1) = UpdatedP(:,:,1,k-1) * Mixingweight(1,i,k-1) + UpdatedP(:,:,
        2,k-1) * Mixingweight(2,i,k-1);
        %%% 混合状态估计
        MixingX(:,i,k-1) = Mixingweight(1,i,k-1) * UpdatedX(:,1,k-1) + UpdatedX(:,2,k-1)
        * Mixingweight(2,i,k-1);
        %%% Kalman 滤波
        PredictedP(:,:,i,k) = inv(F(:,:,i) * inv(MixingP(:,:,i,k-1)) * F(:,:,i)' + Q(:,:,i));
        PredictedX(:,i,k) = PredictedP(:,:,i,k) * F(:,:,i) * inv(MixingP(:,:,i,k-1)) * Mix-
        ingX(:,i,k-1);
        UpdatedX(:,i,k) = PredictedX(:,i,k) + H' * inv(R) * measure(:,k,n);
        UpdatedP(:,:,i,k) = PredictedP(:,:,i,k) + H' * inv(R) * H;
```

```
        ResidualS(:,:,i,k) = H * inv(PredictedP(:,:,i,k)) * H' + R;
        predictedz(:,i,k) = H * inv(PredictedP(:,:,i,k)) * PredictedX(:,i,k);
        resz(:,i,k) = measure(:,k,n) - predictedz(:,i,k);
        %%% 模型概率更新
        ModellikeL(i,k) = exp(resz(:,i,k)' * inv(ResidualS(:,:,i,k)) * resz(:,i,k)/2)/(det(2
        * pi * ResidualS(:,:,i,k)))^0.5;
        end
        mu = Predictedprob(1,k) * ModellikeL(1,k) + Predictedprob(2,k) * ModellikeL(2,k);
        for i = 1:2
            Modeprob(i,k) = Predictedprob(i,k) * ModellikeL(i,k)/mu; %%%计算
                                                                      %%%模式概率
        end
        %%%估计融合
        OverallP(:,:,k) = Modeprob(1,k) * UpdatedP(:,:,1,k) + Modeprob(2,k) * UpdatedP(:,:,2,
        k);
        OverallX(:,k) = UpdatedX(:,1,k) * Modeprob(1,k) + UpdatedX(:,2,k) * Modeprob(2,k);
        mOverallX(:,k) = inv(OverallP(:,:,k)) * OverallX(:,k);
        mOverallP(:,:,k) = inv(OverallP(:,:,k));
    end
    for s = 1:100
        %%% 位置和速度均方根误差
        Position_RMS(n,s) = (mOverallX(1,s) - True_x(s))^2 + (mOverallX(4,s) - True_y(s))^2;
        Velocity_RMS(n,s) = (mOverallX(2,s) - True_vx(s))^2 + (mOverallX(5,s) - True_vy(s))^2;
    end
end
```

图 2.1 和图 2.2 所示为位置和速度的均方根误差仿真结果，易见，在目标匀速运动时，多模型信息论滤波算法(IT - IMM)比经典的交互式多模型滤波算法(C - IMM)表现得更好。为进一步说明多模型信息论滤波算法在匀速运动时表现得更加优异，假设目标从 1～100 s 一直做匀速运动，相应的位置和速度的均方根误差仿真结果如图 2.3 和图 2.4 所示，可以看出 IT - IMM 一直都比 C - IMM 表现得更好，这也说明 C - IMM 过高地估计了模式的机动概率，反而在目标非机动状态下表现得不如 IT - IMM，相应的机动模式概率如图 2.5 和图 2.6 所示。

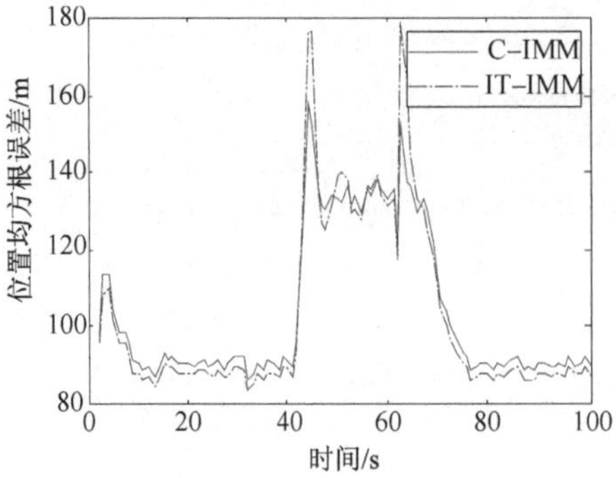

图 2.1　目标机动时位置均方根误差

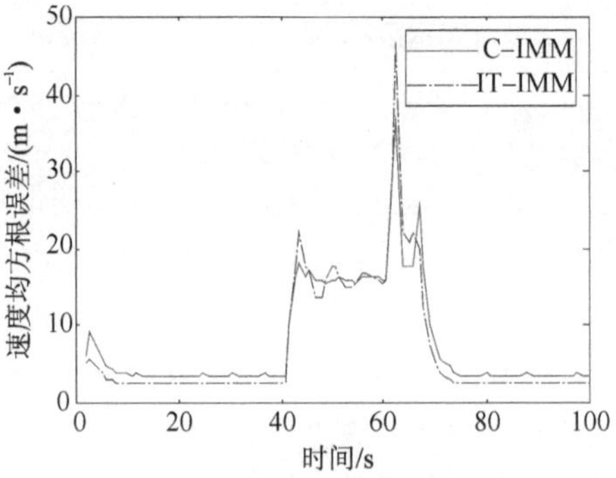

图 2.2　目标机动时速度均方根误差

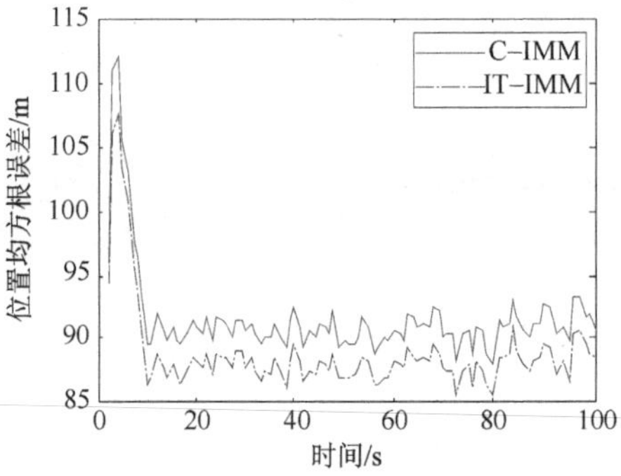

图 2.3　目标匀速时位置均方根误差

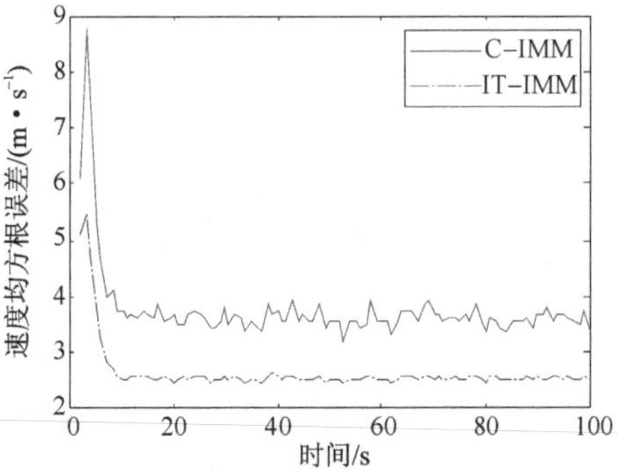

图 2.4　目标匀速时速度均方根误差

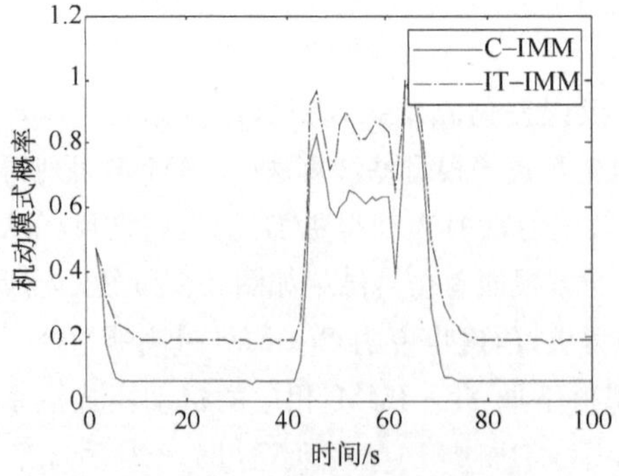

图 2.5　目标机动时机动模式概率

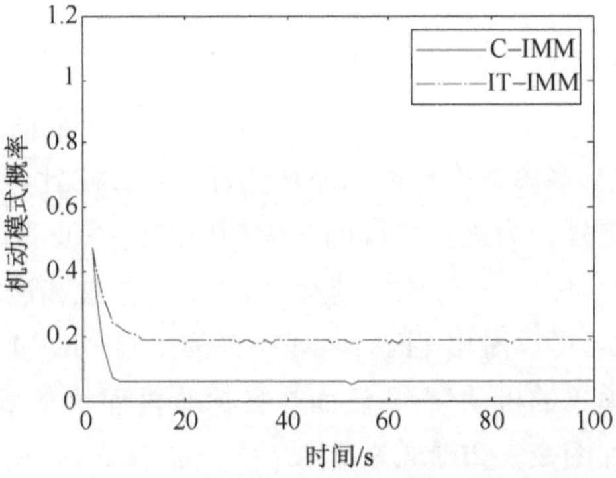

图 2.6　目标匀速时机动模式概率

2.2　多模型反馈学习滤波

在经典的交互式多模型滤波算法中,最终的融合估计仅作为输出,没有反馈回下一时刻用于状态估计。然而,最终的融合估计往往比各模式依赖的估计精度更高,因此可以考虑作为参考项用于下一时刻的状态估计。基于该思想,本节将介绍把融合估计进行反馈学习的多模型自适应滤波算法。

2.2.1　算法设计

在第 1 章的交互式多模型滤波方法的基础上定义反馈学习项,即

$$\begin{aligned}\boldsymbol{l}_k^j &\overset{\text{def}}{=} \hat{\boldsymbol{\phi}}_k^j - \hat{\boldsymbol{x}}_{k|k-1}^j \\ &= \boldsymbol{F}_{k-1}^j(\hat{\boldsymbol{x}}_{k-1|k-1} - \hat{\boldsymbol{x}}_{k-1|k-1}^j)\end{aligned}$$

式中:$\hat{\boldsymbol{\phi}}_k^j$ 是由 $k-1$ 时刻的最终融合估计经过系统状态转移矩阵得到的,即

$$\hat{\boldsymbol{\phi}}_k^j \overset{\text{def}}{=} \boldsymbol{F}_{k-1}^j \hat{\boldsymbol{x}}_{k-1|k-1}$$

将反馈学习项用于下一时刻的状态估计,即

$$\hat{\boldsymbol{x}}_{k|k}^j = \hat{\boldsymbol{x}}_{k|k-1}^j + \boldsymbol{K}_k^j(\boldsymbol{z}_k - \boldsymbol{H}_k^j\hat{\boldsymbol{x}}_{k|k-1}^j) + \varepsilon_k^j \boldsymbol{l}_k^j$$

式中:ε_k^j 为反馈学习项的增益参数。

由于引入了反馈学习项,需要重新设计增益矩阵 $\boldsymbol{K}_k^j$。为此,定义如下误差:

$$\boldsymbol{e}_k^j = \boldsymbol{x}_k - \hat{\boldsymbol{x}}_{k|k}^j$$

$$\boldsymbol{\eta}_k^j = \boldsymbol{x}_k - \hat{\boldsymbol{x}}_{k|k-1}^j$$

$$\boldsymbol{\delta}_k^j = \boldsymbol{x}_k - \hat{\boldsymbol{\phi}}_k^j$$

根据更新估计公式,可以得到 3 种误差之间的关系,即

$$\begin{aligned}\boldsymbol{e}_k^j &= \boldsymbol{\eta}_k^j - \boldsymbol{K}_k^j\boldsymbol{H}_k^j\boldsymbol{\eta}_k^j - \boldsymbol{K}_k^j\boldsymbol{v}_k^j - \varepsilon_k^j(\boldsymbol{\eta}_k^j - \boldsymbol{\delta}_k^j) \\ &= (\boldsymbol{I} - \boldsymbol{K}_k^j\boldsymbol{H}_k^j - \boldsymbol{\varepsilon}_k^j\boldsymbol{I})\boldsymbol{\eta}_k^j - \boldsymbol{K}_k^j\boldsymbol{v}_k^j + \varepsilon_k^j\boldsymbol{\delta}_k^j\end{aligned}$$

相应的协方差矩阵为

$$\begin{aligned}\boldsymbol{P}_{k|k}^j &\overset{\text{def}}{=} E\{\boldsymbol{e}_k^j(\boldsymbol{e}_k^j)^{\mathrm{T}}\} \\ &= (\boldsymbol{I} - \boldsymbol{K}_k^j\boldsymbol{H}_k^j - \varepsilon_k^j\boldsymbol{I})\boldsymbol{P}_{k|k-1}^j(\boldsymbol{I} - \boldsymbol{K}_k^j\boldsymbol{H}_k^j - \varepsilon_k^j\boldsymbol{I}) + \\ &\quad \boldsymbol{K}_k^j\boldsymbol{R}_k^j(\boldsymbol{K}_k^j)^{\mathrm{T}} + (\varepsilon_k^j)^2\boldsymbol{\Phi}_k^j + \varepsilon_k^j(\boldsymbol{I} - \boldsymbol{K}_k^j\boldsymbol{H}_k^j - \varepsilon_k^j\boldsymbol{I})\boldsymbol{\Sigma}_k^j + \\ &\quad \varepsilon_k^j(\boldsymbol{\Sigma}_k^j)^{\mathrm{T}}(\boldsymbol{I} - \boldsymbol{K}_k^j\boldsymbol{H}_k^j - \varepsilon_k^j\boldsymbol{I})^{\mathrm{T}}\end{aligned}$$

式中:$\boldsymbol{I}$ 是维数相容的单位矩阵,以及

$$\boldsymbol{\Phi}_k^j \overset{\text{def}}{=} E\{\boldsymbol{\delta}_k^j(\boldsymbol{\delta}_k^j)^{\mathrm{T}}\} = \boldsymbol{F}_{k-1}^j\boldsymbol{P}_{k-1|k-1}(\boldsymbol{F}_{k-1}^j)^{\mathrm{T}} + \boldsymbol{Q}_{k-1}^j$$

$$\boldsymbol{\Sigma}_k^j \overset{\text{def}}{=} E\{\boldsymbol{\eta}_k^j(\boldsymbol{\delta}_k^j)^{\mathrm{T}}\} = \boldsymbol{F}_{k-1}^j\sum_{i=1}^{M}\mu_{k-1}^i E\{\boldsymbol{e}_{k-1}^j(\boldsymbol{e}_{k-1}^i)^{\mathrm{T}}\}(\boldsymbol{F}_{k-1}^j)^{\mathrm{T}} + \boldsymbol{Q}_{k-1}^j$$

最优增益矩阵 $\boldsymbol{K}_k^j$ 可以通过最小化协方差矩阵迹得到,即

$$\frac{\partial \mathrm{tr}\{\boldsymbol{P}_{k|k}^j\}}{\partial \boldsymbol{K}_k^j} = \boldsymbol{0}$$

利用矩阵计算理论,对于任意矩阵

$$\frac{\partial \mathrm{tr}\{\boldsymbol{XY}\}}{\partial \boldsymbol{Y}} = \boldsymbol{X}^{\mathrm{T}}$$

$$\frac{\partial \mathrm{tr}\{\boldsymbol{X}^{\mathrm{T}}\boldsymbol{YX}\}}{\partial \boldsymbol{X}} = (\boldsymbol{Y}+\boldsymbol{Y}^{\mathrm{T}})\boldsymbol{X}$$

因此,可以得到

$$\boldsymbol{K}_k^j\boldsymbol{H}_k^j\boldsymbol{P}_{k|k-1}^j(\boldsymbol{H}_k^j)^{\mathrm{T}} - (1-\varepsilon_k^j)\boldsymbol{P}_{k|k-1}^j(\boldsymbol{H}_k^j)^{\mathrm{T}} + \boldsymbol{K}_k^j\boldsymbol{R}_k^j - \varepsilon_k^j\boldsymbol{\Sigma}_k^j(\boldsymbol{H}_k^j)^{\mathrm{T}} = \boldsymbol{0}$$

故最优增益矩阵为

$$\boldsymbol{K}_k^j = [(1-\varepsilon_k^j)\boldsymbol{P}_{k|k-1}^j(\boldsymbol{H}_k^j)^{\mathrm{T}} + \varepsilon_k^j\boldsymbol{\Sigma}_k^j(\boldsymbol{H}_k^j)^{\mathrm{T}}][\boldsymbol{H}_k^j\boldsymbol{P}_{k|k-1}^j(\boldsymbol{H}_k^j)^{\mathrm{T}} + \boldsymbol{R}_k^j]^{-1}$$

注意到最优增益矩阵需要计算协方差矩阵 $\boldsymbol{\Sigma}_k^j$,而该矩阵的计算涉及交互协方差矩阵,因此计算较复杂。为避免计算矩阵 $\boldsymbol{\Sigma}_k^j$,当反馈学习项的增益参数 ε_k^j 充分小时可以忽略计算 $\boldsymbol{\Sigma}_k^j$,故可以采用次优的增益矩阵

$$\boldsymbol{K}_k^j = (1-\varepsilon_k^j)\boldsymbol{P}_{k|k-1}^j(\boldsymbol{H}_k^j)^{\mathrm{T}}[\boldsymbol{H}_k^j\boldsymbol{P}_{k|k-1}^j(\boldsymbol{H}_k^j)^{\mathrm{T}} + \boldsymbol{R}_k^j]^{-1}$$

此时,误差协方差矩阵为

$$\begin{aligned}\boldsymbol{P}_{k|k}^j &= (\boldsymbol{I}-\boldsymbol{K}_k^j\boldsymbol{H}_k^j-\varepsilon_k^j\boldsymbol{I})\boldsymbol{P}_{k|k-1}^j(\boldsymbol{I}-\boldsymbol{K}_k^j\boldsymbol{H}_k^j-\varepsilon_k^j I) + \boldsymbol{K}_k^j\boldsymbol{R}_k^j(\boldsymbol{K}_k^j)^{\mathrm{T}} + (\varepsilon_k^j)^2\boldsymbol{\Phi}_k^j \\ &= (1-\varepsilon_k^j)(\boldsymbol{I}-\boldsymbol{K}_k^j\boldsymbol{H}_k^j)\boldsymbol{P}_{k|k-1}^j + (\varepsilon_k^j)^2\boldsymbol{\Phi}_k^j\end{aligned}$$

至此,可以将交互式多模型滤波方法中的步骤二更改为

$$\hat{\boldsymbol{x}}_{k|k-1}^j = \boldsymbol{F}_{k-1}^j\hat{\boldsymbol{x}}_{k-1|k-1}^{0j}$$

$$\boldsymbol{P}_{k|k-1}^j = \boldsymbol{F}_{k-1}^j\boldsymbol{P}_{k-1|k-1}^{0j}(\boldsymbol{F}_{k-1}^j)^{\mathrm{T}} + \boldsymbol{Q}_{k-1}^j$$

$$\hat{\boldsymbol{\phi}}_k^j = \boldsymbol{F}_{k-1}^j\hat{\boldsymbol{x}}_{k-1|k-1}$$

$$\boldsymbol{\Phi}_k^j = \boldsymbol{F}_{k-1}^j\boldsymbol{P}_{k-1|k-1}(\boldsymbol{F}_{k-1}^j)^{\mathrm{T}} + \boldsymbol{Q}_{k-1}^j$$

$$\hat{\boldsymbol{x}}_{k|k}^j = \hat{\boldsymbol{x}}_{k|k-1}^j + \boldsymbol{K}_k^j(\boldsymbol{z}_k - \boldsymbol{H}_k^j\hat{\boldsymbol{x}}_{k|k-1}^j) + \varepsilon_k^j(\hat{\boldsymbol{\phi}}_k^j - \hat{\boldsymbol{x}}_{k|k-1}^j)$$

$$\boldsymbol{P}_{k|k}^j = (1-\varepsilon_k^j)(\boldsymbol{I}-\boldsymbol{K}_k^j\boldsymbol{H}_k^j)\boldsymbol{P}_{k|k-1}^j + (\varepsilon_k^j)^2\boldsymbol{\Phi}_k^j$$

$$\boldsymbol{K}_k^j = (1-\varepsilon_k^j)\boldsymbol{P}_{k|k-1}^j(\boldsymbol{H}_k^j)^{\mathrm{T}}(\boldsymbol{S}_k^j)^{-1}$$

$$\boldsymbol{S}_k^j = \boldsymbol{H}_k^j\boldsymbol{P}_{k|k-1}^j(\boldsymbol{H}_k^j)^{\mathrm{T}} + \boldsymbol{R}_k^j$$

由于在更新估计中引入了反馈学习项及其增益参数,需要设计合理的增益参数,该增益参数太大可能会使滤波算法发散,太小又可能使反馈学习项不起作用,因此需要选择合理的反馈参数。此外,这种反馈学习项的引入类似分布式一致滤波算法过程,在分布式一致滤波算法中,不同传感器的预测估计差异被引入更新估计中提高估计性能,相当于在多模型自适应滤波算法中,最终融合估计与不同模式依赖估计的差异被引入更新估计,以提高估计性能。

2.2.2　性能分析

本小节采用经典交互式多模型滤波稳定性的结果，分析多模型反馈学习滤波的稳定性。为此分析如下误差：

$$\begin{aligned} e_k^j &= (I - K_k^j H_k^j - \varepsilon_k^j I)\eta_k^j - K_k^j v_k^j + \varepsilon_k^j \delta_k^j \\ &= (I - K_k^j H_k^j - \varepsilon_k^j I)F_{k-1}^j \sum_{i=1}^{M} \mu_{k-1}^{i|j} e_{k-1}^i - K_k^j v_k^j + \varepsilon_k^j F_{k-1}^j \sum_{i=1}^{M} \mu_{k-1}^i e_{k-1}^i + (I - K_k^j H_k^j) w_{k-1}^j \end{aligned}$$

考虑没有噪声干扰的误差动态方程，如下：

$$e_k^j = (I - K_k^j H_k^j - \varepsilon_k^j I)F_{k-1}^j \sum_{i=1}^{M} \mu_{k-1}^{i|j} e_{k-1}^i + \varepsilon_k^j F_{k-1}^j \sum_{i=1}^{M} \mu_{k-1}^i e_{k-1}^i$$

令 $e_k = [e_k^1, \cdots, e_k^M]^{\mathrm{T}}$，则误差动态方程可写为

$$\begin{aligned} e_k &= (\Gamma_{k-1} F_{k-1} \Lambda_{k-1} - \varepsilon_k F_{k-1} \Lambda_{k-1} + \varepsilon_k F_{k-1} \Omega_{k-1}) e_{k-1} \\ &= [\Gamma_{k-1} F_{k-1} \Lambda_{k-1} - \varepsilon_k F_{k-1} (\Lambda_{k-1} - \Omega_{k-1})] e_{k-1} \end{aligned}$$

式中：$\Lambda_{k-1} = [\mu_{k-1}^{i|j}]_{M\times M}$，以及

$$\begin{aligned} \varepsilon_k &= \mathrm{diag}\{\varepsilon_k^1, \cdots, \varepsilon_k^M\} \\ \Omega_{k-1} &= \mathrm{diag}\{\mu_{k-1}^1, \cdots, \mu_{k-1}^M\} \\ F_{k-1} &= \mathrm{diag}\{F_{k-1}^1, \cdots, F_{k-1}^M\} \\ \Gamma_{k-1} &= \mathrm{diag}\{I - K_k^1 H_k^1, \cdots, I - K_k^M H_k^M\} \end{aligned}$$

当没有反馈学习项且$\rho(\Gamma_{k-1} F_{k-1} \Lambda_{k-1}) < 1$时，经典的交互式多模型滤波算法是稳定的，因此如果反馈学习增益参数满足

$$\rho(\Gamma_{k-1} F_{k-1} \Lambda_{k-1} - \varepsilon_k F_{k-1} (\Lambda_{k-1} - \Omega_{k-1})) < 1$$

则模型反馈学习滤波算法也是稳定的。

2.2.3　仿真例子

考虑二维平面上的机动目标跟踪问题。目标运动轨迹采用如下协调转弯模型产生：

$$x_k = \begin{bmatrix} 1 & \dfrac{\sin(\omega T)}{\omega} & 0 & 0 & -\dfrac{1-\cos(\omega T)}{\omega} & 0 \\ 0 & \cos(\omega T) & 0 & 0 & -\sin(\omega T) & 0 \\ 0 & 0 & 0 & 0 & 0 & 0 \\ 0 & \dfrac{1-\cos(\omega T)}{\omega} & 0 & 1 & \dfrac{\sin(\omega T)}{\omega} & 0 \\ 0 & \sin(\omega T) & 0 & 0 & \cos(\omega T) & 0 \\ 0 & 0 & 0 & 0 & 0 & 0 \end{bmatrix} x_{k-1} + w_{k-1}$$

跟踪者采用如下匀速运动模型和匀加速运动模型估计目标的状态参数，而且两个模型切换的 Markov 链转移概率矩阵为

$$\boldsymbol{\Pi}=\begin{bmatrix}0.9 & 0.1\\ 0.1 & 0.9\end{bmatrix},\quad \boldsymbol{F}_{k-1}^{1}=\begin{bmatrix}1 & T & 0 & 0 & 0 & 0\\ 0 & 1 & 0 & 0 & 0 & 0\\ 0 & 0 & 0 & 0 & 0 & 0\\ 0 & 0 & 0 & 1 & T & 0\\ 0 & 0 & 0 & 0 & 1 & 0\\ 0 & 0 & 0 & 0 & 0 & 0\end{bmatrix}$$

$$\boldsymbol{F}_{k-1}^{2}=\begin{bmatrix}1 & T & \frac{T^2}{2} & 0 & 0 & 0\\ 0 & 1 & T & 0 & 0 & 0\\ 0 & 0 & 1 & 0 & 0 & 0\\ 0 & 0 & 0 & 1 & T & \frac{T^2}{2}\\ 0 & 0 & 0 & 0 & 1 & T\\ 0 & 0 & 0 & 0 & 0 & 1\end{bmatrix}$$

$$\boldsymbol{Q}_{k-1}^{i}=q^{i}\begin{bmatrix}\frac{T^5}{20} & \frac{T^4}{8} & \frac{T^3}{6} & 0 & 0 & 0\\ \frac{T^4}{8} & \frac{T^3}{3} & \frac{T^2}{2} & 0 & 0 & 0\\ \frac{T^4}{6} & \frac{T^2}{2} & T & 0 & 0 & 0\\ 0 & 0 & 0 & \frac{T^5}{20} & \frac{T^4}{8} & \frac{T^3}{6}\\ 0 & 0 & 0 & \frac{T^4}{8} & \frac{T^3}{3} & \frac{T^2}{2}\\ 0 & 0 & 0 & \frac{T^3}{6} & \frac{T^2}{2} & T\end{bmatrix}$$

传感器的测量信息为

$$\boldsymbol{z}_k=\begin{bmatrix}1 & 0 & 0 & 0 & 0 & 0\\ 0 & 0 & 0 & 1 & 0 & 0\end{bmatrix}\boldsymbol{x}_k+\boldsymbol{v}_k$$

式中：测量噪声协方差矩阵为

$$\boldsymbol{R}_k=\begin{bmatrix}92^2 & -6\ 000\\ -6\ 000 & 92^2\end{bmatrix}$$

在仿真过程中，两个模型的初始模式概率均取为 $\mu_0^1=\mu_0^2=0.5$，初始状态为真实状态与偏差$[90,2,0,90,2,0]^{\mathrm{T}}$的和。反馈学习增益参数取为 $\varepsilon_k^1=\varepsilon_k^2=0.15$。

基于反馈学习的多模型自适应滤波算法的 MATLAB 程序如下：

```
for n = 1:1000     %%% Monte Carlo 次数
    for k = 2:100  %%% 仿真步数
        for i = 1:2
            Predictedprob(i,k) = PI(1,i) * Modeprob(1,k - 1) + PI(2,i) * Modeprob(2,k
            - 1);  %%% 预测概率
        end
        for i = 1:2
            for j = 1:2
                Mixingweight(j,i,k - 1) = PI(j,i) * Modeprob(j,k - 1)/Predictedprob(i,
                k);  %%% 混合概率
            end
        end
        for i = 1:2
        %%% 混合状态估计
        MixingX(:,i,k - 1) = Updated_X(:,1,k - 1) * Mixing_weight(1,i,k - 1) + Updated_X
        (:,2,k - 1) * Mixing_weight(2,i,k - 1);
        %%% 混合协方差矩阵
                MixingP(:,:,i,k - 1) = (UpdatedP(:,:,1,k - 1) + (MixingX(:,i,k - 1) -
                UpdatedX(:,1,k - 1)) * (MixingX(:,i,k - 1) - UpdatedX(:,1,k - 1))') *
                Mixingweight(1,i,k - 1) + (UpdatedP(:,:,2,k - 1) + (MixingX(:,i,k - 1)
                - UpdatedX(:,2,k - 1)) * (MixingX(:,i,k - 1) - UpdatedX(:,2,k - 1))')
                * Mixingweight(2,i,k - 1);
        %%% Kalman 滤波
        PredictedX(:,i,k) = F(:,:,i) * MixingX(:,i,k - 1);
        PredictedP(:,:,i,k) = F(:,:,i) * MixingP(:,:,i,k - 1) * F(:,:,i)' + Q(:,:,i);
        ResidualS(:,:,i,k) = H * PredictedP(:,:,i,k) * H' + R;
        K(:,:,i,k) = [(1 - e) * PredictedP(:,:,i,k) * H' + e * (Mode_prob(i,k1) * Pre-
        dictedP(:,:,i,k) + Q * H'] * inv(ResidualS(:,:,i,k));
        predictedz(:,i,k) = H * PredictedX(:,i,k);
        z(:,k) = measure(:,k,n);
        resz(:,i,k) = z(:,k) - predictedz(:,i,k);
        UpdatedX(:,i,k) = PredictedX(:,i,k) + K(:,:,i,k) * resz(:,i,k) + e * (F(:,:,
        i) * OverallX(:,k - 1) - PredictedX(:,i,k));
        UpdatedP(:,:,i,k) = (eye(6) - e * eye(6) - K(:,:,i,k) * H) * PredictedP(:,:,i,
        k) * (eye(6) - e * eye(6) - _K(:,:,i,k) * H)' + K(:,:,i,k) * R * K(:,:,i,k)' + e^
        2 * (F(:,:,i) * OverallP(:,:,k - 1) * F(:,:,i)' + Q) + e * Modeprob(i,k - 1) *
        (eye(6) - e * eye(6) - K(:,:,i,k) * H) * PredictedP(:,:,i,k) + e * Modeprob(i,k
        - 1) * PredictedP(:,:,i,k)' * (eye(6) - e * eye(6) - K(:,:,i,k) * H)';
        %%% 模型概率更新
            ModellikeL(i,k) = exp( - resz(:,i,k)' * inv(ResidualS(:,:,i,k)) * resz(:,
            i,k)/2)/(det(2 * pi * ResidualS(:,:,i,k)))^0.5;          end
        mu = Predictedprob(1,k) * ModellikeL(1,k) + Predictedprob(2,k) * ModellikeL(2,k);
```

```
        %%% 估计融合
        OverallX(:,k) = UpdatedX(:,1,k) * Modeprob(1,k) + UpdatedX(:,2,k) * Modeprob(2,k);
        OverallP(:,:,k) = (UpdatedP(:,:,1,k) + (OverallX(:,k) - UpdatedX(:,1,k)) *
        (OverallX(:,k) - UpdatedX(:,1,k))') * Modeprob(1,k);
        OverallP(:,:,k) = OverallP(:,:,k) + (UpdatedP(:,:,2,k) + (OverallX(:,k) - Up-
        datedX(:,2,k)) * (OverallX(:,k) - UpdatedX(:,2,k))') * Modeprob(2,k);
    end
    for s = 1:100
        %%% 位置和速度均方根误差
        mPosition_RMS(n,s) = (mOverall_X(1,s) - True_x(s))^2 + (mOverall_X(4,s) - True
        _y(s))^2;
        mPosition_vRMS(n,s) = (mOverall_X(2,s) - True_vx(s))^2 + (mOverall_X(5,s) -
        True_vy(s))^2;
    end
end
```

通过 1 000 次 Monte Carlo 仿真,经典的交互式多模型滤波(C－IMM)和基于反馈学习的多模型自适应滤波(IMM－L)获得的位置均方根误差与速度均方根误差分别如图 2.7 和图 2.8 所示,可以看出,引入反馈学习项能够提高跟踪性能。

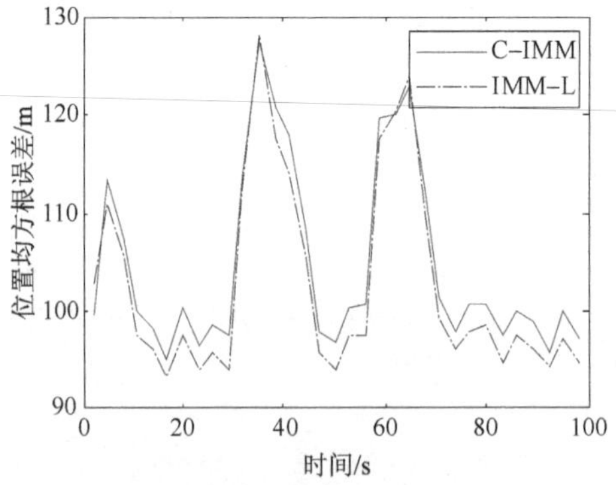

图 2.7 位置均方根误差(1)

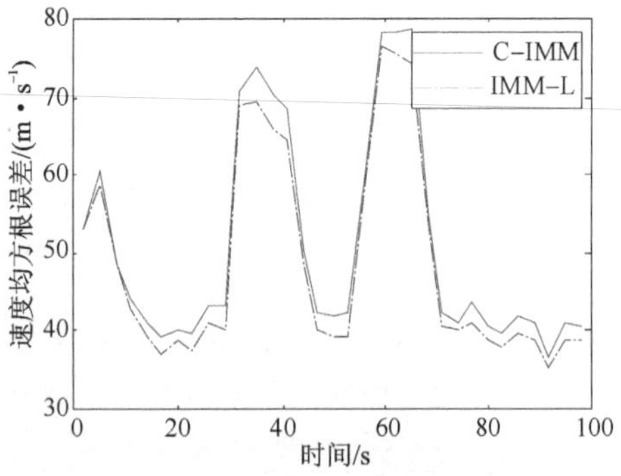

图 2.8 速度均方根误差(1)

2.3 多模型随机矩阵滤波

在机动目标跟踪过程中,由于传感器在不同时刻所处的跟踪环境可能不同,导致测量噪声的协方差矩阵是变化的,或者是未知的。为解决此问题,一种策略是采用鲁棒滤波器,能够容忍对噪声协方差矩阵的变化,例如 H_∞ 滤波器;另一种策略是采用自适应滤波器对噪声协方差矩阵进行估计,此时,往往将协方差矩阵建模为服从某种概率分布的随机矩阵,然后采用 Bayes 滤波进行递推估计。

2.3.1　问题描述

考虑离散时间线性随机跳变系统：

$$\left.\begin{aligned} \boldsymbol{x}_k &= \boldsymbol{F}_{k-1}(r_k)\boldsymbol{x}_{k-1} + \boldsymbol{G}_{k-1}(r_k)\boldsymbol{w}_{k-1}(r_k) \\ \boldsymbol{z}_k &= \boldsymbol{H}_k\boldsymbol{x}_k + \boldsymbol{v}_k, \quad i = 1,2,\cdots,N \end{aligned}\right\} \tag{2.6}$$

式中：$\boldsymbol{x}_k \in \mathbb{R}^n$ 为 k 时刻的目标状态向量；$\boldsymbol{z}_k \in \mathbb{R}^p$ 为 k 时刻传感器的量测向量；$\boldsymbol{F}_{k-1}(r_k)$与 $\boldsymbol{G}_{k-1}(r_k)$分别为系统状态转移矩阵与过程噪声分布矩阵；$\boldsymbol{H}_k$ 为传感器的量测矩阵；过程噪声 $\boldsymbol{w}_{k-1}(r_k)$与量测噪声 $\boldsymbol{v}_k$ 为相互独立的零均值高斯白噪声过程且协方差矩阵分别为$\boldsymbol{Q}_{k-1}(r_k)$和 $\boldsymbol{R}_k$。$r_k \in \mathcal{M} \overset{\text{def}}{=} \{1,2,\cdots,M\}$为离散时间齐次 Markov 链，且具有已知的转移概率矩阵 $\boldsymbol{\Pi} = [\pi_{jm}]$，其中 $\pi_{jm} \overset{\text{def}}{=} \Pr\{r_k = m \mid r_{k-1} = j\}$。

本小节考虑测量噪声协方差矩阵 $\boldsymbol{R}_k$ 是未知的，根据高斯分布协方差矩阵的共轭先验分布是逆 Gamma 分布或者逆 Wishart 分布，将 $\boldsymbol{R}_k$ 分别建模为服从逆 Gamma 分布和逆 Wishart 分布的随机矩阵，采用 Bayes 滤波进行递推估计，需要同时估计状态向量和噪声协方差矩阵。

2.3.2　矩匹配融合

假设测量噪声向量的不同分量是独立的，则相应的测量噪声协方差矩阵$\boldsymbol{R}_{k-1} = \mathrm{diag}\{\sigma_{k-1,1},\cdots,\sigma_{k-1,p}\}$是对角阵，每个分量的共轭先验分布服从逆 Gamma 分布，即

$$p(\boldsymbol{R}_{k-1}) = \prod_{i=1}^{p} \mathrm{IG}(\sigma_{k-1,i}^2; \alpha_{k-1,i}, \beta_{k-1,i})$$

式中：$\alpha_{k-1,i}$ 和$\beta_{k-1,i}$ 分别是逆 Gamma 分布的自由度和尺度参数，即

$$\mathrm{IG}(\theta; \alpha, \beta) = \frac{\beta^\alpha}{\Gamma(\alpha)}\theta^{-\alpha-1}\exp\left(-\frac{\beta}{\theta}\right)$$

$$\Gamma(\alpha) = \int_0^\infty t^{\alpha-1}\exp(-t)\mathrm{d}t$$

基于上述假设，$k-1$ 时刻模式依赖的后验概率密度函数可以表示为高斯密度与逆 Gamma 分布的乘积，即

$$p(\boldsymbol{x}_{k-1}, \boldsymbol{R}_{k-1} \mid r_{k-1} = r, \boldsymbol{Z}_{k-1}) = N(\boldsymbol{x}_{k-1}; \hat{\boldsymbol{x}}_{k-1|k-1}^r, \boldsymbol{P}_{k-1|k-1}^r)\prod_{i=1}^{p}\mathrm{IG}(\sigma_{k-1,i}^2; \alpha_{k-1,i}^r, \beta_{k-1,i}^r)$$

基于矩匹配融合方法的多模型自适应滤波算法的过程如下：

步骤一：模型条件重初始化

混合的状态后验概率密度函数为

$$p(\boldsymbol{x}_{k-1}, \boldsymbol{R}_{k-1} \mid r_k = s, \boldsymbol{Z}_{k-1}) = N(\boldsymbol{x}_{k-1}; \hat{\boldsymbol{x}}_{k-1|k-1}^{0s}, \boldsymbol{P}_{k-1|k-1}^{0s})\prod_{i=1}^{p}\mathrm{IG}(\sigma_{k-1,i}^2; \alpha_{k-1,i}^{0s}, \beta_{k-1,i}^{0s})$$

式中：采用矩匹配方法计算融合后的均值和协方差矩阵，即

$$\hat{\boldsymbol{x}}_{k-1|k-1}^{0s}=\sum_{r=1}^{M}\mu_{k-1}^{r|s}\hat{\boldsymbol{x}}_{k-1|k-1}^{r}$$

$$\boldsymbol{P}_{k-1|k-1}^{0s}=\sum_{r=1}^{M}\mu_{k-1}^{r|s}\boldsymbol{P}_{k-1|k-1}^{r}+(\hat{\boldsymbol{x}}_{k-1|k-1}^{r}-\hat{\boldsymbol{x}}_{k-1|k-1}^{0s})(\hat{\boldsymbol{x}}_{k-1|k-1}^{r}-\hat{\boldsymbol{x}}_{k-1|k-1}^{0s})^{\mathrm{T}}$$

其中，$\mu_{k-1}^{r|s}=\dfrac{\pi_{rs}\mu_{k-1}^{r}}{\hat{\mu}_{k-1}^{s}}$。混合后的逆 Gamma 分布的自由度 $\alpha_{k-1,i}^{0s}$ 和尺度参数 $\beta_{k-1,i}^{0s}$ 分别为

$$\alpha_{k-1,i}^{0s}=\frac{(A_{k-1,i}^{s})^{2}}{B_{k-1,i}^{s}}+2$$

$$\beta_{k-1,i}^{0s}=\frac{(A_{k-1,i}^{s})^{3}}{B_{k-1,i}^{s}}+A_{k-1,i}^{s}$$

式中：$A_{k-1,i}^{s}$ 和 $B_{k-1,i}^{s}$ 是通过匹配前两阶矩得到的，即

$$A_{k-1,i}^{s}=\sum_{r=1}^{M}\mu_{k-1}^{r|s}\frac{\beta_{k-1,i}^{r}}{\alpha_{k-1,i}^{r}-1}$$

$$B_{k-1,i}^{s}=\sum_{r=1}^{M}\mu_{k-1}^{r|s}\frac{(\beta_{k-1,i}^{r})^{2}}{(\alpha_{k-1,i}^{r}-1)^{2}(\alpha_{k-1,i}^{r}-2)}+\left(\frac{\beta_{k-1,i}^{r}}{\alpha_{k-1,i}^{r}-1}-A_{k-1,i}^{r}\right)$$

步骤二：模型条件滤波

预测概率密度函数为

$$p(\boldsymbol{x}_{k},\boldsymbol{R}_{k}\mid r_{k}=s,\boldsymbol{Z}_{k-1})=N(\boldsymbol{x}_{k};\hat{\boldsymbol{x}}_{k|k-1}^{s},\boldsymbol{P}_{k|k-1}^{s})\prod_{i=1}^{p}\mathrm{IG}(\sigma_{k,i}^{2};\bar{\alpha}_{k-1,i}^{s},\bar{\beta}_{k-1,i}^{s})$$

式中：

$$\bar{\alpha}_{k-1,i}^{s}=\rho_{i}\alpha_{k-1,i}^{0s}$$

$$\bar{\beta}_{k-1,i}^{s}=\rho_{i}\beta_{k-1,i}^{0s}$$

$$\hat{\boldsymbol{x}}_{k|k-1}^{s}=\boldsymbol{F}_{k-1}^{s}\hat{\boldsymbol{x}}_{k-1|k-1}^{s}$$

$$\boldsymbol{P}_{k|k-1}^{s}=\boldsymbol{F}_{k-1}^{s}\boldsymbol{P}_{k-1|k-1}^{s}(\boldsymbol{F}_{k-1}^{s})^{\mathrm{T}}+\boldsymbol{G}_{k-1}^{s}\boldsymbol{Q}_{k-1}^{s}(\boldsymbol{G}_{k-1}^{s})^{\mathrm{T}}$$

由于目标状态和噪声协方差矩阵在似然函数中是耦合的，需要采用变分贝叶斯逼近进行解耦，来获得如下更新后的后验概率密度函数：

$$p(\boldsymbol{x}_{k},\boldsymbol{\Sigma}_{k}\mid r_{k}=s,\boldsymbol{Z}_{k})\approx N(\boldsymbol{x}_{k};\hat{\boldsymbol{x}}_{k|k}^{s},\boldsymbol{P}_{k|k}^{s})\prod_{i=1}^{p}\mathrm{IG}(\sigma_{k,i}^{2};\alpha_{k,i}^{s},\beta_{k,i}^{s})$$

式中：

$$\hat{\boldsymbol{x}}_{k|k}^{s}=\hat{\boldsymbol{x}}_{k|k-1}^{s}+\boldsymbol{P}_{k|k-1}^{s}(\boldsymbol{H}_{k}^{s})^{\mathrm{T}}[(\boldsymbol{H}_{k}^{s})^{\mathrm{T}}\boldsymbol{P}_{k|k-1}^{s}(\boldsymbol{H}_{k}^{s})^{\mathrm{T}}+\hat{\boldsymbol{\Sigma}}_{k}^{s}]^{-1}(\boldsymbol{z}_{k}-\boldsymbol{H}_{k}^{s}\hat{\boldsymbol{x}}_{k|k-1}^{s})$$

$$\boldsymbol{P}_{k|k}^{s}=\boldsymbol{P}_{k|k-1}^{s}-\boldsymbol{P}_{k|k-1}^{s}(\boldsymbol{H}_{k}^{s})^{\mathrm{T}}[(\boldsymbol{H}_{k}^{s})^{\mathrm{T}}\boldsymbol{P}_{k|k-1}^{s}(\boldsymbol{H}_{k}^{s})^{\mathrm{T}}+\hat{\boldsymbol{\Sigma}}_{k}^{s}]^{-1}\boldsymbol{H}_{k}^{s}\boldsymbol{P}_{k|k-1}^{s}$$

$$\alpha_{k,i}^{s}=\frac{1}{2}+\bar{\alpha}_{k-1,i}^{s}$$

$$\beta_{k,i}^{s}=\bar{\beta}_{k-1,i}^{s}+\frac{1}{2}\left\{(\boldsymbol{z}_{k}-\boldsymbol{H}_{k}^{s}\hat{\boldsymbol{x}}_{k|k}^{s})_{i}^{2}+[\boldsymbol{H}_{k}^{s}\boldsymbol{P}_{k|k}^{s}(\boldsymbol{H}_{k}^{s})^{\mathrm{T}}]_{ii}\right\}$$

$$\hat{\boldsymbol{\Sigma}}_{k}^{s}=\mathrm{diag}\left\{\frac{\beta_{k,1}^{s}}{\alpha_{k,1}^{s}},\cdots,\frac{\beta_{k,m}^{s}}{\alpha_{k,m}^{s}}\right\}$$

步骤三：模型概率更新

模型概率更新如下：

$$\mu_{k}^{s}=\frac{\hat{\mu}_{k-1}^{s}\Lambda_{k}^{s}}{\sum_{r=1}^{M}\hat{\mu}_{k-1}^{r}\Lambda_{k}^{r}}$$

式中：模型似然函数为 $\Lambda_{k}^{s}=N(\boldsymbol{z}_{k};\boldsymbol{H}_{k}^{s}\hat{\boldsymbol{x}}_{k|k-1}^{s},\boldsymbol{H}_{k}^{s}\boldsymbol{P}_{k|k-1}^{s}(\boldsymbol{H}_{k}^{s})^{\mathrm{T}}+\boldsymbol{\Sigma}_{k}^{s})$。

步骤四：估计融合

估计融合如下：

$$\hat{\boldsymbol{x}}_{k|k}=\sum_{s=1}^{M}\mu_{k}^{s}\hat{\boldsymbol{x}}_{k|k}^{s}$$

$$\boldsymbol{P}_{k|k}=\sum_{s=1}^{M}\mu_{k}^{s}[\boldsymbol{P}_{k|k}^{s}+(\hat{\boldsymbol{x}}_{k|k}^{s}-\hat{\boldsymbol{x}}_{k|k})(\hat{\boldsymbol{x}}_{k|k}^{s}-\hat{\boldsymbol{x}}_{k|k})^{\mathrm{T}}]$$

如果噪声协方差矩阵是非对角矩阵，则可以假设噪声协方差矩阵服从逆 Wishart 分布，然后采用矩匹配融合方法计算滤波过程，此处不再赘述。2.3.3 小节将采用信息论融合方法给出建模为逆 Wishart 分布的噪声协方差矩阵滤波过程。

2.3.3　信息论融合

针对上述随机跳变系统，采用交互式多模型滤波方法同时估计状态向量和噪声协方差矩阵。假设 $k-1$ 时刻模式依赖的后验概率密度函数为高斯密度与逆 Wishart 分布的乘积，即

$$p(\boldsymbol{x}_{k-1},\boldsymbol{R}_{k-1}\mid r_{k-1}=i,\boldsymbol{Z}_{k-1})=N(\boldsymbol{x}_{k-1};\hat{\boldsymbol{x}}_{k-1}^{i},\boldsymbol{P}_{k-1}^{i})\mathcal{IW}_{m}(\boldsymbol{R}_{k-1};\nu_{k-1}^{i},\boldsymbol{\Sigma}_{k-1}^{i})$$

式中：$\boldsymbol{Z}_{k-1}\overset{\mathrm{def}}{=}\{\boldsymbol{z}_{1},\cdots,\boldsymbol{z}_{k-1}\}$，$N(\boldsymbol{x};\hat{\boldsymbol{x}},\boldsymbol{P})$表示均值为 $\hat{\boldsymbol{x}}$、协方差矩阵为 $\boldsymbol{P}$ 的高斯分布，即

$$N(\boldsymbol{x};\hat{\boldsymbol{x}},\boldsymbol{P})=\frac{1}{(2\pi)^{n/2}\mid\boldsymbol{P}\mid^{1/2}}\exp\left[-\frac{1}{2}(\boldsymbol{x}-\hat{\boldsymbol{x}})^{\mathrm{T}}\boldsymbol{P}^{-1}(\boldsymbol{x}-\hat{\boldsymbol{x}})\right]$$

$\mathcal{IW}_{m}(\boldsymbol{R};\nu,\boldsymbol{\Sigma})$表示自由度为 ν 和尺度矩阵为 $\boldsymbol{\Sigma}$ 的逆 Wishart 分布，即

$$\mathcal{IW}_{m}(\boldsymbol{R};\nu,\boldsymbol{\Sigma})=\frac{2^{\frac{-(\nu-m-1)m}{2}}\mid\boldsymbol{\Sigma}\mid^{\frac{\nu-m-1}{2}}}{\Gamma_{m}\left(\frac{\nu-m-1}{2}\right)\mid\boldsymbol{R}\mid^{\frac{\nu}{2}}}\exp\left[-\frac{1}{2}\mathrm{tr}(\boldsymbol{R}^{-1}\boldsymbol{\Sigma})\right]$$

其中,$\Gamma_m(\cdot)$为 Gamma 函数,tr 表示矩阵的迹。

假设 $k-1$ 模式概率为 $P\{r_{k-1}=i|\boldsymbol{Z}_{k-1}\}=\mu_{k-1}^i$,因此期望在交互层的后验概率密度函数为

$$p(\boldsymbol{x}_{k-1},\boldsymbol{R}_{k-1}\mid r_k=j,\boldsymbol{Z}_{k-1})=N(\boldsymbol{x}_{k-1};\hat{\boldsymbol{x}}_{k-1}^{0j},\boldsymbol{P}_{k-1}^{0j})\mathcal{IW}_m(\boldsymbol{R}_{k-1};\nu_{k-1}^{0j},\boldsymbol{\Sigma}_{k-1}^{0j})$$

以及最终融合层的后验概率密度函数为

$$p(\boldsymbol{x}_k,\boldsymbol{R}_k\mid \boldsymbol{Z}_k)=N(\boldsymbol{x}_k;\hat{\boldsymbol{x}}_k,\boldsymbol{P}_k)\mathcal{IW}_m(\boldsymbol{R}_k;\nu_k,\boldsymbol{\Sigma}_k)$$

为此采用定义 2.1 中的加权 KL 散度获得交互层和最终融合层的噪声协方差矩阵后验概率密度函数,当后验概率密度函数为逆 Wishart 分布时,加权 KL 散度有如下结论:

引理 2.3 给定 N 个逆 Wishart 分布的概率密度函数 $\mathcal{IW}_m(\boldsymbol{X};a_i;\boldsymbol{A}_i)$,以及权重 λ_i,则加权 KL 散度仍为逆 Wishart 分布,即

$$\bar{p}(\boldsymbol{X})=\mathcal{IW}_m(\boldsymbol{X};\bar{a};\bar{\boldsymbol{A}})$$

其中自由度和尺度矩阵分别为

$$\bar{a}=\sum_{i=1}^{N}\lambda_i a_i$$

$$\bar{\boldsymbol{A}}=\sum_{i=1}^{N}\lambda_i\boldsymbol{A}_i$$

证明:由逆 Wishart 分布概率密度函数的定义可得

$$\begin{aligned}\prod_{i=1}^{N}[\mathcal{IW}_m(\boldsymbol{X};a_i;\boldsymbol{A}_i)]^{\lambda_i}&\propto\prod_{i=1}^{N}\left|\boldsymbol{X}\right|^{-\frac{\lambda_i a_i}{2}}\exp\left[-\frac{1}{2}\mathrm{tr}(\lambda_i\boldsymbol{X}^{-1}\boldsymbol{A}_i)\right]\\&\propto|\boldsymbol{X}|^{-\frac{\sum_{i=1}^{N}\lambda_i a_i}{2}}\exp\left[-\frac{1}{2}\mathrm{tr}\left(\boldsymbol{X}^{-1}\sum_{i=1}^{N}\lambda_i\boldsymbol{A}_i\right)\right]\\&\propto\mathcal{IW}_m\left(\boldsymbol{X};\sum_{i=1}^{N}\lambda_i a_i;\sum_{i=1}^{N}\lambda_i\boldsymbol{A}_i\right)\end{aligned}$$

因此,加权 KL 散度为

$$\bar{p}(\boldsymbol{X})=c\,\mathcal{IW}_m(\boldsymbol{X};\bar{a};\bar{\boldsymbol{A}})$$

式中:c 为归一化因子。

另外,考虑到 $\bar{p}(\boldsymbol{X})$为概率密度函数,满足

$$\int\bar{p}(\boldsymbol{X})\mathrm{d}\boldsymbol{X}=c\int\mathcal{IW}_m(\boldsymbol{X};\bar{a};\bar{\boldsymbol{A}})\mathrm{d}\boldsymbol{X}=c=1$$

由此可证得加权 KL 散度仍为逆 Wishart 分布,且自由度和尺度矩阵如上所述。

不同于经典的交互式多模型中采用矩匹配方法融合估计的状态向量,本小节采用加权 KL 散度融合随机矩阵的后验概率密度函数,好处是可以得到闭形式的解,而采用矩匹配方法融合矩阵的估计时仅能匹配一阶矩,无法匹配前两阶矩。

基于上述引理，多模型随机矩阵滤波过程如下：

步骤一：模型条件重初始化

考虑到目标状态与噪声协方差矩阵是独立的，它们的概率密度函数可以分别表示为

$$p(\boldsymbol{x}_{k-1} \mid r_{k-1}=i,\boldsymbol{Z}_{k-1})=N(\boldsymbol{x}_{k-1};\hat{\boldsymbol{x}}_{k-1}^{i},\boldsymbol{P}_{k-1}^{i})$$

$$p(\boldsymbol{R}_{k-1} \mid r_{k-1}=i,\boldsymbol{Z}_{k-1})=\mathcal{IW}(\boldsymbol{R}_{k-1};\nu_{k-1}^{i},\boldsymbol{\Sigma}_{k-1}^{i})$$

因此，混合的状态后验概率密度函数为

$$\begin{aligned} p(\boldsymbol{x}_{k-1} \mid r_k=j,\boldsymbol{Z}_{k-1}) &= \sum_{i=1}^{M} p(\boldsymbol{x}_{k-1} \mid r_{k-1}=i,\boldsymbol{Z}_{k-1}) P\{r_{k-1}=i \mid r_k=j\} \\ &= \sum_{i=1}^{M} \mu_{k-1}^{i|j} N(\boldsymbol{x}_{k-1};\hat{\boldsymbol{x}}_{k-1}^{i},\boldsymbol{P}_{k-1}^{i}) \\ &\approx N(\boldsymbol{x}_{k-1};\hat{\boldsymbol{x}}_{k-1}^{0j},\boldsymbol{P}_{k-1}^{0j}) \end{aligned}$$

式中：采用矩匹配方法计算融合后的均值和协方差矩阵分别为

$$\mu_{k-1}^{i|j}=\frac{\pi_{ij}\mu_{k-1}^{i}}{\sum_{l=1}^{M}\pi_{lj}\mu_{k-1}^{l}}$$

$$\hat{\boldsymbol{x}}_{k-1}^{0j}=\sum_{i=1}^{M}\mu_{k-1}^{i|j}\hat{\boldsymbol{x}}_{k-1}^{i}$$

$$\boldsymbol{P}_{k-1}^{0j}=\sum_{i=1}^{M}\mu_{k-1}^{i|j}[\boldsymbol{P}_{k-1}^{i}+(\hat{\boldsymbol{x}}_{k-1}^{i}-\hat{\boldsymbol{x}}_{k-1}^{0j})(\hat{\boldsymbol{x}}_{k-1}^{i}-\hat{\boldsymbol{x}}_{k-1}^{0j})^{\mathrm{T}}]$$

混合的协方差矩阵的后验概率密度函数采用加权 KL 散度获得

$$p(\boldsymbol{R}_{k-1} \mid r_k=j,\boldsymbol{Z}_{k-1})=\arg\inf_{p\in\rho}\sum_{i=1}^{M}\mu_{k-1}^{i|j}D_{\mathrm{KL}}[p \parallel p(\boldsymbol{R}_{k-1} \mid r_{k-1}=i,\boldsymbol{Z}_{k-1})]$$

利用引理 2.3，可得混合后的后验概率密度函数仍为逆 Wishart 分布，且自由度和尺度矩阵可以由下式计算：

$$\nu_{k-1}^{0j}=\sum_{i=1}^{M}\mu_{k-1}^{i|j}\nu_{k-1}^{i}$$

$$\boldsymbol{\Sigma}_{k-1}^{0j}=\sum_{i=1}^{M}\mu_{k-1}^{i|j}\boldsymbol{\Sigma}_{k-1}^{i}$$

步骤二：模型条件滤波

由于目标状态和噪声协方差矩阵在似然函数中是耦合的，需要采用变分贝叶斯逼近方法进行解耦，获得如下更新后的后验概率密度函数：

$$p(\boldsymbol{x}_k \mid r_k=j,\boldsymbol{Z}_k)\approx N(\boldsymbol{x}_k;\hat{\boldsymbol{x}}_k^{j},\boldsymbol{P}_k^{j})$$

$$p(\boldsymbol{R}_k \mid r_k=j,\boldsymbol{Z}_k)\approx \mathcal{IW}_m(\boldsymbol{R}_k;\nu_k^{j},\boldsymbol{\Sigma}_k^{j})$$

预测概率密度函数为

$$\begin{aligned} & p(\boldsymbol{x}_k,\boldsymbol{R}_k \mid r_k=j,\boldsymbol{Z}_{k-1}) \\ & =\int p(\boldsymbol{x}_k,\boldsymbol{R}_k \mid \boldsymbol{x}_{k-1},\boldsymbol{R}_{k-1},r_k=j,\boldsymbol{Z}_{k-1})\,p(\boldsymbol{x}_{k-1},\boldsymbol{R}_{k-1} \mid r_k=j,\boldsymbol{Z}_{k-1})\,\mathrm{d}\boldsymbol{x}_{k-1}\,\mathrm{d}\boldsymbol{R}_{k-1} \\ & =N(\boldsymbol{x}_k;\hat{\boldsymbol{x}}_{k|k-1}^j,\boldsymbol{P}_{k|k-1}^j)\,\mathscr{IW}(\boldsymbol{R}_k;\nu_{k|k-1}^j,\boldsymbol{\Sigma}_{k|k-1}^j) \end{aligned}$$

式中：

$$\begin{aligned} \hat{\boldsymbol{x}}_{k|k-1}^j &= \boldsymbol{F}_{k-1}^j\hat{\boldsymbol{x}}_{k-1}^j \\ \boldsymbol{P}_{k|k-1}^j &= \boldsymbol{F}_{k-1}^j\boldsymbol{P}_{k-1}^j(\boldsymbol{F}_{k-1}^j)^{\mathrm{T}}+\boldsymbol{G}_{k-1}^j\boldsymbol{Q}_{k-1}^j(\boldsymbol{G}_{k-1}^j)^{\mathrm{T}} \\ \boldsymbol{\Sigma}_{k|k-1}^j &= \boldsymbol{\Sigma}_{k-1}^{0j} \end{aligned}$$

更新概率密度函数采用固定点迭代方法得到，即

$$\begin{aligned} \hat{\boldsymbol{x}}_k^{j,t} &= \boldsymbol{P}_k^{j,t}[(\boldsymbol{P}_{k|k-1}^j)^{-1}\hat{\boldsymbol{x}}_{k|k-1}^j+\nu_k^{j,t}(\boldsymbol{H}_k^j)^{\mathrm{T}}(\boldsymbol{\Sigma}_k^{j,t})^{-1}\boldsymbol{z}_k] \\ \boldsymbol{P}_k^{j,t} &= [\boldsymbol{P}_{k|k-1}^i-\nu_k^{i,t}(\boldsymbol{H}_k^j)^{\mathrm{T}}(\boldsymbol{\Sigma}_k^{j,t})^{-1}\boldsymbol{H}_k^j]^{-1} \\ \boldsymbol{\Sigma}_k^{j,t} &= \boldsymbol{\Sigma}_{k|k-1}^j+(\boldsymbol{z}_k-\boldsymbol{H}_k^j\hat{\boldsymbol{x}}_k^{j,t-1})(\boldsymbol{z}_k-\boldsymbol{H}_k^j\hat{\boldsymbol{x}}_k^{j,t-1})^{\mathrm{T}}+\boldsymbol{H}_k^j\boldsymbol{P}^{j,t-1}(\boldsymbol{H}_k^j)^{\mathrm{T}} \end{aligned}$$

式中：$\hat{\boldsymbol{x}}_k^j=\hat{\boldsymbol{x}}_k^{j,N_c}$，$\boldsymbol{P}_k^j=\boldsymbol{P}_k^{j,N_c}$，$\boldsymbol{\Sigma}_k^j=\boldsymbol{\Sigma}_k^{j,N_c}$，其中 N_c 为迭代次数，当 $t=N_c$ 时，此 3 个等式中的变量即为上述公式左侧的量。

步骤三：模型概率更新

模型概率更新如下：

$$\mu_k^j=\frac{\Lambda_k^j\sum_{l=1}^{M}\pi_{lj}\mu_{k-1}^l}{\sum_{i=1}^{M}\sum_{l=1}^{M}\pi_{li}\mu_{k-1}^l\Lambda_k^i}$$

式中：模型似然函数为 $\Lambda_k^j=N(\boldsymbol{z}_k;\hat{\boldsymbol{z}}_{k|k-1}^j,\boldsymbol{S}_k^j)$。

步骤四：估计融合

估计融合如下：

$$p(\boldsymbol{x}_k \mid \boldsymbol{Z}_k)=\sum_{j=1}^{M}\mu_k^jN(\boldsymbol{x}_k;\hat{\boldsymbol{x}}_k^j,\boldsymbol{P}_k^j)\approx N(\boldsymbol{x}_k;\hat{\boldsymbol{x}}_k,\boldsymbol{P}_k)$$

式中：均值和协方差矩阵分别为

$$\hat{\boldsymbol{x}}_k=\sum_{j=1}^{M}\mu_k^j\hat{\boldsymbol{x}}_k^j$$

$$\boldsymbol{P}_k=\sum_{j=1}^{M}\mu_k^j[\boldsymbol{P}_k^j+(\hat{\boldsymbol{x}}_k^j-\hat{\boldsymbol{x}}_k)(\hat{\boldsymbol{x}}_k^j-\hat{\boldsymbol{x}}_k)^{\mathrm{T}}]$$

不同于前面使用的矩匹配方法，此处采用信息论方法处理随机矩阵的估计融合问题，而目标状态估计因为服从高斯分布，仍然采用矩匹配方法，使得向量估计和矩阵估计均能获得闭形式的解。

2.3.4 仿真例子

例 2.2　本例子用于验证矩匹配融合方法的有效性。考虑二维平面上的机动目标跟踪问题，目标状态向量记为 $\boldsymbol{x}_k=[\boldsymbol{p}_{x,k},\boldsymbol{v}_{x,k},\boldsymbol{p}_{y,k},\boldsymbol{v}_{y,k}]^{\mathrm{T}}$，其中$(\boldsymbol{p}_{x,k},\boldsymbol{p}_{y,k})$表示位置向量，$(\boldsymbol{v}_{x,k},\boldsymbol{v}_{y,k})$表示速度向量，目标的运动方程采用如下协调转弯模型：

$$\boldsymbol{x}_k=\begin{bmatrix}1 & \dfrac{\sin(\omega T)}{\omega} & 0 & -\dfrac{1-\cos(\omega T)}{\omega}\\ 0 & \cos(\omega T) & 0 & -\sin(\omega T)\\ 0 & \dfrac{1-\cos(\omega T)}{\omega} & 1 & \dfrac{\sin(\omega T)}{\omega}\\ 0 & \sin(\omega T) & 0 & \cos(\omega T)\end{bmatrix}\boldsymbol{x}_{k-1}+\boldsymbol{w}_{k-1}(\omega)$$

式中：ω 为转弯率；$T=1$ 为采样时间；$\boldsymbol{w}_{k-1}(\omega)$为零均值高斯白噪声，协方差矩阵为

$$\boldsymbol{Q}(\omega)=q(\omega)\begin{bmatrix}\dfrac{T^4}{4} & \dfrac{T^3}{2} & 0 & 0\\ \dfrac{T^3}{2} & T^2 & 0 & 0\\ 0 & 0 & \dfrac{T^4}{4} & \dfrac{T^3}{2}\\ 0 & 0 & \dfrac{T^3}{2} & T^2\end{bmatrix}$$

在仿真过程中，采用三个模型进行跟踪。模型一对应匀速运动，转弯率为 0(°)/s 且 $q(0)=9$；模型二对应顺时针转弯，转弯率为 −2(°)/s 且 $q(-2)=4$；模型三对应逆时针转弯，转弯率为 2(°)/s 且 $q(2)=4$。一个离散时间的三状态 Markov 链用于描述三个模型之间的切换，转移概率为 $\pi_{ii}=0.8(i=1,2,3)$，$\pi_{ij}=0.1(i\neq j)$。

假设传感器获取的测量信息是目标的位置，即

$$\boldsymbol{z}_k=\begin{bmatrix}1 & 0 & 0 & 0\\ 0 & 0 & 1 & 0\end{bmatrix}\boldsymbol{x}_k+\boldsymbol{v}_k$$

式中：测量噪声 $\boldsymbol{v}_k$ 为零均值高斯白噪声，协方差矩阵为 $\boldsymbol{R}_k=\mathrm{diag}\{\sigma_{k,1}^2,\sigma_{k,2}^2\}$。

多模型变分贝叶斯滤波算法的 MATLAB 程序如下：

```
for k = 2:100       % % % 仿真步数
    for i = 1:3
    Predictedprob(i,k) = PI(1,i) * Modeprob(1,k - 1) + PI(2,i) * Modeprob(2,k - 1) + PI
    (3,i) * Modeprob(3,k - 1);      % % % 预测概率
    end
    for i = 1:3
        for j = 1:3
```

```
            Mixingweight(j,i,k-1) = PI(j,i) * Modeprob(j,k-1)/Predictedprob(i,k);
                                                                    %%%混合概率
    end
end
for i = 1:3
A(k-1,i,1) = (beta(k-1,1,1)/(alpha(k-1,1,1)-1)) * Mixingweight(1,i,k-1) + (beta
(k-1,2,1)/(alpha(k-1,2,1)-1)) * Mixingweight(2,i,k-1) + (beta(k-1,3,1)/(alpha
(k-1,3,1)-1)) * Mixingweight(3,i,k-1);
A(k-1,i,2) = (beta(k-1,1,2)/(alpha(k-1,1,2)-1)) * Mixingweight(1,i,k-1) + (beta
(k-1,2,2)/(alpha(k-1,2,2)-1)) * Mixingweight(2,i,k-1) + (beta(k-1,3,2)/(alpha
(k-1,3,2)-1)) * Mixingweight(3,i,k-1);
end
for i = 1:3
B(k-1,i,1) = ((beta(k-1,1,1))^2/((alpha(k-1,1,1)-1)^2 * (alpha(k-1,1,1)-2)) +
(beta(k-1,1,1)/(alpha(k-1,1,1)-1) - A(k-1,1,1))^2) * Mixingweight(1,i,k-1) +
((beta(k-1,2,1))^2/((alpha(k-1,2,1)-1)^2 * (alpha(k-1,2,1)-2)) + (beta(k-1,2,
1)/(alpha(k-1,2,1)-1) - A(k-1,2,1))^2) * Mixingweight(2,i,k-1) + ((beta(k-1,3,
1))^2/((alpha(k-1,3,1)-1)^2 * (alpha(k-1,3,1)-2)) + (beta(k-1,3,1)/(alpha(k-1,
3,1)-1) - A(k-1,3,1))^2) * Mixingweight(3,i,k-1);
B(k-1,i,2) = ((beta(k-1,1,2))^2/((alpha(k-1,1,2)-1)^2 * (alpha(k-1,1,2)-2)) +
(beta(k-1,1,2)/(alpha(k-1,1,2)-1) - A(k-1,1,2))^2) * Mixingweight(1,i,k-1) +
((beta(k-1,2,2))^2/((alpha(k-1,2,2)-1)^2 * (alpha(k-1,2,2)-2)) + (beta(k-1,2,
2)/(alpha(k-1,2,2)-1) - A(k-1,2,2))^2) * Mixing_weight(2,i,k-1) + ((beta(k-1,3,
2))^2/((alpha(k-1,2,2)-1)^2 * (alpha(k-1,2,2)-2)) + (beta(k-1,2,2)/(alpha(k-1,
2,2)-1) - A(k-1,3,2))^2) * Mixingweight(3,i,k-1);
end
for i = 1:3
mixingalpha(k-1,i,1) = rho * (A(k-1,i,1)^2/B(k-1,i,1) + 2);
mixingbeta(k-1,i,1) = rho * A(k-1,i,1) * (A(k-1,i,1)^2/B(k-1,i,1) + 1);
mixingalpha(k-1,i,2) = rho * (A(k-1,i,2)^2/B(k-1,i,2) + 2);
mixingbeta(k-1,i,2) = rho * A(k-1,i,2) * (A(k-1,i,2)^2/B(k-1,i,2) + 1);
alpha(k-1,i,1) = 0.5 + mixingalpha(k-1,i,1);
alpha(k-1,i,2) = 0.5 + mixingalpha(k-1,i,2);
end
Rhat(:,:,1,k) = [mixingbeta(k-1,1,1)/alpha(k-1,1,1) 0;0 mixingbeta(k-1,1,2)/al-
pha(k-1,1,2)];
Rhat(:,:,2,k) = [mixingbeta(k-1,2,1)/alpha(k-1,2,1) 0;0 mixingbeta(k-1,2,2)/al-
pha(k-1,2,2)];
Rhat(:,:,3,k) = [mixingbeta(k-1,3,1)/alpha(k-1,3,1) 0;0 mixingbeta(k-1,3,2)/al-
```

```
pha(k-1,3,2)];
for i=1:3
MixingX(:,i,k-1)=UpdatedX(:,1,k-1)*Mixingweight(1,i,k-1)+UpdatedX(:,2,k-1)
*Mixingweight(2,i,k-1)+ UpdatedX(:,3,k-1)*Mixingweight(3,i,k-1);
                                                          %%% 混合状态估计
%%%混合协方差矩阵
MixingP(:,:,i,k-1)=(UpdatedP(:,:,1,k-1)+(MixingX(:,i,k-1)-UpdatedX(:,1,k-
1))*(MixingX(:,i,k-1)-UpdatedX(:,1,k-1))')* Mixingweight(1,i,k-1) +(UpdatedP
(:,:,2,k-1)+(MixingX(:,i,k-1)-UpdatedX(:,2,k-1))*(MixingX(:,i,k-1)-Updat-
edX(:,2,k-1))')*Mixingweight(2,i,k-1) +(UpdatedP(:,:,3,k-1)+(MixingX(:,i,k-
1)-UpdatedX(:,3,k-1))*(MixingX(:,i,k-1)-UpdatedX(:,3,k-1))')*Mixingweight
(3,i,k-1);
%%%Kalman 滤波
PredictedX(:,i,k)=F(:,:,i)*MixingX(:,i,k-1);
PredictedP(:,:,i,k)=F(:,:,i)*MixingP(:,:,i,k-1)*F(:,:,i)'+Q(:,:,i);
ResidualS(:,:,i,k)=H*PredictedP(:,:,i,k)*H'+Rhat(:,:,i,k);
K(:,:,i,k)=PredictedP(:,:,i,k)*H'*inv(ResidualS(:,:,i,k));
predictedz(:,i,k)=H*PredictedX(:,i,k);
z(:,k)=measure(:,k,n);
resz(:,i,k)= z(:,k)-predictedz(:,i,k);
UpdatedX(:,i,k)=PredictedX(:,i,k)+ K(:,:,i,k)* resz(:,i,k);
UpdatedP(:,:,i,k)=PredictedP(:,:,i,k)- K(:,:,i,k)*ResidualS(:,:,i,k)*K(:,:,i,
k)';
%%%变分迭代
TempX=H*UpdatedX(:,i,k);
TempP=H*UpdatedP(:,:,i,k)*H';
beta(k-1,i,1)=mixingbeta(k-1,i,1)+0.5*(z(1,k)-TempX(1))^2+0.5*TempP(1,1);
beta(k-1,i,2)=mixingbeta(k-1,i,2)+0.5*(z(2,k)-TempX(2))^2+0.5*TempP(2,2);
Rhat(:,:,i,k)=[beta(k-1,i,1)/alpha(k-1,i,1) 0;0 beta(k-1,i,2)/alpha(k-1,i,2)];
ResidualS(:,:,i,k)=H*PredictedP(:,:,i,k)*H'+Rhat(:,:,i,k);
K(:,:,i,k)=PredictedP(:,:,i,k)*H'*inv(ResidualS(:,:,i,k));
UpdatedX(:,i,k)=PredictedX(:,i,k)+K(:,:,i,k)* resz(:,i,k);
UpdatedP(:,:,i,k)=PredictedP(:,:,i,k)-K(:,:,i,k)*ResidualS(:,:,i,k)* K(:,:,i,k)';
alpha(k,i,1)=alpha(k-1,i,1);
alpha(k,i,2)=alpha(k-1,i,2);
beta(k,i,1)=beta(k-1,i,1);
beta(k,i,2)=beta(k-1,i,2);
%%%模式概率更新
ModellikeL(i,k)= exp(-resz(:,i,k)'*inv(ResidualS(:,:,i,k))* resz(:,i,k)/2)/(det
```

```
(2 * pi * ResidualS(:,:,i,k)))^0.5;
    end
    mu = Predictedprob(1,k) * ModellikeL(1,k) + Predictedprob(2,k) * ModellikeL(2,k) + Pre-
    dictedprob(3,k) * ModellikeL(3,k);
    for i = 1:3
    Mode_prob(i,k) = Predicted_prob(i,k) * Model_like_L(i,k)/mu;
    end
    %%% 估计融合
    OverallX(:,k) = UpdatedX(:,1,k) * Modeprob(1,k) + UpdatedX(:,2,k) * Modeprob(2,k) + Up-
    datedX(:,3,k) * Modeprob(3,k);
    OverallP(:,:,k) = (UpdatedP(:,:,1,k) + (OverallX(:,k) - UpdatedX(:,1,k)) * (OverallX
    (:,k) - UpdatedX(:,1,k))') * Modeprob(1,k) + (UpdatedP(:,:,2,k) + (OverallX(:,k) - Up-
    datedX(:,2,k)) * (OverallX(:,k) - UpdatedX(:,2,k))') * Modeprob(2,k) + (UpdatedP(:,:,
    3,k) + (OverallX(:,k) - UpdatedX(:,3,k)) * (OverallX(:,k) - UpdatedX(:,3,k))') * Modep-
    rob(3,k);
    for i = 1:3
    Ahat(k,1) = (beta(k,1,1)/(alpha(k,1,1))) * Modeprob(1,k) + (beta(k,2,1)/(alpha(k,2,
    1))) * Modeprob(2,k) + (beta(k,3,1)/(alpha(k,3,1))) * Modeprob(3,k);
    Ahat(k,2) = (beta(k,1,2)/(alpha(k,1,2))) * Modeprob(1,k) + (beta(k,2,2)/(alpha(k,2,
    2))) * Modeprob(2,k) + (beta(k,3,2)/(alpha(k,3,2))) * Modeprob(3,k);
    end
    end
```

首先,假设噪声协方差矩阵 $\boldsymbol{R}_k=\mathrm{diag}\{10^2,10^2\}$ 是未知的,目标运动轨迹及位置估计如图 2.9 所示,采用逆 Gamma 分布估计噪声协方差矩阵中的两个标准差,通过 1 000 次 Monte Carlo 仿真,经典的交互式多模型滤波(C - IMM)与多模型变分贝叶斯滤波(IMM - VB)位置均方根误差和噪声标准差的估计分别如图 2.10 和图 2.11 所示,易见矩匹配方法能够很好地估计出噪声标准差。进一步,假设噪声协方差矩阵是变化的,当 $1\leqslant k\leqslant 40$ 时,$\boldsymbol{R}_k=\mathrm{diag}\{2^2,2^2\}$;当 $41\leqslant k\leqslant 100$ 时,$\boldsymbol{R}_k=\mathrm{diag}\{20^2,20^2\}$,标准差的估计如图 2.12 所示,易见矩匹配方法仍然能够很好地估计出噪声标准差。

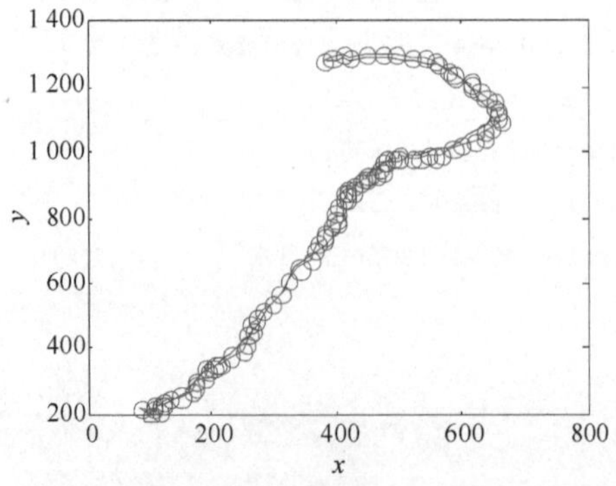

图 2.9 机动目标运动轨迹及位置估计

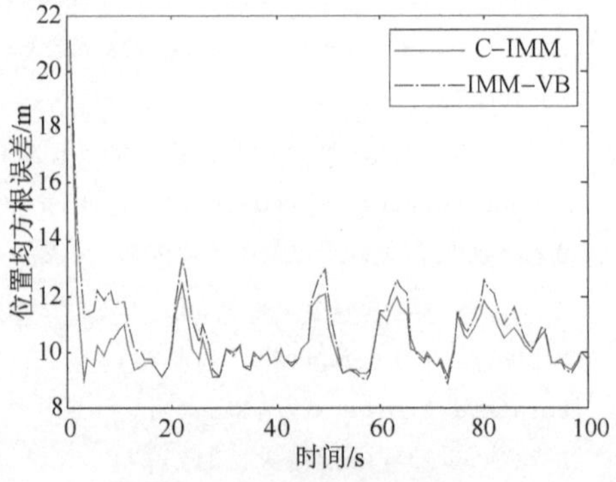

图 2.10 位置均方根误差(2)

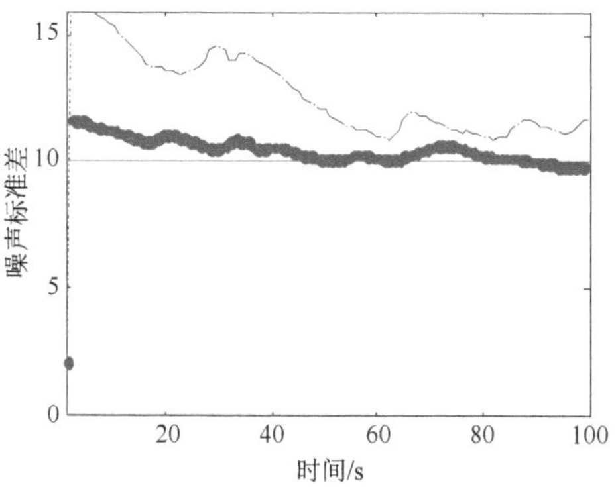

图 2.11　噪声标准差的估计

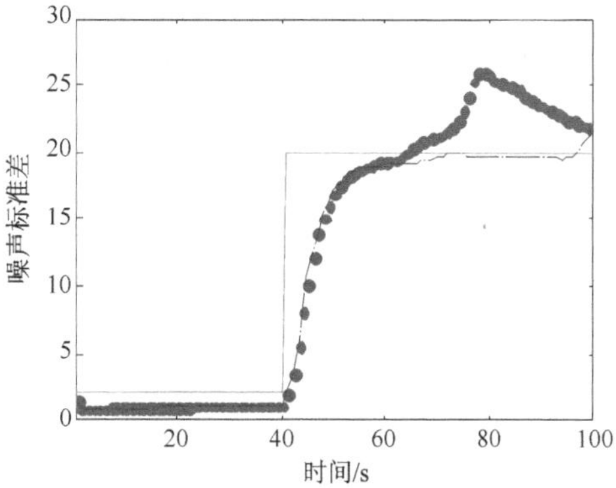

图 2.12　时变噪声标准差的估计

例 2.3　本例用于验证信息论融合方法的有效性。仍然采用上述协调转弯模型，其中转弯率分别为 $\omega=-4(°)/s$，$\omega=0(°)/s$，$\omega=4(°)/s$。测量噪声协方差矩阵为

$$\boldsymbol{R}_k=\begin{bmatrix} r & r/20 \\ r/20 & r \end{bmatrix}$$

式中：$r=100$。

假设测量噪声协方差矩阵是未知的，采用信息论融合方法进行估计，并与已知噪声协方差矩阵的滤波算法进行比较。通过 1 000 次 Monte Carlo 仿真，经典的交互式多模型滤波（C－IMM）与多模型信息论滤波（IMM－KL）位置均方根误差和噪声协方差矩阵的估计误差分别如图 2.13 和图 2.14 所示，进一步考虑如下形式的非高斯测量噪声：

$$p(\boldsymbol{v}_k)=(1-\epsilon)N(\boldsymbol{v}_k;0,\boldsymbol{R}_k^1)+\epsilon\mathscr{L}(\boldsymbol{v}_k;0,\boldsymbol{R}_k^2)$$

式中：$\mathscr{L}$ 表示 Laplace 分布，该模型常用于描述闪烁噪声；$\epsilon=0.2$ 表示产生 Laplace 噪声的概率。图 2.15 和图 2.16 分别表示位置均方估计误差和协方差矩阵的估计误差，可以看出信息论融合方法仍然能够取得更好的估计效果。

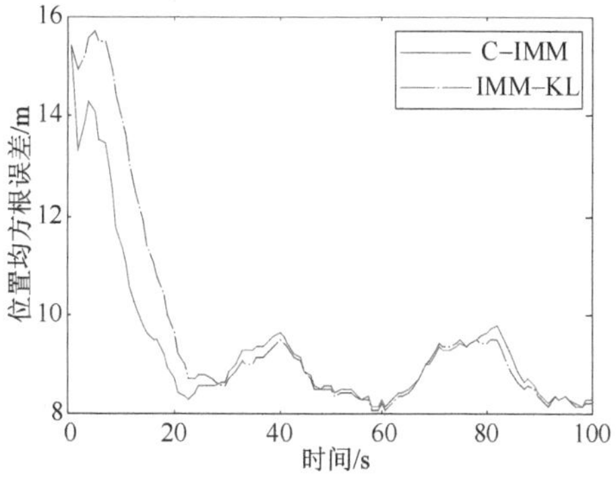

图 2.13　位置均方根误差(3)

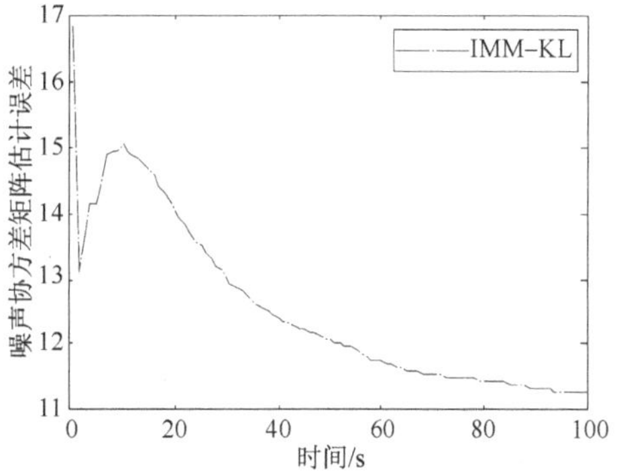

图 2.14　噪声协方差矩阵估计误差(1)

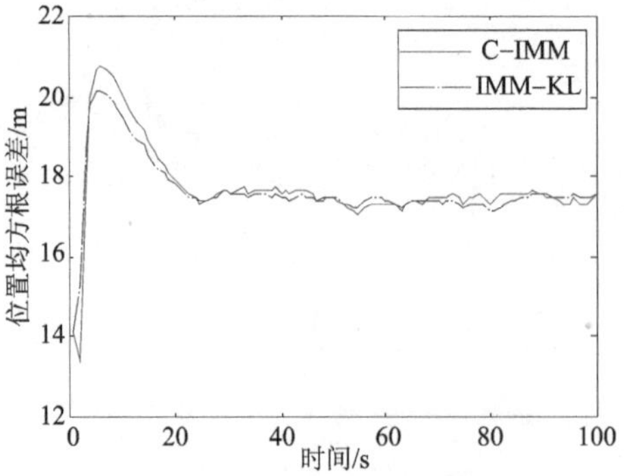

图 2.15 位置均方根误差(4)

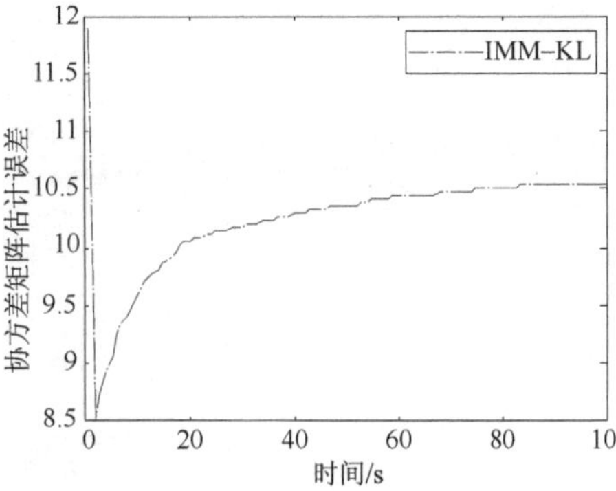

图 2.16 协方差矩阵估计误差(2)

2.4 多模型风险灵敏性滤波

2.4.1 问题描述

近年来,随机系统的风险灵敏性滤波受到广泛关注。相比于传统的最优 L_2 滤波(也称为风险中立型滤波),风险灵敏性滤波以最小化指数型二次代价函数的期望为准则,这使得风险灵敏性滤波对模型以及噪声不确定性具有鲁棒性能。为获取风险灵敏性滤波的递推形式,S. Dey 等人首先利用参考概率方法引入了新的概率测度,使得在新的概率测度下系统状态过程与量测过程是独立的,这大大方便了风险代价函数的计算;然后通过在新的概率测度下定义新的信息状态向量,把风险灵敏性滤波和平滑问题转化为信息状态向量的递推实现问题,从而给出了离散时间非线性高斯系统的风险灵敏性滤波和平滑递推公式。由于该递推公式中存在高维积分,往往难以得到闭形式的表达式,因此,风险灵敏性滤波和平滑算法的实现困难实质上是如何求解高维积分,这也是非线性滤波经常遇到的问题。为解决这类问题,基于 Kalman 滤波的思想,众多学者已经利用线性化逼近、中心差分、无迹变换以及粒子采样等技术给出了非线性随机系统的风险灵敏性滤波方法。特别地,U. Orguner 等人在文献中证明了引入合适的风险灵敏性函数可以较好地解决粒子贫化问题。

对于随机跳变系统的风险灵敏度滤波问题已有研究,U. Orguner 等人采用参考概率方法定义新的概率测度,并构造了模式依赖的信息状态,把滤波问题转化为信息状态实现问题,其中用 IMM 方法克服了多模型估计中指数增长的计算复杂性问题。研究结果表明,所提出的风险灵敏性滤波算法与经典的无风险算法不同,在新算法中最终的状态估计结果会对下一轮迭代产生影响。仍需指出的是,已有结果仅限于线性随机跳变系统情形,并且没有研究平滑问题。这是因为随机跳变系统的平滑问题本身就是非常困难的,特别当处理风险灵敏性平滑时,如何构造合适的信息状态向量是一个困难问题。

考虑定义在概率空间$(\Omega,\mathscr{F},P)$中的离散时间非线性随机跳变系统：

$$\begin{aligned} \boldsymbol{x}_k &= f(\boldsymbol{x}_{k-1},\boldsymbol{r}_k)+\boldsymbol{B}(\boldsymbol{r}_k)\boldsymbol{w}_k \\ \boldsymbol{z}_k &= g(\boldsymbol{x}_k,\boldsymbol{r}_k)+\boldsymbol{D}(\boldsymbol{r}_k)\boldsymbol{v}_k \end{aligned} \tag{2.7}$$

式中：$\boldsymbol{x}_k\in\mathbb{R}^n$ 为状态向量；$\boldsymbol{z}_k\in\mathbb{R}^p$ 为量测向量；$\boldsymbol{w}_k\in\mathbb{R}^n$，$\boldsymbol{v}_k\in\mathbb{R}^p$ 分别为过程噪声和量测噪声，且为零均值的高斯白噪声，协方差矩阵分别为 $\boldsymbol{Q}_k$ 和 $\boldsymbol{R}_k$；f 与 g 分别为系统状态转移函数和量测函数；$\boldsymbol{B}(\boldsymbol{r}_k)$与 $\boldsymbol{D}(\boldsymbol{r}_k)$分别为相容维数的矩阵；$\boldsymbol{r}_k\in\mathscr{M}\overset{\text{def}}{=}\{\boldsymbol{e}_1,\cdots,\boldsymbol{e}_M\}$为一阶 M -状态的时间齐次 Markov 链，其转移概率矩阵为 $\boldsymbol{\Pi}=[\pi_{ij}]$且 $\pi_{ij}\overset{\text{def}}{=}\Pr\{\boldsymbol{r}_k=\boldsymbol{e}_j\mid\boldsymbol{r}_{k-1}=\boldsymbol{e}_i\}$；$\boldsymbol{e}_j\in\mathbb{R}^M$ 表示在第 j 个位置为 1 其余为 0 的单位向量。假设初始状态 $\boldsymbol{x}_0$ 服从均值为 $\bar{x}_0$、协方差为 $\boldsymbol{\Sigma}_0$ 的高斯分布，即 $N(\boldsymbol{x}_0;\bar{\boldsymbol{x}}_0,\boldsymbol{\Sigma}_0)$；Markov 链 $\boldsymbol{r}_k$ 的初始分布为 $\boldsymbol{\pi}_0=[\pi_0^1,\cdots,\pi_0^M]$；进一步假设初始状态 $\boldsymbol{x}_0$、过程噪声 $\boldsymbol{w}_k$、量测噪声 $\boldsymbol{v}_k$ 以及 Markov 链 $\boldsymbol{r}_k$ 是相互独立的。

为方便记号，对任意信号 $\boldsymbol{s}_k$，记直到 k 时刻的所有信号集合表示为 $\boldsymbol{s}_{0:k}\overset{\text{def}}{=}\{\boldsymbol{s}_0,\boldsymbol{s}_1,\cdots,\boldsymbol{s}_k\}$。设$\mathscr{G}_k$为$\{\boldsymbol{x}_{0:k},\boldsymbol{z}_{0:k},\boldsymbol{r}_{0:k}\}$产生的完备滤子，则 Markov 链 $\boldsymbol{r}_k$ 可以表示为一个半鞅，即

$$\boldsymbol{r}_{k+1}=\boldsymbol{\Pi}^{\mathrm{T}}\boldsymbol{r}_k+\boldsymbol{m}_{k+1}$$

式中：$\boldsymbol{m}_k$ 是一个$\mathscr{G}_k$-鞅增量，即 $E\{\boldsymbol{m}_{k+1}\mid\boldsymbol{r}_{0:k}\}=0$，且易得下面的等式

$$\sum_{j=1}^{M}\langle\boldsymbol{r}_k,\boldsymbol{e}_j\rangle=1$$

$$\langle\boldsymbol{\Pi}^{\mathrm{T}}\boldsymbol{r}_k,\boldsymbol{e}_j\rangle=\sum_{i=1}^{M}\pi_{ij}\langle\boldsymbol{r}_k,\boldsymbol{e}_i\rangle$$

式中：$\langle\cdot,\cdot\rangle$ 表示标准内积，即对任意向量 $\boldsymbol{a},\boldsymbol{b}\in\mathbb{R}^M$ 有$\langle\boldsymbol{a},\boldsymbol{b}\rangle=\boldsymbol{a}^{\mathrm{T}}\boldsymbol{b}$。

针对上述非线性随机跳变系统，风险灵敏性滤波的目的是获取状态估计，即

$$\hat{\boldsymbol{x}}_{k|k}^{RS}\overset{\text{def}}{=}\arg\min_{\boldsymbol{\zeta}\in\mathbb{R}^n}E\{\exp[\theta\boldsymbol{\Psi}_{0,k}(\boldsymbol{\zeta})]\mid\mathscr{Z}_k\}\tag{2.8}$$

而单步滞后的风险灵敏性平滑目的是获取状态估计

$$\hat{\boldsymbol{x}}_{k|k+1}^{RSS}\overset{\text{def}}{=}\arg\min_{\boldsymbol{\zeta}\in\mathbb{R}^n}E\left\{\exp(\theta\hat{\boldsymbol{\Psi}}_{0,k})\exp\left[\frac{\theta}{2}(\boldsymbol{x}_k-\boldsymbol{\zeta})^{\mathrm{T}}\boldsymbol{W}_k(\boldsymbol{x}_k-\boldsymbol{\zeta})\right]\middle|\mathscr{Z}_{k+1}\right\}\tag{2.9}$$

式中：纯量 $\theta\in\mathbb{R}$ 称为风险灵敏性参数；$\boldsymbol{W}_k$ 为正定的权重矩阵；$\mathscr{Z}_k$为由 $\boldsymbol{z}_{0:k}$ 生成的完备滤子，而风险灵敏性代价函数定义为

$$\begin{aligned} \boldsymbol{\Psi}_{0,k}(\boldsymbol{\zeta}) &\overset{\text{def}}{=}\hat{\boldsymbol{\Psi}}_{0,k-1}+\frac{1}{2}(\boldsymbol{x}_k-\boldsymbol{\zeta})^{\mathrm{T}}\boldsymbol{W}_k(\boldsymbol{x}_k-\boldsymbol{\zeta}) \\ \hat{\boldsymbol{\Psi}}_{0,k-1} &\overset{\text{def}}{=}\frac{1}{2}\sum_{l=0}^{k-1}(\boldsymbol{x}_l-\hat{\boldsymbol{x}}_{l|l}^{RS})^{\mathrm{T}}\boldsymbol{W}_l(\boldsymbol{x}_l-\hat{\boldsymbol{x}}_{l|l}^{RS}) \end{aligned}\tag{2.10}$$

由此可见，求取风险灵敏性平滑估计的第一步是获取滤波估计，换句话说，平滑估计是在滤波估计的基础上得到的。虽然此处考虑的是单步滞后平滑估计，但是可

以推广到多步滞后的情形,其计算更加复杂。另外,由式(2.8)和式(2.9)可知,风险灵敏性滤波和平滑估计实质为两个优化问题,如何给出显示解仍然是一个难点。

2.4.2 非线性滤波与平滑

为求取风险灵敏性滤波和平滑估计,采用参考概率方法定义新的概率测度 $\bar{\boldsymbol{P}}$,使得:

① $\boldsymbol{x}_k$ 服从高斯分布 $N(\boldsymbol{x}_k;0,\boldsymbol{Q}_k)$;

② $\boldsymbol{z}_k$ 服从高斯分布 $N(\boldsymbol{z}_k;0,\boldsymbol{R}_k)$;

③ $\boldsymbol{r}_k$ 仍是一个 Markov 链,且保持性质不变。

此外,序列 $\boldsymbol{x}_k$、$\boldsymbol{z}_k$ 以及 $\boldsymbol{r}_k$ 是相互独立的。为此,定义

$$\bar{\boldsymbol{\lambda}}_l=\begin{cases}\dfrac{p(\boldsymbol{z}_0\mid\boldsymbol{x}_0,\boldsymbol{r}_0)}{\bar{p}(\boldsymbol{z}_0)}\dfrac{p(\boldsymbol{x}_0)}{\bar{p}(\boldsymbol{x}_0)}, & l=0\\ \dfrac{p(\boldsymbol{z}_l\mid\boldsymbol{x}_l,\boldsymbol{r}_l)}{\bar{p}(\boldsymbol{z}_l)}\dfrac{p(\boldsymbol{x}_l\mid\boldsymbol{x}_{l-1},\boldsymbol{r}_l)}{\bar{p}(\boldsymbol{x}_l)}, & l>0\end{cases}$$

$$\bar{\boldsymbol{\Lambda}}_k=\prod_{l=0}^{k}\bar{\boldsymbol{\lambda}}_l$$

式中:$p(\cdot)$与 $\bar{p}(\cdot)$分别表示在概率测度 $\boldsymbol{P}$ 和 $\bar{\boldsymbol{P}}$ 下的概率密度函数。利用 Radon-Nikodym 导数,可以得到这两个概率测度之间的关系式,即$[\mathrm{d}\boldsymbol{P}/\mathrm{d}\bar{\boldsymbol{P}}]_{|\mathscr{G}_k}=\bar{\boldsymbol{\Lambda}}_k$。

利用 Bayes 公式,可以建立在两个概率测度下的期望等式关系,即

$$E\{\exp[\theta\boldsymbol{\Psi}_{0,k}(\boldsymbol{\zeta})]\mid\mathscr{Z}_k\}=\frac{\bar{E}\{\bar{\boldsymbol{\Lambda}}_k\exp[\theta\boldsymbol{\Psi}_{0,k}(\boldsymbol{\zeta})]\mid\mathscr{Z}_k\}}{\bar{E}\{\bar{\boldsymbol{\Lambda}}_k\mid\mathscr{Z}_k\}}$$

注意到上式中的分母与 $\boldsymbol{\zeta}$ 无关,风险灵敏性滤波估计式(2.8)和平滑估计式(2.9)可以等价写成

$$\hat{\boldsymbol{x}}_{k|k}^{RS}\overset{\text{def}}{=}\arg\min_{\boldsymbol{\zeta}\in\mathbb{R}^n}\bar{E}\{\bar{\boldsymbol{\Lambda}}_k\exp[\theta\boldsymbol{\Psi}_{0,k}(\boldsymbol{\zeta})]\mid\mathscr{Z}_k\}\tag{2.11}$$

$$\hat{\boldsymbol{x}}_{k|k+1}^{RSS}\overset{\text{def}}{=}\arg\min_{\boldsymbol{\zeta}\in\mathbb{R}^n}\bar{E}\left\{\bar{\boldsymbol{\Lambda}}_{k+1}\exp(\theta\hat{\boldsymbol{\Psi}}_{0,k})\exp\left[\frac{\theta}{2}(\boldsymbol{x}_k-\boldsymbol{\zeta})^{\mathrm{T}}\boldsymbol{W}_k(\boldsymbol{x}_k-\boldsymbol{\zeta})\right]\middle|\mathscr{Z}_{k+1}\right\}\tag{2.12}$$

至此,经过概率测度转换,在原概率测度 $\boldsymbol{P}$ 下的风险灵敏性滤波和平滑估计式(2.8)和式(2.9)已经被表示成新概率测度 $\bar{\boldsymbol{P}}$ 下的估计式(2.11)和式(2.12)。下面将说明如何求解估计式(2.11)和式(2.12)。

为记号简单,当 $\boldsymbol{r}_k=\boldsymbol{e}_j$ 时,记 $f(\boldsymbol{x}_{k-1},\boldsymbol{r}_k)\overset{\text{def}}{=}f_j(\boldsymbol{x}_{k-1})$, $g(\boldsymbol{x}_k,\boldsymbol{r}_k)\overset{\text{def}}{=}g_j(\boldsymbol{x}_k)$, $\boldsymbol{B}(\boldsymbol{r}_k)\overset{\text{def}}{=}\boldsymbol{B}_j$ 以及 $\boldsymbol{D}(\boldsymbol{r}_k)\overset{\text{def}}{=}\boldsymbol{D}_j$。另外,简记指数函数

$$\exp(\boldsymbol{x};\bar{\boldsymbol{x}},\boldsymbol{\Sigma}) \stackrel{\text{def}}{=} \exp\left[\frac{1}{2}(\boldsymbol{x}-\bar{\boldsymbol{x}})\boldsymbol{\Sigma}^{-1}(\boldsymbol{x}-\bar{\boldsymbol{x}})\right]$$

首先，为求解风险灵敏性滤波估计(见式(2.11))，定义如下模式依赖的滤波信息状态(也称为未归一化密度函数)：

$$\gamma_k^j(\boldsymbol{x})\mathrm{d}\boldsymbol{x} = \bar{E}\{\bar{\boldsymbol{\Lambda}}_k\langle \boldsymbol{r}_k,\boldsymbol{e}_j\rangle\exp(\theta\hat{\boldsymbol{\Psi}}_{0,k-1})\mathscr{I}_{\{x_k\in \mathrm{d}x\}}(\boldsymbol{x}_R)\mid \mathscr{Z}_k\},\quad j=1,\cdots,M$$

式中：$\mathscr{I}_A(\omega)$为集合 A 的指示函数，即如果 $\omega\in A$，则 $\mathscr{I}_A(\omega)=1$，反之为 0。

另外，对于任意可测函数 $h:\mathbb{R}^n\to\mathbb{R}$，可得

$$\bar{E}\{\bar{\boldsymbol{\Lambda}}_k\langle \boldsymbol{r}_k,\boldsymbol{e}_j\rangle\exp(\theta\hat{\boldsymbol{\Psi}}_{0,k-1})h(\boldsymbol{x}_k)\mid \boldsymbol{Z}_k\} = \int_{\mathbb{R}^n} h(\boldsymbol{x})\gamma_k^j(\boldsymbol{x})\mathrm{d}\boldsymbol{x}$$

利用 Markov 链的性质，可把滤波估计(见式(2.11))表示为

$$\hat{\boldsymbol{x}}_{k|k}^{RS} = \arg\min_{\boldsymbol{\zeta}\in\mathbb{R}^n}\sum_{j=1}^{M}\int_{\mathbb{R}^n}\exp(\boldsymbol{x}_k;\boldsymbol{\zeta},\theta^{-1}\boldsymbol{W}_k)\gamma_k^j(\boldsymbol{x}_k)\mathrm{d}\boldsymbol{x}_k \tag{2.13}$$

因此，现在已把求解滤波估计 $\hat{\boldsymbol{x}}_{k|k}^{RS}$ 的问题转化为如何计算滤波信息状态 $\gamma_k^j(\boldsymbol{x})$。下面的定理给出了滤波信息状态满足的递推公式。

定理 2.2　模式依赖的滤波信息状态 $\gamma_k^j(\boldsymbol{x})$满足如下递推公式：

$$\gamma_k^j(\boldsymbol{x}) = \frac{p(\boldsymbol{z}_k\mid \boldsymbol{x},\boldsymbol{e}_j)}{\bar{p}(\boldsymbol{z}_k)}\int_{\mathbb{R}^n} p(\boldsymbol{x}\mid \boldsymbol{x}_{k-1},\boldsymbol{e}_j)\exp(\boldsymbol{x}_{k-1};\hat{\boldsymbol{x}}_{k-1|k-1}^{RS},\theta^{-1}\boldsymbol{W}_{k-1})\sum_{i=1}^{M}\pi_{ij}\gamma_{k-1}^i(\boldsymbol{x}_{k-1})\mathrm{d}\boldsymbol{x}_{k-1}$$

证明：设 $h:\mathbb{R}^n\to\mathbb{R}$ 为任意可测函数，则有

$$\begin{aligned}\int_{\mathbb{R}^n} h(\boldsymbol{x})\gamma_k^j(\boldsymbol{x})\mathrm{d}\boldsymbol{x} &= \bar{E}\{\bar{\boldsymbol{\Lambda}}_k\langle \boldsymbol{r}_k,\boldsymbol{e}_j\rangle\exp(\theta\hat{\boldsymbol{\Psi}}_{0,k-1})h(\boldsymbol{x}_k)\mid \mathscr{Z}_k\}\\ &= \bar{E}\{\bar{\boldsymbol{\Lambda}}_{k-1}\frac{p(\boldsymbol{x}_k\mid \boldsymbol{x}_{k-1},\boldsymbol{r}_k)}{\bar{p}(\boldsymbol{x}_k)}\frac{p(\boldsymbol{z}_k\mid \boldsymbol{x}_k,\boldsymbol{r}_k)}{\bar{p}(\boldsymbol{z}_k)}\langle \boldsymbol{r}_k,\boldsymbol{e}_j\rangle\exp(\theta\hat{\boldsymbol{\Psi}}_{0,k-1})h(\boldsymbol{x}_k)\mid \mathscr{Z}_k\}\end{aligned}$$

利用 Markov 链的性质，可得

$$\begin{aligned}&\int_{\mathbb{R}^n} h(\boldsymbol{x})\gamma_k^j(\boldsymbol{x})\mathrm{d}\boldsymbol{x}\\ &= \sum_{i=1}^{M}\pi_{ij}\bar{E}\left\{\bar{\boldsymbol{\Lambda}}_{k-1}\frac{p(\boldsymbol{x}_k\mid \boldsymbol{x}_{k-1},\boldsymbol{e}_j)}{\bar{p}(\boldsymbol{x}_k)}\frac{p(\boldsymbol{z}_k\mid \boldsymbol{x}_k,\boldsymbol{e}_j)}{\bar{p}(\boldsymbol{z}_k)}\langle \boldsymbol{r}_{k-1},\boldsymbol{e}_i\rangle\exp(\theta\hat{\boldsymbol{\Psi}}_{0,k-1})h(\boldsymbol{x}_k)\mid \mathscr{Z}_k\right\}+\\ &\quad\bar{E}\left\{\bar{\boldsymbol{\Lambda}}_{k-1}\frac{p(\boldsymbol{x}_k\mid \boldsymbol{x}_{k-1},\boldsymbol{e}_j)}{\bar{p}(\boldsymbol{x}_k)}\frac{p(\boldsymbol{z}_k\mid \boldsymbol{x}_k,\boldsymbol{e}_j)}{\bar{p}(\boldsymbol{z}_k)}\langle \boldsymbol{m}_k,\boldsymbol{e}_i\rangle\exp(\theta\hat{\boldsymbol{\Psi}}_{0,k-1})h(\boldsymbol{x}_k)\mid \mathscr{Z}_k\right\}\end{aligned}$$

由于 $\boldsymbol{m}_k$ 为一个鞅增量，上式右端第二项为 0。另外，考虑到状态过程序列 $\{\boldsymbol{x}_k\}$ 在新的参考概率测度 $\bar{\boldsymbol{P}}$ 下是独立的，可得

$$\int_{\mathbb{R}^n} h(\boldsymbol{x})\gamma_k^j(\boldsymbol{x})\mathrm{d}\boldsymbol{x}$$

$$= \sum_{i=1}^{M}\pi_{ij}\bar{E}\left\{\bar{\boldsymbol{\Lambda}}_{k-1}\langle \boldsymbol{r}_{k-1},\boldsymbol{e}_i\rangle\exp(\theta\hat{\boldsymbol{\Psi}}_{0,k-1})\bar{E}\left\{\frac{p(\boldsymbol{x}_k \mid \boldsymbol{x}_{k-1},\boldsymbol{e}_j)}{\bar{p}(\boldsymbol{x}_k)}\frac{p(\boldsymbol{z}_k \mid \boldsymbol{x}_k,\boldsymbol{e}_j)}{\bar{p}(\boldsymbol{z}_k)}h(\boldsymbol{x}_k) \mid \boldsymbol{x}_{k-1},\mathscr{Z}_k\right\} \middle| \mathscr{Z}_k\right\}$$

$$= \sum_{i=1}^{M}\pi_{ij}\bar{E}\left\{\bar{\boldsymbol{\Lambda}}_{k-1}\langle \boldsymbol{r}_{k-1},\boldsymbol{e}_i\rangle\exp(\theta\boldsymbol{\Psi}_{0,k-1})\int_{\mathbb{R}^n}\frac{p(\boldsymbol{x} \mid \boldsymbol{x}_{k-1},\boldsymbol{e}_j)}{\bar{p}(\boldsymbol{x})}\frac{p(\boldsymbol{z}_k \mid \boldsymbol{x},\boldsymbol{e}_j)}{\bar{p}(\boldsymbol{z}_k)}h(\boldsymbol{x})\bar{p}(\boldsymbol{x})\mathrm{d}\boldsymbol{x} \middle| \mathscr{Z}_k\right\}$$

$$= \int_{\mathbb{R}^n} h(\boldsymbol{x})\left[\frac{p(\boldsymbol{z}_k \mid \boldsymbol{x},\boldsymbol{e}_j)}{\bar{p}(\boldsymbol{z}_k)}\int_{\mathbb{R}^n} p(\boldsymbol{x} \mid \boldsymbol{x}_{k-1},\boldsymbol{e}_j)\exp(\boldsymbol{x}_{k-1};\hat{\boldsymbol{x}}_{k-1|k-1}^{RS}\theta^{-1}\boldsymbol{W}_{k-1})\sum_{i=1}^{M}\pi_{ij}\gamma_{k-1}^i(\boldsymbol{x}_{k-1})\mathrm{d}\boldsymbol{x}_{k-1}\right]\mathrm{d}\boldsymbol{x}$$

由上式对任意可测函数成立可知,滤波信息状态的递推公式成立。证毕。

为求解风险灵敏性平滑估计(见式(2.12)),定义如下模式依赖的倒向信息状态 $\delta_{k|k+1}^j(\boldsymbol{x})$ 以及平滑信息状态 $\mathcal{L}_{k|k+1}^j(\boldsymbol{x})$:

$$\delta_{k|k+1}^j(\boldsymbol{x}) \overset{\text{def}}{=} \bar{E}\{\bar{\boldsymbol{\lambda}}_{k+1}\langle \boldsymbol{r}_{k+1},\boldsymbol{e}_j\rangle\exp(\theta\hat{\boldsymbol{\Psi}}_{k,k}) \mid \boldsymbol{x}_k=\boldsymbol{x},\mathscr{Z}_{k+1}\}$$

$$\mathcal{L}_{k|k+1}^j(\boldsymbol{x})\mathrm{d}\boldsymbol{x} \overset{\text{def}}{=} \bar{E}\{\bar{\boldsymbol{\Lambda}}_{k+1}\langle \boldsymbol{r}_{k+1},\boldsymbol{e}_j\rangle\exp(\theta\hat{\boldsymbol{\Psi}}_{0,k})\boldsymbol{\mathscr{I}}_{\{\boldsymbol{x}_k\in \mathrm{d}\boldsymbol{x}\}} \mid \mathscr{Z}_{k+1}\}$$

由风险灵敏性平滑估计的定义可得

$$\hat{\boldsymbol{x}}_{k|k+1}^{RSS} = \arg\min_{\boldsymbol{\zeta}\in\mathbb{R}^n}\sum_{j=1}^{M}\int_{\mathbb{R}^n}\mathcal{L}_{k|k+1}^j(\boldsymbol{x})\exp(\boldsymbol{x};\boldsymbol{\zeta},\theta^{-1}\boldsymbol{W}_k)\mathrm{d}\boldsymbol{x}$$

由此可见,求解平滑估计可以转化为计算平滑信息状态 $\mathcal{L}_{k|k+1}^j(\boldsymbol{x})$。下面说明如何计算 $\mathcal{L}_{k|k+1}^j(\boldsymbol{x})$,设 $h:\mathbb{R}^n\rightarrow\mathbb{R}$ 为任意可测函数,则

$$\int_{\mathbb{R}^n} h(\boldsymbol{x})\mathcal{L}_{k|k+1}^j(\boldsymbol{x})\mathrm{d}\boldsymbol{x}$$

$$=\bar{E}\left\{\bar{\boldsymbol{\Lambda}}_{k+1}\langle \boldsymbol{r}_{k+1},\boldsymbol{e}_j\rangle\exp(\theta\hat{\boldsymbol{\Psi}}_{0,k})h(\boldsymbol{x}_k) \mid \mathscr{Z}_{k+1}\right\}$$

$$=\bar{E}\left\{\bar{\boldsymbol{\Lambda}}_k\exp(\theta\boldsymbol{\Psi}_{0,k-1})h(\boldsymbol{x}_k)\bar{\boldsymbol{\lambda}}_{k+1}\langle \boldsymbol{r}_{k+1},\boldsymbol{e}_j\rangle\exp(\theta\hat{\boldsymbol{\Psi}}_{k,k}) \mid \mathscr{Z}_{k+1}\right\}$$

$$=\bar{E}\left\{\bar{\boldsymbol{\Lambda}}_k\exp(\theta\hat{\boldsymbol{\Psi}}_{0,k-1})h(\boldsymbol{x}_k)\bar{E}\left\{\bar{\boldsymbol{\lambda}}_{k+1}\langle \boldsymbol{r}_{k+1},\boldsymbol{e}_j\rangle\exp(\theta\hat{\boldsymbol{\Psi}}_{k,k}) \mid \boldsymbol{x}_k=\boldsymbol{x},\mathscr{Z}_{k+1}\right\} \mid \mathscr{Z}_{k+1}\right\}$$

$$=\int_{\mathbb{R}^n} h(\boldsymbol{x})\delta_{k|k+1}^j(\boldsymbol{x})\sum_{i=1}^{M}\gamma_k^i(\boldsymbol{x})\mathrm{d}\boldsymbol{x}$$

由可测函数 h 的任意性,可得

$$\mathcal{L}_{k|k+1}^j(\boldsymbol{x}) = \delta_{k|k+1}^j(\boldsymbol{x})\sum_{i=1}^{M}\gamma_k^i(\boldsymbol{x})$$

这样,平滑信息状态可以由倒向信息状态和滤波信息状态表示,而滤波信息状态可以由定理 2.2 递归推出。下面给出倒向信息状态满足的等式,即

$$\delta_{k|k+1}^j(\boldsymbol{x}_k) = \bar{E}\left\{\frac{p(\boldsymbol{z}_{k+1} \mid \boldsymbol{x}_{k+1},\boldsymbol{e}_j)}{\bar{p}(\boldsymbol{z}_{k+1})}\frac{p(\boldsymbol{x}_{k+1} \mid \boldsymbol{x}_k,\boldsymbol{e}_j)}{\bar{p}(\boldsymbol{x}_{k+1})}\langle \boldsymbol{r}_{k+1},\boldsymbol{e}_j\rangle\exp(\theta\hat{\boldsymbol{\Psi}}_{k,k}) \mid \boldsymbol{x}_k=\boldsymbol{x},\mathscr{Z}_{k+1}\right\}$$

$$= \frac{\pi_{k+1}^{j}\exp(\theta\hat{\boldsymbol{\Psi}}_{k,k})}{\bar{p}(\boldsymbol{z}_{k+1})}\int_{\mathbb{R}^n} p(\boldsymbol{z}_{k+1} \mid \boldsymbol{x}_{k+1},\boldsymbol{e}_j)p(\boldsymbol{x}_{k+1} \mid \boldsymbol{x}_k,\boldsymbol{e}_j)\mathrm{d}\boldsymbol{x}_{k+1}$$

式中：$\pi_{k+1}^{j}=\bar{E}\{\langle \boldsymbol{r}_{k+1},\boldsymbol{e}_j\rangle\}$ 以及 $\pi_0^j=\bar{E}\{\langle \boldsymbol{r}_0,\boldsymbol{e}_j\rangle\}$。

从上述递推公式可以看出，滤波信息状态的计算仍然需要求解高维积分。为得到闭形式的表达式，下面分别用无迹变换、数值积分以及粒子采样实现。

1. 无迹变换方法

步骤一：计算风险灵敏性滤波估计

由滤波信息状态定义中间信息状态 $\gamma_{k-1}^{0j}(\boldsymbol{x})=\sum_{i=1}^{N}\pi_{ij}\gamma_{k-1}^{i}(\boldsymbol{x})$，可得

$$\gamma_k^j(\boldsymbol{x})=\frac{p(\boldsymbol{z}_k \mid \boldsymbol{x},\boldsymbol{e}_j)}{\bar{p}(\boldsymbol{z}_k)}\int_{\mathbb{R}^n} p(\boldsymbol{x} \mid \boldsymbol{x}_{k-1},\boldsymbol{e}_j)\exp(\boldsymbol{x}_{k-1};\hat{\boldsymbol{x}}_{k-1|k-1}^{RS},\theta^{-1}\boldsymbol{W}_{k-1})\gamma_{k-1}^{0j}(\boldsymbol{x}_{k-1})\mathrm{d}\boldsymbol{x}_{k-1}$$

由于在多模型估计中，最优解的计算复杂性呈指数增长，为克服此问题，利用经典的 IMM 方法进行逼近。具体地说，假设在前一时刻的滤波信息状态 $\gamma_{k-1}^{j}(\boldsymbol{x})$ 是由一个高斯分布逼近的，即

$$\gamma_{k-1}^{j}(\boldsymbol{x})=\boldsymbol{d}_{k-1}^{j}N(\boldsymbol{x};\hat{\boldsymbol{x}}_{k-1|k-1}^{j},\boldsymbol{\Sigma}_{k-1|k-1}^{j})$$

则中间信息状态 $\gamma_{k-1}^{0j}(\boldsymbol{x})$ 也用一个高斯项来逼近，即

$$\gamma_{k-1}^{0j}(\boldsymbol{x})=\boldsymbol{d}_{k-1}^{0j}N(\boldsymbol{x};\hat{\boldsymbol{x}}_{k-1|k-1}^{0j},\boldsymbol{\Sigma}_{k-1|k-1}^{0j})$$

上式中参数的计算如下：

$$\boldsymbol{d}_{k-1}^{0j}=\sum_{i=1}^{M}\pi_{ij}\boldsymbol{d}_{k-1}^{i}$$

$$\hat{\boldsymbol{x}}_{k-1|k-1}^{0j}=\sum_{i=1}^{M}\frac{\pi_{ij}\boldsymbol{d}_{k-1}^{i}}{\boldsymbol{d}_{k-1}^{0j}}\hat{\boldsymbol{x}}_{k-1|k-1}^{i}$$

$$\boldsymbol{\Sigma}_{k-1|k-1}^{0j}=\sum_{i=1}^{M}\frac{\pi_{ij}\boldsymbol{d}_{k-1}^{i}}{\boldsymbol{d}_{k-1}^{0j}}[\boldsymbol{\Sigma}_{k-1|k-1}^{i}+(\hat{\boldsymbol{x}}_{k-1|k-1}^{i}-\hat{\boldsymbol{x}}_{k-1|k-1}^{0j})(\hat{\boldsymbol{x}}_{k-1|k-1}^{i}-\hat{\boldsymbol{x}}_{k-1|k-1}^{0j})^{\mathrm{T}}]$$

然后得

$$\begin{aligned}\gamma_k^j(\boldsymbol{x})&=\boldsymbol{d}_{k-1}^{0j}\frac{p(\boldsymbol{z}_k \mid \boldsymbol{x},\boldsymbol{e}_j)}{\bar{p}(\boldsymbol{z}_k)}\int_{\mathbb{R}^n} p(\boldsymbol{x} \mid \boldsymbol{x}_{k-1},\boldsymbol{e}_j)\exp(\boldsymbol{x}_{k-1};\hat{\boldsymbol{x}}_{k-1|k-1}^{RS},\theta^{-1}\boldsymbol{W}_{k-1})\cdot\\&\quad N(\boldsymbol{x}_{k-1};\hat{\boldsymbol{x}}_{k-1|k-1}^{0j},\boldsymbol{\Sigma}_{k-1|k-1}^{0j})\mathrm{d}\boldsymbol{x}_{k-1}\\&=\boldsymbol{d}_{k-1}^{0j}\frac{\sqrt{|\boldsymbol{\Sigma}_{k-1|k-1}^{0j+}|}}{\sqrt{|\boldsymbol{\Sigma}_{k-1|k-1}^{0j}|}}\frac{p(\boldsymbol{z}_k \mid \boldsymbol{x},\boldsymbol{e}_j)}{\bar{p}(\boldsymbol{z}_k)}\int_{\mathbb{R}^n} p(\boldsymbol{x} \mid \boldsymbol{x}_{k-1},\boldsymbol{e}_j)\cdot\\&\quad N(\boldsymbol{x}_{k-1};\hat{\boldsymbol{x}}_{k-1|k-1}^{0j+},\boldsymbol{\Sigma}_{k-1|k-1}^{0j+})\mathrm{d}\boldsymbol{x}_{k-1}\exp(\hat{\boldsymbol{x}}_{k-1|k-1}^{0j};\hat{\boldsymbol{x}}_{k-1|k-1}^{RS},\boldsymbol{S}_{k-1}^{0j})\end{aligned}$$

上式中的参数计算如下：

$$\hat{\boldsymbol{x}}_{k-1|k-1}^{0j+}=\boldsymbol{\Sigma}_{k-1|k-1}^{0j+}[(\boldsymbol{\Sigma}_{k-1|k-1}^{0j+})^{-1}\hat{\boldsymbol{x}}_{k-1|k-1}^{0j}-\theta\boldsymbol{W}_{k-1}\hat{\boldsymbol{x}}_{k-1|k-1}^{RS}]$$

$$\boldsymbol{\Sigma}_{k-1|k-1}^{0j+}=[(\boldsymbol{\Sigma}_{k-1|k-1}^{0j})^{-1}-\theta\boldsymbol{W}_{k-1}]^{-1}$$
$$\boldsymbol{S}_{k-1}^{0j}=(\theta\boldsymbol{W}_{k-1})^{-1}-\boldsymbol{\Sigma}_{k-1|k-1}^{0j}$$

注意到由系统的状态方程和量测方程可得

$$p(\boldsymbol{x}_k\mid\boldsymbol{x}_{k-1},\boldsymbol{e}_j)=N(\boldsymbol{x}_k;f_j(\boldsymbol{x}_{k-1}),\boldsymbol{B}_j\boldsymbol{Q}_k\boldsymbol{B}_j^{\mathrm{T}})$$
$$p(\boldsymbol{z}_k\mid\boldsymbol{x}_k,\boldsymbol{e}_j)=N(\boldsymbol{z}_k;g_j(\boldsymbol{x}_k),\boldsymbol{D}_j\boldsymbol{R}_k\boldsymbol{D}_j^{\mathrm{T}})$$

可进一步得到

$$\gamma_k^j(\boldsymbol{x}_k)=\frac{\boldsymbol{d}_{k-1}^{0j}}{\bar{p}(\boldsymbol{z}_k)}\frac{\sqrt{|\boldsymbol{\Sigma}_{k-1|k-1}^{0j+}|}}{\sqrt{|\boldsymbol{\Sigma}_{k-1|k-1}^{0j}|}}\exp(\hat{\boldsymbol{x}}_{k-1|k-1}^{0j};\hat{\boldsymbol{x}}_{k-1|k-1}^{RS},\boldsymbol{S}_{k-1}^{0j})N(\boldsymbol{z}_k;g_j(\boldsymbol{x}_k),\boldsymbol{D}_j\boldsymbol{R}_k\boldsymbol{D}_j^{\mathrm{T}})\cdot$$
$$\int_{\mathbb{R}^n}N(\boldsymbol{x}_k;f_j(\boldsymbol{x}_{k-1}),\boldsymbol{B}_j\boldsymbol{Q}_k\boldsymbol{B}_j^{\mathrm{T}})N(\boldsymbol{x}_{k-1};\hat{\boldsymbol{x}}_{k-1|k-1}^{0j+},\boldsymbol{\Sigma}_{k-1|k-1}^{0j+})\mathrm{d}\boldsymbol{x}_{k-1}$$

为求解上式中的高维积分，下面利用第 1 章介绍的无迹变换技术给出闭形式的表达式，即根据状态均值与相应的协方差矩阵产生 $2n+1$ 个加权的 σ 点，如下：

$$\boldsymbol{\chi}_{k-1}^{j,0}=\hat{\boldsymbol{x}}_{k-1|k-1}^{0j+}$$
$$\boldsymbol{\chi}_{k-1}^{j,s}=\hat{\boldsymbol{x}}_{k-1|k-1}^{0j+}+\left(\sqrt{(n+\kappa)\boldsymbol{\Sigma}_{k-1|k-1}^{0j+}}\right)_s,\quad s=1,\cdots,n$$
$$\boldsymbol{\chi}_{k-1}^{j,s}=\hat{\boldsymbol{x}}_{k-1|k-1}^{0j+}-\left(\sqrt{(n+\kappa)\boldsymbol{\Sigma}_{k-1|k-1}^{0j+}}\right)_s,\quad s=n+1,\cdots,2n$$

则预测的 σ 点可表示为

$$\boldsymbol{\chi}_{k|k-1}^{j,s}=f_j(\boldsymbol{\chi}_{k-1}^{j,s}),\quad s=0,1,\cdots,2n$$

由此可得

$$\int_{\mathbb{R}^n}N(\boldsymbol{x}_k;f_j(\boldsymbol{x}_{k-1}),\boldsymbol{B}_j\boldsymbol{Q}_k\boldsymbol{B}_j^{\mathrm{T}})N(\boldsymbol{x}_{k-1};\hat{\boldsymbol{x}}_{k-1|k-1}^{0j+},\boldsymbol{\Sigma}_{k-1|k-1}^{0j+})\mathrm{d}\boldsymbol{x}_{k-1}=N(\boldsymbol{x}_k;\hat{\boldsymbol{x}}_{k|k-1}^j,\boldsymbol{\Sigma}_{k|k-1}^j)$$

上式右端的参数如下计算：

$$\hat{\boldsymbol{x}}_{k|k-1}^j=\sum_{s=0}^{2n}\boldsymbol{W}_s\boldsymbol{\chi}_{k|k-1}^{j,s}$$
$$\boldsymbol{\Sigma}_{k|k-1}^j=\sum_{s=0}^{2n}\boldsymbol{W}_s(\boldsymbol{\chi}_{k|k-1}^{j,s}-\hat{\boldsymbol{x}}_{k|k-1}^j)(\boldsymbol{\chi}_{k|k-1}^{j,s}-\hat{\boldsymbol{x}}_{k|k-1}^j)^{\mathrm{T}}+\boldsymbol{B}_j\boldsymbol{Q}_k\boldsymbol{B}_j^{\mathrm{T}}$$

所以，$\gamma_k^j(\boldsymbol{x}_k)$可以表示为

$$\gamma_k^j(\boldsymbol{x}_k)=\frac{\boldsymbol{d}_{k-1}^{0j}}{\bar{p}(\boldsymbol{z}_k)}\frac{\sqrt{|\boldsymbol{\Sigma}_{k-1|k-1}^{0j+}|}}{\sqrt{|\boldsymbol{\Sigma}_{k-1|k-1}^{0j}|}}\exp(\hat{\boldsymbol{x}}_{k-1|k-1}^{0j};\hat{\boldsymbol{x}}_{k-1|k-1}^{RS},\boldsymbol{S}_{k-1}^{0j})$$
$$N(\boldsymbol{z}_k;g_j(\boldsymbol{x}_k),\boldsymbol{D}_j\boldsymbol{R}_k\boldsymbol{D}_j^{\mathrm{T}})N(\boldsymbol{x}_k;\hat{\boldsymbol{x}}_{k|k-1}^j,\boldsymbol{\Sigma}_{k|k-1}^j)$$

对上式中的两个高斯概率密度函数乘积再一次使用无迹变换技术，可得

$$\gamma_k^j(\boldsymbol{x}_k)=\boldsymbol{d}_k^jN(\boldsymbol{x}_k;\hat{\boldsymbol{x}}_{k|k}^j,\boldsymbol{\Sigma}_{k|k}^j)$$

上式中的参数如下计算：

$$
\begin{aligned}
&\boldsymbol{d}_k^j=\frac{\boldsymbol{d}_{k-1}^{0j}}{\bar{p}(\boldsymbol{z}_k)}\frac{\sqrt{|\boldsymbol{\Sigma}_{k-1|k-1}^{0j+}|}}{\sqrt{|\boldsymbol{\Sigma}_{k-1|k-1}^{0j}|}}N(\boldsymbol{z}_k;\hat{\boldsymbol{z}}_{k|k-1}^j,\boldsymbol{S}_k^j)\exp\left(\hat{\boldsymbol{x}}_{k-1|k-1}^{0j};\hat{\boldsymbol{x}}_{k-1|k-1}^{RS},\boldsymbol{S}_{k-1}^{0j}\right)\\
&\hat{\boldsymbol{x}}_{k|k}^j=\hat{\boldsymbol{x}}_{k|k-1}^j+\boldsymbol{\Sigma}_{xz}^j(\boldsymbol{S}_k^i)^{-1}(\boldsymbol{z}_k-\hat{\boldsymbol{z}}_{k|k-1}^j)\\
&\boldsymbol{\Sigma}_{k|k}^j=\boldsymbol{\Sigma}_{k|k-1}^j-\boldsymbol{\Sigma}_{xz}^j(\boldsymbol{S}_k^j)^{-1}(\boldsymbol{\Sigma}_{xz}^j)^{\mathrm{T}}\\
&\hat{\boldsymbol{z}}_{k|k-1}^j=\sum_{s=0}^{2n}\boldsymbol{W}_s g_j(\boldsymbol{\chi}_{k|k-1}^{j,s})\\
&\boldsymbol{S}_k^j=\sum_{s=0}^{2n}\boldsymbol{W}_s\left[g_j(\boldsymbol{\chi}_{k|k-1}^{j,s})-\hat{\boldsymbol{z}}_{k|k-1}^j\right]\left[g_j(\boldsymbol{\chi}_{k|k-1}^{j,s})-\hat{\boldsymbol{z}}_{k|k-1}^j\right]^{\mathrm{T}}+\boldsymbol{D}_j\boldsymbol{R}_k\boldsymbol{D}_j^{\mathrm{T}}\\
&\boldsymbol{\Sigma}_{xz}^j=\sum_{s=0}^{2n}\boldsymbol{W}_s(\boldsymbol{\chi}_{k|k-1}^{j,s}-\hat{\boldsymbol{x}}_{k|k-1}^j)\left[g_j(\boldsymbol{\chi}_{k|k-1}^{j,s})-\hat{\boldsymbol{z}}_{k|k-1}^j\right]^{\mathrm{T}}
\end{aligned}
$$

至此，可得风险灵敏性滤波估计为

$$
\hat{\boldsymbol{x}}_{k|k}^{RS}=\arg\min_{\boldsymbol{\zeta}\in\mathbb{R}^n}\int_{\mathbb{R}^n}\exp(\boldsymbol{x}_k;\boldsymbol{\zeta},\theta^{-1}\boldsymbol{W}_k)\sum_{j=1}^{M}\boldsymbol{d}_k^j N(\boldsymbol{x}_k;\hat{\boldsymbol{x}}_{k|k}^j,\boldsymbol{\Sigma}_{k|k}^j)\mathrm{d}\boldsymbol{x}_k
$$

为得到上式优化问题的显式解，进一步用一个高斯分布逼近上式右端积分中的高斯混合项 $\sum_{j=1}^{M}\boldsymbol{d}_k^j N(\boldsymbol{x}_k;\hat{\boldsymbol{x}}_{k|k}^j,\boldsymbol{\Sigma}_{k|k}^j)$，即

$$
\sum_{j=1}^{M}\boldsymbol{d}_k^j N(\boldsymbol{x}_k;\hat{\boldsymbol{x}}_{k|k}^j,\boldsymbol{\Sigma}_{k|k}^j)=\boldsymbol{d}_k N(\boldsymbol{x}_k;\hat{\boldsymbol{x}}_{k|k},\boldsymbol{\Sigma}_{k|k})
$$

上式中的参数如下计算：

$$
\begin{aligned}
&\boldsymbol{d}_k=\sum_{j=1}^{M}\boldsymbol{d}_k^j\\
&\hat{\boldsymbol{x}}_{k|k}=\sum_{j=1}^{M}\frac{\boldsymbol{d}_k^j}{\boldsymbol{d}_k}\hat{\boldsymbol{x}}_{k|k}^j\\
&\boldsymbol{\Sigma}_{k|k}=\sum_{j=1}^{M}\frac{\boldsymbol{d}_k^j}{\boldsymbol{d}_k}\left[\boldsymbol{\Sigma}_{k|k}^j+(\hat{\boldsymbol{x}}_{k|k}^j-\hat{\boldsymbol{x}}_{k|k})(\hat{\boldsymbol{x}}_{k|k}^j-\hat{\boldsymbol{x}}_{k|k})^{\mathrm{T}}\right]
\end{aligned}
$$

易得风险灵敏性滤波估计为

$$
\begin{aligned}
\hat{\boldsymbol{x}}_{k|k}^{RS}&=\hat{\boldsymbol{x}}_{k|k}\\
\boldsymbol{\Sigma}_{k|k}^{RS}&=\boldsymbol{\Sigma}_{k|k}
\end{aligned}
$$

步骤二：计算风险灵敏性平滑估计

计算风险灵敏性平滑估计如下：

$$
\begin{aligned}
\delta_{k|k+1}^j(\boldsymbol{x}_k)=&\frac{\pi_{k+1}^j\exp(\theta\hat{\boldsymbol{\Psi}}_{k,k})}{\bar{p}(\boldsymbol{z}_{k+1})}\int_{\mathbb{R}^n}N(\boldsymbol{z}_{k+1};g_j(\boldsymbol{x}_{k+1}),\boldsymbol{D}_j\boldsymbol{R}_{k+1}\boldsymbol{D}_j^{\mathrm{T}})\cdot\\
&N(\boldsymbol{x}_{k+1};f_j(\boldsymbol{x}_k),\boldsymbol{B}_j\boldsymbol{Q}_{k+1}\boldsymbol{B}_j^{\mathrm{T}})\mathrm{d}\boldsymbol{x}_{k+1}
\end{aligned}
$$

同样地，利用无迹变换技术逼近上式右端的高维积分，即

$$\delta^j_{k|k+1}(\boldsymbol{x}_k)=\frac{\pi^j_{k+1}\exp(\theta\hat{\boldsymbol{\Psi}}_{k,k})}{\bar{p}(\boldsymbol{z}_{k+1})}N(\boldsymbol{z}_{k+1};\boldsymbol{m}^j_{k+1|k},\boldsymbol{L}^j_{k+1|k})$$

上式中的参数如下计算：

$$\boldsymbol{m}^j_{k+1|k}=\sum_{s=0}^{2n}\boldsymbol{W}_s g_j(\boldsymbol{\tau}^{j,s}_{k+1|k})$$

$$\boldsymbol{L}^j_{k+1|k}=\sum_{s=0}^{2n}\boldsymbol{W}_s\left[g_j(\boldsymbol{\tau}^{j,s}_{k+1|k})-\boldsymbol{m}^j_{k+1|k}\right]\left[g_j(\boldsymbol{\tau}^{j,s}_{k+1|k})-\boldsymbol{m}^j_{k+1|k}\right]^{\mathrm{T}}+\boldsymbol{D}_j\boldsymbol{R}_{k+1}\boldsymbol{D}_j^{\mathrm{T}}$$

上式中的 σ 点由如下产生：

$$\boldsymbol{\tau}^{j,0}_{k+1|k}=f_j(\boldsymbol{x}_k)$$

$$\boldsymbol{\tau}^{j,s}_{k+1|k}=f_j(\boldsymbol{x}_k)+\left[\sqrt{(n+\kappa)\boldsymbol{B}_j\boldsymbol{Q}_{k+1}\boldsymbol{B}_j^{\mathrm{T}}}\right],\quad s=1,\cdots,n$$

$$\boldsymbol{\tau}^{j,s}_{k+1|k}=f_j(\boldsymbol{x}_k)-\left[\sqrt{(n+\kappa)\boldsymbol{B}_j\boldsymbol{Q}_{k+1}\boldsymbol{B}_j^{\mathrm{T}}}\right],\quad s=n+1,\cdots,2n$$

可以得到

$$\begin{aligned}\mathcal{L}^j_{k|k+1}(\boldsymbol{x}_k)&=\frac{\pi^j_{k+1}\boldsymbol{d}_k}{\bar{p}(\boldsymbol{z}_{k+1})}N(\boldsymbol{z}_{k+1};\boldsymbol{m}^j_{k+1|k},\boldsymbol{L}^j_{k+1|k})N(\boldsymbol{x}_k;\hat{\boldsymbol{x}}^{RS}_{k|k},\boldsymbol{\Sigma}^{RS}_{k|k})\exp(\theta\hat{\boldsymbol{\Psi}}_{k,k})\\&=\frac{\pi^j_{k+1}\boldsymbol{d}_k}{\bar{p}(\boldsymbol{z}_{k+1})}\frac{\sqrt{|\boldsymbol{\Sigma}^{RS+}_{k|k}|}}{\sqrt{|\boldsymbol{\Sigma}^{RS}_{k|k}|}}N(\boldsymbol{z}_{k+1};\boldsymbol{m}^j_{k+1|k},\boldsymbol{L}^j_{k+1|k})N(\boldsymbol{x}_k;\hat{\boldsymbol{x}}^{RS}_{k|k},\boldsymbol{\Sigma}^{RS+}_{k|k})\\&=\frac{\pi^j_{k+1}\boldsymbol{d}_k}{\bar{p}(\boldsymbol{z}_{k+1})}\frac{\sqrt{|\boldsymbol{\Sigma}^{RS+}_{k|k}|}}{\sqrt{|\boldsymbol{\Sigma}^{RS}_{k|k}|}}N(\boldsymbol{z}_{k+1};\hat{\boldsymbol{z}}^j_{k+1},\boldsymbol{S}^j_k)N(\boldsymbol{x}_k;\hat{\boldsymbol{x}}^j_{k|k+1},\boldsymbol{\Sigma}^j_{k|k+1})\end{aligned}$$

式中的预测均值和协方差矩阵为

$$\hat{\boldsymbol{x}}^j_{k|k+1}=\hat{\boldsymbol{x}}^{RS}_{k|k}+\boldsymbol{\Sigma}^j_{xz}(\boldsymbol{S}^j_k)^{-1}(\boldsymbol{z}_{k+1}-\hat{\boldsymbol{z}}^j_{k+1})$$

$$\boldsymbol{\Sigma}^j_{k|k+1}=\boldsymbol{\Sigma}^{RS+}_{k|k}-\boldsymbol{\Sigma}^j_{xz}(\boldsymbol{S}^j_k)^{-1}(\boldsymbol{\Sigma}^j_{xz})^{\mathrm{T}}$$

$$\boldsymbol{\Sigma}^{RS+}_{k|k}=[(\boldsymbol{\Sigma}^{RS}_{k|k})^{-1}-\theta\boldsymbol{W}_k]^{-1}$$

$$\hat{\boldsymbol{z}}^j_{k+1}=\sum_{s=0}^{2n}g_j(f_j(\boldsymbol{\tau}^s_k))$$

$$\boldsymbol{S}^j_k=\sum_{s=0}^{2n}\boldsymbol{W}_s[g_j(f_j(\boldsymbol{\tau}^s_k))-\hat{\boldsymbol{z}}^j_{k+1}][g_j(f_j(\boldsymbol{\tau}^s_k))-\hat{\boldsymbol{z}}^j_{k+1}]^{\mathrm{T}}+\boldsymbol{L}^j_{k+1|k}$$

$$\boldsymbol{\Sigma}^j_{xz}=\sum_{s=0}^{2n}\boldsymbol{W}_s(\boldsymbol{\tau}^s_k-\hat{\boldsymbol{x}}^{RS}_{k|k})\left[g_j(f_j(\boldsymbol{\tau}^s_k))-\hat{\boldsymbol{z}}^j_{k+1}\right]^{\mathrm{T}}$$

上式中的 σ 点由风险灵敏性滤波估计以及相应误差协方差矩阵产生，即

$$\boldsymbol{\tau}_k^0 = \hat{\boldsymbol{x}}_{k|k}^{RS}$$

$$\boldsymbol{\tau}_k^s = \hat{\boldsymbol{x}}_{k|k}^{RS} + \left(\sqrt{(n+\kappa)\boldsymbol{\Sigma}_{k|k}^{RS+}}\right)_s, \quad s = 1,\cdots,n$$

$$\boldsymbol{\tau}_k^s = \hat{\boldsymbol{x}}_{k|k}^{RS} - \left(\sqrt{(n+\kappa)\boldsymbol{\Sigma}_{k|k}^{RS+}}\right)_s, \quad s = n+1,\cdots,2n$$

至此，可得风险灵敏性平滑估计为

$$\hat{\boldsymbol{x}}_{k|k+1}^{RSS} = \arg\min_{\boldsymbol{\xi}\in\mathbb{R}^n}\int_{\mathbb{R}^n}\mu_{k|k+1}N(\boldsymbol{x};\hat{\boldsymbol{x}}_{k|k+1},\boldsymbol{\Sigma}_{k|k+1})\exp(\boldsymbol{x};\boldsymbol{\zeta},\theta^{-1}\boldsymbol{W}_k)\mathrm{d}\boldsymbol{x}$$

式中：$\mu_{k|k+1} = \sum_{i=1}^{N}\pi_{k+1}^i N(\boldsymbol{z}_{k+1};\hat{\boldsymbol{z}}_{k+1}^i,\boldsymbol{S}_k^i)$，而

$$\sum_{j=1}^{n}\pi_{k+1}^j N(\boldsymbol{z}_{k+1};\hat{\boldsymbol{z}}_{k+1}^j,\boldsymbol{S}_k^j)N(\boldsymbol{x};\hat{\boldsymbol{x}}_{k|k+1}^j,\boldsymbol{\Sigma}_{k|k+1}^j) = \mu_{k|k+1}N(\boldsymbol{x};\hat{\boldsymbol{x}}_{k|k+1},\boldsymbol{\Sigma}_{k|k+1})$$

以及

$$\hat{\boldsymbol{x}}_{k|k+1} = \sum_{j=1}^{N}\hat{\mu}_{k|k+1}^j\hat{\boldsymbol{x}}_{k|k+1}^j$$

$$\boldsymbol{\Sigma}_{k|k+1} = \sum_{j=1}^{N}\hat{\mu}_{k|k+1}^j\left[\boldsymbol{\Sigma}_{k|k}^j + (\hat{\boldsymbol{x}}_{k|k}^j - \hat{\boldsymbol{x}}_{k|k+1})(\hat{\boldsymbol{x}}_{k|k}^j - \hat{\boldsymbol{x}}_{k|k+1})^{\mathrm{T}}\right]$$

$$\hat{\mu}_{k|k+1}^j = \frac{\pi_{k+1}^j N(\boldsymbol{z}_{k+1};\hat{\boldsymbol{z}}_{k+1}^j,\boldsymbol{S}_k^j)}{\sum_{i=1}^{N}\pi_{k|k+1}^i N(\boldsymbol{z}_{k+1};\hat{\boldsymbol{z}}_{k+1}^i,\boldsymbol{S}_k^i)}$$

基于上面的结果，易见

$$\hat{\boldsymbol{x}}_{k|k+1}^{RSS} = \hat{\boldsymbol{x}}_{k|k+1}$$

$$\boldsymbol{\Sigma}_{k|k+1}^{RSS} = \boldsymbol{\Sigma}_{k|k+1}$$

为保证修正的混合协方差矩阵 $\boldsymbol{\Sigma}_{k|k}^{0j+}$ 的正定性，需要合理地选取风险灵敏性参数 θ，使得 $\boldsymbol{\Sigma}_{k|k}^{0j+} > \theta\boldsymbol{W}_k$ 。此外，当 $\theta \to 0$ 时，风险灵敏性滤波化为经典的 IMM - UKF。注意，与经典的 IMM - UKF 相比，在风险灵敏性滤波算法中，σ 点是由修正的混合状态估计产生的，而混合状态估计依赖于上一步最终的风险灵敏性滤波估计，这也是与 IMM - UKF 的一个主要不同之处。在 IMM - UKF 中，最终的滤波估计只用来作为估计输出，对下一轮迭代不产生影响。当 $N=1$ 时，非线性随机跳变系统退化为一般的非线性随机系统，此时多模型风险滤波算法也正是文献中的单模型滤波结果。然而，与单模型滤波相比，由于多模型滤波中引入了交互作用，混合状态估计与相应误差协方差矩阵都受到矩阵 $\theta\boldsymbol{W}_{k-1}$ 的影响。

2. 数值积分方法

数值积分方法与无迹变换方法求解高维积分的不同之处主要在于所使用的 σ 点/积分点是不同的。因此，本书只给出风险灵敏性滤波算法并仅把不同的地方表示出来，其余推导过程与无迹变换方法中的内容完全相同。

在计算滤波信息状态的高维积分时,采用数值积分方法,即产生 $2n$ 个容积点,如下:

$$\boldsymbol{\chi}_{k-1}^{j,s}=\hat{\boldsymbol{x}}_{k-1|k-1}^{0j+}+\sqrt{\boldsymbol{\Sigma}_{k-1|k-1}^{0j+}}\,\xi_s,\quad s=1,\cdots,2n$$

$$\hat{\boldsymbol{x}}_{k|k-1}^{j}=\frac{1}{2n}\sum_{s=1}^{2n}f_j(\boldsymbol{\chi}_{k-1}^{j,s})$$

$$\boldsymbol{\Sigma}_{k|k-1}^{j}=\frac{1}{2n}\sum_{s=1}^{2n}f_j(\boldsymbol{\chi}_{k-1}^{j,s})(f_j(\boldsymbol{\chi}_{k-1}^{j,s}))^{\mathrm{T}}-\hat{\boldsymbol{x}}_{k|k-1}^{j}(\hat{\boldsymbol{x}}_{k|k-1}^{j})^{\mathrm{T}}+\boldsymbol{B}_j\boldsymbol{Q}_k\boldsymbol{B}_j^{\mathrm{T}}$$

式中:$\boldsymbol{\xi}_s$ 是第1章的容积 Kalman 滤波中所述的积分点,可以离线计算。

另外,预测的测量估计高维积分也采用数值积分方法,可得

$$\boldsymbol{\chi}_{k|k-1}^{j,s}=\hat{\boldsymbol{x}}_{k|k-1}^{j}+\sqrt{\boldsymbol{\Sigma}_{k|k-1}^{j}}\,\xi_s,\quad s=1,\cdots,2n$$

$$\hat{\boldsymbol{z}}_{k|k-1}^{j}=\frac{1}{2n}\sum_{s=1}^{2n}g_j(\boldsymbol{\chi}_{k|k-1}^{j,s})$$

$$\boldsymbol{S}_k^{j}=\frac{1}{2n}\sum_{s=1}^{2n}g_j(\boldsymbol{\chi}_{k|k-1}^{j,s})(g_j(\boldsymbol{\chi}_{k|k-1}^{j,s}))^{\mathrm{T}}-\hat{\boldsymbol{z}}_{k|k-1}^{j}(\hat{\boldsymbol{z}}_{k|k-1}^{j})^{\mathrm{T}}+\boldsymbol{D}_j\boldsymbol{R}_k\boldsymbol{D}_j^{\mathrm{T}}$$

$$\boldsymbol{\Sigma}_{xz}^{j}=\frac{1}{2n}\sum_{s=1}^{2n}\boldsymbol{\chi}_{k|k-1}^{j,s}(g_j(\boldsymbol{\chi}_{k|k-1}^{j,s}))^{\mathrm{T}}-\hat{\boldsymbol{x}}_{k|k-1}^{j}(\hat{\boldsymbol{z}}_{k|k-1}^{j})^{\mathrm{T}}$$

其余部分的实现过程不再赘述。

3. 粒子采样方法

在本部分,我们考虑更一般的风险灵敏性滤波问题,即

$$\hat{\boldsymbol{x}}_{k|k}^{RS}=\arg\min_{\zeta\in\mathbb{R}^n}\bar{E}[\bar{\boldsymbol{\Lambda}}_k\boldsymbol{\Gamma}_{0,k}(\boldsymbol{\zeta})\mid\mathscr{Z}_k]$$

式中:风险灵敏性函数取为

$$\boldsymbol{\Gamma}_{0,k}(\boldsymbol{\zeta})\overset{\text{def}}{=}\hat{\boldsymbol{\Gamma}}_{0,k-1}\alpha_k(\hat{\boldsymbol{x}}_{0:k-1}^{RS},\boldsymbol{x}_k,\boldsymbol{\zeta})$$

$$\hat{\boldsymbol{\Gamma}}_{0,k-1}\overset{\text{def}}{=}\prod_{i=1}^{k-1}\alpha_i(\hat{\boldsymbol{x}}_{0:i-1}^{RS},\boldsymbol{x}_i,\hat{\boldsymbol{x}}_{i|i}^{RS})$$

首先,定义模式依赖的信息状态,即

$$\gamma_k^j(\boldsymbol{x})\mathrm{d}\boldsymbol{x}=\bar{E}\{\bar{\boldsymbol{\Lambda}}_k\langle\boldsymbol{r}_k,\boldsymbol{e}_j\rangle\hat{\boldsymbol{\Gamma}}_{0,k-1}(\boldsymbol{\zeta})\mathscr{I}_{\{\boldsymbol{x}_k\in\mathrm{d}\boldsymbol{x}\}}\mid\mathscr{Z}_k\}$$

以及归一化的信息状态

$$\bar{\gamma}_k^j(\boldsymbol{x})=\frac{\gamma_k^j(\boldsymbol{x})}{\sum_{i=1}^{M}\int_{\mathbb{R}^n}\gamma_k^i(\boldsymbol{\xi})\mathrm{d}\boldsymbol{\xi}}$$

可得

$$\hat{\boldsymbol{x}}_{k|k}^{RS}=\arg\min_{\zeta\in\mathbb{R}^n}\sum_{j=1}^{M}\int_{\mathbb{R}^n}\bar{\gamma}_k^j(\boldsymbol{x}_k)\alpha_k(\hat{\boldsymbol{x}}_{0:k-1}^{RS},\boldsymbol{x}_k,\boldsymbol{\zeta})\mathrm{d}\boldsymbol{x}_k$$

因此,求解风险灵敏性滤波估计的问题转化为如何计算归一化信息状态 $\bar{\gamma}_k^j(\boldsymbol{x})$,类似于定理 2.2,可以得到归一化信息状态满足的递推公式。

定理 2.3　模式依赖的归一化信息状态 $\bar{\gamma}_k^j(\boldsymbol{x}_k)$满足如下递推公式:

$$\bar{\gamma}_k^j(\boldsymbol{x}_k)=\frac{1}{c_k}p(\boldsymbol{z}_k\mid\boldsymbol{x}_x,\boldsymbol{e}_j)\sum_{i=1}^{M}\int_{\mathbb{R}^n}\pi_{ij}p(\boldsymbol{x}_k\mid\boldsymbol{x}_{k-1},\boldsymbol{e}_j)\alpha_{k-1}(\hat{\boldsymbol{x}}_{0:k-2}^{RS},\boldsymbol{x}_{k-1},\hat{\boldsymbol{x}}_{k-1|k-1}^{RS})\bar{\gamma}_{k-1}^i(\boldsymbol{x}_{k-1})\mathrm{d}\boldsymbol{x}_{k-1}$$

式中:c_k 为归一化常数,由下式给定:

$$c_k=\sum_{l=1}^{M}\sum_{i=1}^{M}\int_{\mathbb{R}^n}\int_{\mathbb{R}^n}\pi_{il}p(\boldsymbol{z}_k\mid\boldsymbol{x}_x,\boldsymbol{e}_l)p(\boldsymbol{x}_k\mid\boldsymbol{x}_{k-1},\boldsymbol{e}_l)\alpha_{k-1}\cdot$$

$$(\hat{\boldsymbol{x}}_{0:k-2}^{RS},\boldsymbol{x}_{k-1},\hat{\boldsymbol{x}}_{k-1|k-1}^{RS})\bar{\gamma}_{k-1}^i(\boldsymbol{x}_{k-1})\mathrm{d}\boldsymbol{x}_{k-1}\mathrm{d}\boldsymbol{x}_k$$

与无迹变换及数值积分方法不同,粒子滤波采用大量的随机采样逼近高维积分。下面利用第 1 章中介绍的序贯重要性重采样算法实现多模型风险灵敏性滤波过程。

步骤一:初始化。从初始分布中采样 N_p 个粒子,即

采样状态粒子:$\hat{\boldsymbol{x}}_0^s\sim p_0(\boldsymbol{x}_0)$;

采样模式粒子:$\boldsymbol{m}_0^s\sim p_0(\boldsymbol{m}_0)$;

初始粒子权重:$\omega_0^s=\dfrac{1}{N_p}$;

则初始化的风险灵敏性滤波估计为

$$\hat{\boldsymbol{x}}_{0|0}^{RS}=\arg\min_{\zeta\in\mathbb{R}^n}\frac{1}{N_p}\sum_{s=1}^{N_p}\alpha_0(\hat{\boldsymbol{x}}_0^s,\zeta)$$

步骤二:基于转移概率矩阵产生新的模式粒子$\{m_k^s\}_{s=1}^{N_p}$,即

$$\Pr\{m_k^s=j\mid m_{k-1}^s=i\}=\pi_{ij}$$

步骤三:计算并归一化粒子权重:

采样状态粒子:$\boldsymbol{x}_k^s\sim q(\boldsymbol{x}_k|\hat{\boldsymbol{x}}_{k-1}^s,m_k^s,\boldsymbol{z}_{0:k-1})$

计算粒子权重:

$$\omega_k^s\propto\omega_{k-1}^s\frac{p(\boldsymbol{z}_k\mid\boldsymbol{x}_k^s,m_k^s)p(\boldsymbol{x}_k^s\mid\hat{\boldsymbol{x}}_{k-1}^s,m_k^s)}{q(\boldsymbol{x}_k^s\mid\hat{\boldsymbol{x}}_{k-1}^s,m_k^s,\boldsymbol{z}_{0:k-1})}\alpha_k(\hat{\boldsymbol{x}}_{0:k-2}^{RS},\boldsymbol{x}_k^s,\hat{\boldsymbol{x}}_{k-1|k-1}^{RS}),\quad\sum_{s=1}^{N_p}\omega_k^s=1$$

步骤四:判断并依据粒子权重重采样:

$$\Pr\{\hat{\boldsymbol{x}}_k^s=\boldsymbol{x}_k^s\}=\omega_k^s$$

步骤五:计算风险灵敏性滤波估计:

$$\hat{\boldsymbol{x}}_{k|k}^{RS}=\arg\min_{\zeta\in\mathbb{R}^n}\frac{1}{N_p}\sum_{s=1}^{N_p}\alpha_k(\hat{\boldsymbol{x}}_{0:k-1}^{RS},\hat{\boldsymbol{x}}_k^s,\zeta)$$

与无风险灵敏性多模型粒子滤波相比,主要不同之处在于风险灵敏性滤波中粒子更新权重过程引入了风险灵敏性函数,正如 U. Orguner 等人在文献中指出的引入合适的风险灵敏性函数可以较好地解决粒子贫化问题。另外,在风险灵敏性粒子

滤波中最终的状态估计会对下一轮的迭代过程产生影响,而无风险灵敏性滤波则没有。

2.4.3　仿真例子

例 2.4　考虑二维目标运动,设目标状态为 $\boldsymbol{x}_k=(\boldsymbol{x}_k^p,\boldsymbol{y}_k^p,\boldsymbol{x}_k^v,\boldsymbol{y}_k^v)^{\mathrm{T}}$,运动模型为

$$\boldsymbol{x}_k=\boldsymbol{F}\boldsymbol{x}_{k-1}+\boldsymbol{G}\boldsymbol{a}_k(\boldsymbol{r}_k)+\boldsymbol{w}_k$$

式中:$(\boldsymbol{x}_k^p,\boldsymbol{y}_k^p)$与$(\boldsymbol{x}_k^v,\boldsymbol{y}_k^v)$分别为目标在 k 时刻的位置向量与速度向量;$\boldsymbol{a}_k(\boldsymbol{r}_k)$为加速度序列;$\boldsymbol{r}_k$ 被建模为一个离散时间三状态时间齐次 Markov 链,且加速度的取值集合为$\{(0,0)^{\mathrm{T}},(5,10)^{\mathrm{T}},(-5,10)^{\mathrm{T}}\}$。系统矩阵为

$$\boldsymbol{F}=\begin{bmatrix}1 & T\\0 & 1\end{bmatrix}\otimes\boldsymbol{I}_2,\quad \boldsymbol{G}=\begin{bmatrix}\dfrac{T}{2}\\1\end{bmatrix}\otimes\boldsymbol{I}_2$$

其中,T 为采样时间间隔,在仿真过程中采样时间间隔取值为 1;$\boldsymbol{I}_2$ 为二维单位矩阵;$\otimes$表示矩阵 Kronecker 乘积。

过程噪声 $\boldsymbol{w}_k$ 建模为零均值高斯白噪声且具有已知的协方差矩阵,如下:

$$\boldsymbol{Q}=\lambda\begin{bmatrix}\dfrac{T^3}{3} & \dfrac{T^2}{2}\\ \dfrac{T^2}{2} & T\end{bmatrix}\otimes\boldsymbol{I}_2$$

式中:λT^3 为过程噪声强度,在仿真过程中,λ 取值为 2。

传感器的量测方程包括距离和方位角,即

$$\boldsymbol{z}_k=\begin{bmatrix}\sqrt{\boldsymbol{x}_k^2+\boldsymbol{y}_k^2}\\ \arctan\dfrac{\boldsymbol{y}_k}{\boldsymbol{x}_k}\end{bmatrix}+\boldsymbol{v}_k$$

式中:$\boldsymbol{v}_k$ 为零均值高斯白噪声,协方差矩阵为 $\boldsymbol{R}=\mathrm{diag}\{40^2\quad 0.002^2\}$。

此外,Markov 链的转移概率矩阵取为

$$\boldsymbol{\Pi}=\begin{bmatrix}0.98 & 0.01 & 0.01\\0.01 & 0.98 & 0.01\\0.01 & 0.01 & 0.98\end{bmatrix}$$

在实现风险灵敏性滤波和平滑算法(RS-IMM-UKF 和 RS-IMM-UKS)时,风险灵敏性参数取为 $\theta=9\times10^{-5}$,权重矩阵取为单位矩阵 $\boldsymbol{W}_k=\boldsymbol{I}_4$。假设在实际跟踪过程中,加速度的精确值以及量测噪声的协方差矩阵是未知的,因此在实现跟踪算法时,我们选择加速度集合为$\{(0,0)^{\mathrm{T}},(1,2)^{\mathrm{T}},(-1,2)^{\mathrm{T}}\}$,量测噪声协方差矩阵为 $\boldsymbol{R}=\mathrm{diag}\{80^2\quad 0.004^2\}$。需要指出的是,如果这些量都是已知的,则 IMM-UKF 的跟踪精度要高于 RS-IMM-UKF 的结果。

目标的初始状态为 $\boldsymbol{x}_0=(5\ 000,-45,500,10)^{\mathrm{T}}$,目标运动时间为 100 s。采用位

置和速度的均方根误差(RMSE)作为性能指标进行比较。例如,k 时刻 X 轴方向上位置均方根误差定义为

$$\text{RMSE}=\sqrt{\frac{1}{K}\sum_{i=1}^{K}(\boldsymbol{x}_k^p-\hat{\boldsymbol{x}}_{k,i}^p)^2}$$

式中:$\boldsymbol{x}_k^p$ 与 $\hat{\boldsymbol{x}}_{k,i}^p$ 分别表示 k 时刻目标运动在 X 轴方向的真实状态和第 i 次 Monte Carlo 运行获得的滤波估计状态;K 表示 Monte Carlo 次数,在仿真过程中,$K=100$。

风险灵敏性滤波和平滑算法的 MATLAB 程序如下:

```
for k = 2:100      % % % 仿真步数
    for i = 1:3
        Predictedmode (i,k) = PI(1,i) * Mode (1,k - 1) + PI(2,i) * Mode (2,k - 1) + PI(3,
        i) * Mode (3,k - 1);
    end
    for i = 1:3
        for j = 1:3
            Mixingweight(j,i,k - 1) = PI(j,i) * Mode (j,k - 1)/Predictedmode (i,k);
             % % % 混合概率
        end
    end
    for i = 1:3
        MixingX(:,i,k - 1) = UpdatedX(:,1,k - 1) * Mixingweight(1,i,k - 1) + UpdatedX(:,
        2,k - 1) * Mixingweight(2,i,k - 1) +  UpdatedX(:,3,k - 1) * Mixingweight(3,i,k -
        1);
        MixingP(:,:,i,k - 1) = (UpdatedP(:,:,1,k - 1) + (MixingX(:,i,k - 1) - UpdatedX
        (:,1,k - 1)) * (MixingX(:,i,k - 1) - UpdatedX(:,1,k - 1))') *  Mixingweight(1,i,
        k - 1) + (UpdatedP(:,:,2,k - 1) + (MixingX(:,i,k - 1) - UpdatedX(:,2,k - 1)) *
        (MixingX(:,i,k - 1) - UpdatedX(:,2,k - 1))') * Mixingweight(2,i,k - 1)  + (Up-
        datedP(:,:,3,k - 1) + (MixingX(:,i,k - 1) - UpdatedX(:,3,k - 1)) * (MixingX(:,
        i,k - 1) - UpdatedX(:,3,k - 1))') * Mixingweight(3,i,k - 1);
        MixingP(:,:,i,k - 1) = inv(inv(MixingP(:,:,i,k - 1)) - theta * eye(4) * W);
        MixingX(:,i,k - 1) = MixingP(:,:,i,k - 1) * (inv(MixingP(:,:,i,k - 1)) * Mix-
        ingX(:,i,k - 1) - theta * W * OverallX(:,k - 1));
        MixingRSS(:,:,i,k - 1) = inv(theta * eye(4) * W) - MixingP(:,:,i,k - 1);
% % %产生 sigma 点
sp_para = - 1;
L = sqrt(4 + sp_para) * chol(MixingP(:,:,i,k - 1));
for s = 1:4
    sprs(:,s,i) = MixingX(:,i,k - 1) + L(s,:)';
    sprs(:,s + 4,i) = MixingX(:,i,k - 1) - L(s,:)';
    sp_rsweight(s,i) = 1/(2 * (4 + sp_para));
    sp_rsweight(s + 4,i) = 1/(2 * (4 + sp_para));
```

```
end
sprs(:,9,i) = MixingX(:,i,k - 1);
sp_rsweight(9,i) = sp_para/(4 + sp_para);
PredictedX(:,i,k) = zeros(4,1);
PredictedP(:,:,i,k) = Q;
for s = 1:9
    sp_rspredic(:,s,i) = F * sprs(:,s,i) + G * a(:,i);
    Predicted_state_RSX(:,i,k) = Predicted_state_RSX(:,i,k) + sp_rsweight(s,i) * sp_
    rspredic(:,s,i);
end
for s = 1:9
    PredictedP(:,:,i,k) = PredictedP(:,:,i,k) + sp_rsweight(s,i) * (sp_rspredic(:,s,
    i) - PredictedX(:,i,k)) * (sp_rspredic(:,s,i) - PredictedX(:,i,k))';
end
predicted_rsz(:,i,k) = zeros(2,1);
for s = 1:9
        spz_rspredic(:,s,i) = [sqrt(sp_rspredic(1,s,i)^2 + sp_rspredic(3,s,i)^2);atan
        (sp_rspredic(3,s,i)/sp_rspredic(1,s,i))];
        predicted_rsz(:,i,k) = predicted_rsz(:,i,k) + sp_rsweight(s,i) * spz_rspredic
        (:,s,i);
end
RSS(:,:,i,k) = R;
P_xzrs(:,:,i) = zeros(4,2);
for s = 1:9
    RSS(:,:,i,k) =  RSS(:,:,i,k) + sp_rsweight(s,i) * (spz_rspredic(:,s,i) - predicted
    _rsz(:,i,k)) * (spz_rspredic(:,s,i) - predicted_rsz(:,i,k))';
    P_xzrs(:,:,i) = P_xzrs(:,:,i) + sp_rsweight(s,i) * (sp_rspredic(:,s,i) - Predict-
    edX(:,i,k)) * (spz_rspredic(:,s,i) - predicted_rsz(:,i,k))';
    end
K(:,:,i,k) = P_xzrs(:,:,i) * inv(RSS(:,:,i,k));
rsz(:,k) = measure_noisy(:,k + 1);
residual_rsz(:,i,k) =  rsz(:,k) - predicted_rsz(:,i,k);
UpdatedX(:,i,k) = OverallX(:,k) +  K(:,:,i,k) * residual_rsz(:,i,k);
UpdatedP(:,:,i,k) = OverallP(:,:,k) - K(:,:,i,k) * RSS(:,:,i,k) *  K(:,:,i,k)';
%%%模式概率更新
rsL(i,k) =  exp( - residual_rsz(:,i,k)' * inv(RSS (:,:,i,k)) *  residual_rsz(:,i,k)/2)/
(det(2 * pi * RSS(:,:,i,k)))^0.5;
end
mu = Predictedmode (1,k) *  rsL(1,k) + Predictedmode (2,k) *  rsL(2,k) + Predictedmode
(3,k) *  rsL(3,k);
    for i = 1:3
        Mode(i,k) = Predictedmode (i,k) * rsL(i,k)/mu;
```

```
    end
  %%%估计融合
  OverallX(:,k) = UpdatedX(:,1,k) * Mode (1,k) + UpdatedX(:,2,k) * Mode (2,k) + UpdatedX
  (:,3,k) * Mode (3,k);
  OverallP(:,:,k) = (UpdatedP(:,:,1,k) + (OverallX(:,k) - UpdatedX(:,1,k)) * (OverallX
  (:,k) - UpdatedX(:,1,k))') * Mode(1,k)
  + (UpdatedP(:,:,2,k) + (OverallX(:,k) - UpdatedX(:,2,k)) * (OverallX(:,k) - UpdatedX
  (:,2,k))') * Mode(2,k); + (UpdatedP(:,:,3,k) + (OverallX(:,k) - UpdatedX(:,3,k)) *
  (OverallX(:,k) - UpdatedX(:,3,k))') * Mode (3,k);
  end
```

图 2.17 和图 2.18 分别给出了位置和速度的均方根误差结果，由图可以看出，在跟踪环境中有未知参数的情形下，风险灵敏性滤波的跟踪精度要优于无风险灵敏性算法。

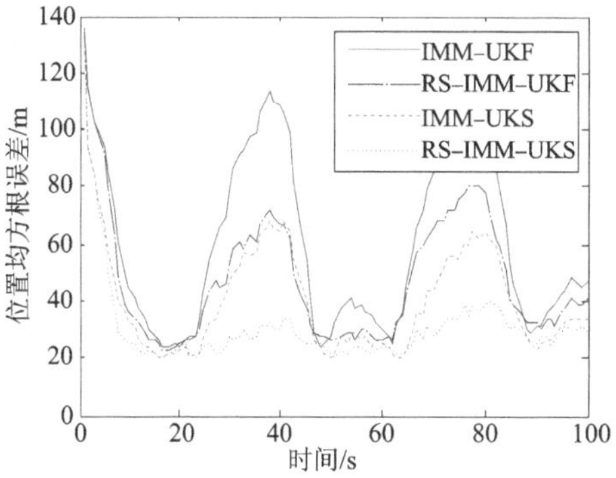

图 2.17　位置均方根误差(5)

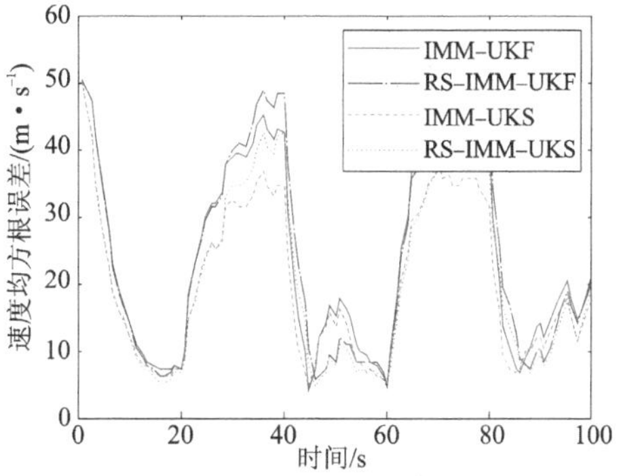

图 2.18　速度均方根误差(2)

例 2.5　采用例 2.4 中的目标运动模型，目标初始状态取为 $\boldsymbol{x}_0=(5\,000,40,500,10)^{\mathrm{T}}$，目标运动时间为 100 s。但是对一些参数进行如下改变：过程噪声协方差矩阵中的 λ 取值为 25；量测噪声的真实协方差矩阵取值为 $\boldsymbol{R}=\mathrm{diag}\{20^2\quad 0.001^2\}$；风险灵敏性参数取值为 $\theta=5\times10^{-7}$；而真实的加速度集合取值为 $\{(0,0)^{\mathrm{T}},(10,10)^{\mathrm{T}},(-10,10)^{\mathrm{T}}\}$。同样假设在跟踪过程中，目标运动的加速度精确值以及量测噪声的协方差矩阵是未知的，在实现跟踪算法时，我们选择加速度集合为 $\{(0,0)^{\mathrm{T}},(20,-20)^{\mathrm{T}},(-20,20)^{\mathrm{T}}\}$，量测噪声协方差矩阵为 $\boldsymbol{R}=\mathrm{diag}\{80^2\quad 0.04^2\}$。在本例中，验证风险灵敏性多模型粒子滤波算法的有效性。在算法实现过程中，采用第 2 章介绍的自举重要性密度进行状态粒子采样，利用确定性重采样算法进行重采样。另外，每种算法均使用 500 个粒子，即 $N_p=500$。类似于例 2.4 的性能指标，此处采用位置和速度的均方根误差。仿真结果在执行 100 次 Monte Carlo 的基础上得到。图 2.19 和图 2.20 分别给出了位置和速度的均方根误差，风险灵敏性多模型粒子滤波(RSMMPF)的跟踪精度要高于普通的多模型粒子滤波(MMPF)结果。

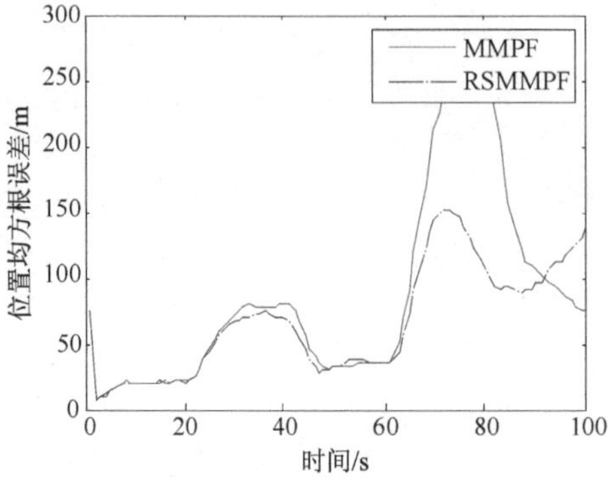

图 2.19 位置均方根误差(6)

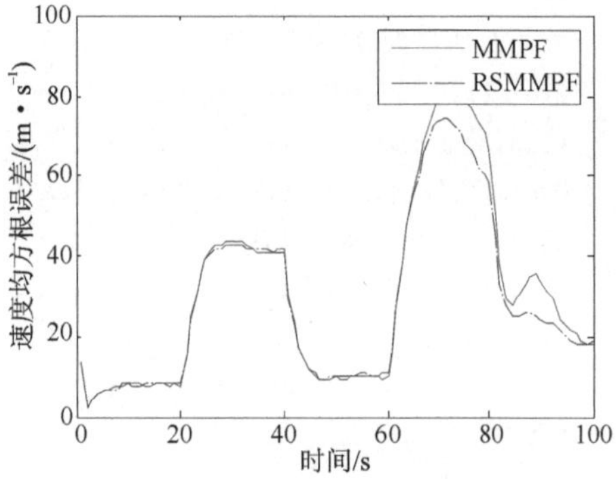

图 2.20 速度均方根误差(3)

2.5 分层交互式多模型滤波

2.5.1 问题描述

在采用随机跳变系统模型研究机动目标跟踪问题时,仅考虑了目标的运动模型具有多种机动模式,建立的随机跳变系统模型只有一个 Markov 链。如图 2.21 所示,在研究无线传感器网络协同定位问题时,需要利用固定基站接收移动基站的测量信息,而固定基站获取的测量信号可能是视线传播(LOS)得到的,也可能是非视线传播(NLOS)得到的,测量模型需要考虑两个不同模型之间的切换。为此,采用两个不同的 Markov 链分别描述目标运动的变化和测量模型的变化。

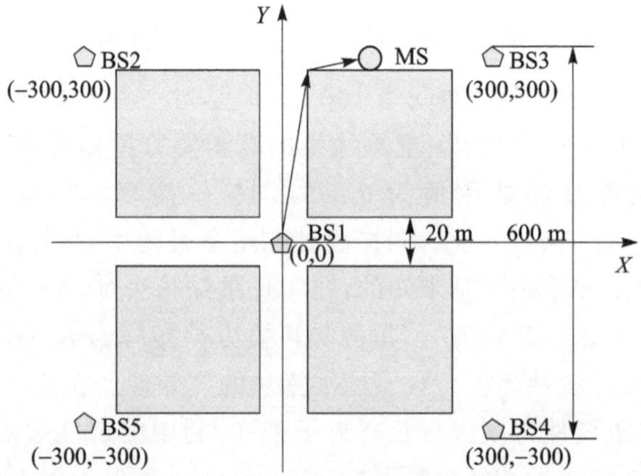

图 2.21 LOS/NLOS 中的移动基站定位

具体来说,假设 k 时刻第 i 个固定基站与移动基站的相对距离为 d_k^i,接收信号

强度为 p_k^i，则 LOS 情形下的测量模型为

$$r_k^i = d_k^i + w_{r,k}^i, \quad i = 1,2,\cdots,N$$

$$p_k^i = 10\lg[(d_k^i)^a(1 + d_k^i/g)^b] + w_{p,k}^i$$

式中：$w_{r,k}^i$ 和 $w_{p,k}^i$ 分别为相对距离的测量噪声和接收信号强度的测量噪声；a、b、g 为已知的常数。

NLOS 情形下的测量模型为

$$r_k^i = d_o^i + d_{r,k}^i + w_{r,k}^i, \quad i = 1,2,\cdots,N$$

$$p_k^i = 10\lg\{(d_o^i)^a(1 + d_o^i/g)^b(d_k^i - d_o^i)^a[1 + (d_k^i - d_o^i)/g]^b\} + w_{p,k}^i$$

式中：d_o^i 为从固定基站到信号反射点的相对距离；$d_{r,k}^i$ 为从信号反射点到移动基站的相对距离，即信号不是直接从移动基站到固定基站，而是经反射达到的。

由于移动基站运动模式对定位者来说是未知的，因此定位者在不同时刻获得的测量信号可能是 LOS 的，也可能是 NLOS 的，因此，可以采用一个两状态的 Markov 链描述上述测量信号的切换关系，建立如下的切换测量模型：

$$\boldsymbol{z}_k^i = h(\boldsymbol{\theta}_k^i, \lambda_k^i) + \boldsymbol{w}_k^i$$

式中：$\boldsymbol{z}_k^i = [r_k^i, p_k^i]^{\mathrm{T}}$ 和 $\boldsymbol{w}_k^i = [w_{r,k}^i, w_{p,k}^i]^{\mathrm{T}}$。$\lambda_k^i$ 为一个两状态 Markov 链，其转移概率矩阵为 $\boldsymbol{\Pi}_2^i = [\pi_{pq}^{2,i}]$ 且 $\pi_{pq}^{2,i} = P\{\lambda_k^i = q \mid \lambda_{k-1}^i = p\}$。

另外，建立目标的运动方程。考虑测量方程是相对距离的函数，因此，以相对距离作为未知量，建立如下动态变化方程：

$$\boldsymbol{\theta}_{k+1}^i = \boldsymbol{F}\boldsymbol{\theta}_k^i + \boldsymbol{G}(a_k^i + v_k^i)$$

式中：$\boldsymbol{\theta}_k^i = [d_k^i, \dot{d}_k^i]^{\mathrm{T}}$；$a_k^i$ 为相对距离变化的加速度；v_k^i 为过程噪声，以及

$$\boldsymbol{F} = \begin{bmatrix} 1 & \Delta t \\ 0 & 1 \end{bmatrix}, \quad \boldsymbol{G} = \begin{bmatrix} \Delta t^2/2 \\ \Delta t \end{bmatrix}$$

由于目标机动模式变化时导致相对距离的变化较大，因此，将相对距离变化的加速度建模为一个 M 状态的 Markov 链，假设它取值于 $\mathcal{M}_1 = \{\bar{a}_1, \cdots, \bar{a}_M\}$，其转移概率矩阵为 $\boldsymbol{\Pi}_1^i = [\pi_{lj}^{1,i}]$ 且 $\pi_{lj}^{1,i} = P\{a_k^i = \bar{a}_j \mid a_{k-1}^i = \bar{a}_l\}$。

将所有的系统状态和测量分别作为增广向量，可建立如下具有两个 Markov 链的双跳变随机系统：

$$\boldsymbol{\theta}_{k+1} = \boldsymbol{F}\boldsymbol{\theta}_k + \boldsymbol{G}(\boldsymbol{a}_k + \boldsymbol{v}_k)$$

$$\boldsymbol{z}_k = h(\boldsymbol{\theta}_k, \lambda_k) + \boldsymbol{w}_k$$

下面基于经典的交互式多模型滤波方法，设计双跳变随机系统的滤波算法。注意，交互式多模型的主要特征是对单个模型的估计进行融合，因此双跳变随机系统滤波的主要难点是如何针对两个 Markov 链进行估计融合。

2.5.2　算法设计

对于上述由两个 Markov 链描述的双跳变随机系统，可以设计分层交互式多模

型滤波算法,分别处理两个 Markov 链带来的融合问题,具体实施过程如下:

步骤一:模型条件重初始化

混合概率:

$$\begin{aligned}\mu_{s|t} &\overset{\text{def}}{=} P\{\boldsymbol{\Gamma}_{k-1,s} \mid \boldsymbol{\Gamma}_{k,t},\boldsymbol{Z}^{k-1}\}\\ &= P\{\boldsymbol{\Gamma}^1_{k-1,l} \mid \boldsymbol{\Gamma}^1_{k,j},\boldsymbol{\Gamma}^2_{k-1,p},\boldsymbol{\Gamma}^2_{k,q},\boldsymbol{Z}^{k-1}\}P\{\boldsymbol{\Gamma}^2_{k-1,p} \mid \boldsymbol{\Gamma}^2_{k,q},\boldsymbol{\Gamma}^1_{k,j},\boldsymbol{Z}^{k-1}\}\\ &= \mu^1_{l|j}\mu^2_{p|q}\end{aligned}$$

式中:

$$\begin{aligned}\mu^1_{l|j} &\overset{\text{def}}{=} P\{\boldsymbol{\Gamma}^1_{k-1,l} \mid \boldsymbol{\Gamma}^1_{k,j},\boldsymbol{Z}^{k-1}\}\\ &= \frac{P\{\boldsymbol{\Gamma}^1_{k,j} \mid \boldsymbol{\Gamma}^1_{k-1,l},\boldsymbol{Z}^{k-1}\}P\{\boldsymbol{\Gamma}^1_{k-1,l} \mid \boldsymbol{Z}^{k-1}\}}{P\{\boldsymbol{\Gamma}^1_{k,j} \mid \boldsymbol{Z}^{k-1}\}}\\ &= \pi^1_{lj}\mu^1_l/c^1_j\end{aligned}$$

$$\begin{aligned}\mu^2_{p|q} &\overset{\text{def}}{=} P\{\boldsymbol{\Gamma}^2_{k-1,p} \mid \boldsymbol{\Gamma}^2_{k,q},\boldsymbol{Z}^{k-1}\}\\ &= \frac{P\{\boldsymbol{\Gamma}^2_{k,q} \mid \boldsymbol{\Gamma}^2_{k-1,p},\boldsymbol{Z}^{k-1}\}P\{\boldsymbol{\Gamma}^2_{k-1,p} \mid \boldsymbol{Z}^{k-1}\}}{P\{\boldsymbol{\Gamma}^2_{k,q} \mid \boldsymbol{Z}^{k-1}\}}\\ &= \pi^2_{pq}\mu^2_p/c^2_q\end{aligned}$$

其中,c^1_j 和 c^2_q 为归一化常数;μ^1_l 为 $k-1$ 时刻第 l 个运动模型的概率;μ^2_p 为 $k-1$ 时刻第 p 个测量模型的概率,即

$$\begin{aligned}\mu^1_l &\overset{\text{def}}{=} P\{\boldsymbol{\Gamma}^1_{k-1,l} \mid \boldsymbol{Z}^{k-1}\}\\ &= \sum_{p=1}^{2} P\{\boldsymbol{\Gamma}^1_{k-1,l},\boldsymbol{\Gamma}^2_{k-1,p} \mid \boldsymbol{Z}^{k-1}\}\\ &= \sum_{p=1}^{2} \mu_{2(l-1)+p}\end{aligned}$$

$$\begin{aligned}\mu^2_p &\overset{\text{def}}{=} P\{\boldsymbol{\Gamma}^2_{k-1,p} \mid \boldsymbol{Z}^{k-1}\}\\ &= \sum_{l=1}^{M} P\{\boldsymbol{\Gamma}^1_{k-1,l},\boldsymbol{\Gamma}^2_{k-1,p} \mid \boldsymbol{Z}^{k-1}\}\\ &= \sum_{l=1}^{M} \mu_{2(l-1)+p}\end{aligned}$$

混合状态估计为

$$\begin{aligned}\hat{\boldsymbol{\theta}}^0_{k-1|k-1,t} &\overset{\text{def}}{=} E\{\boldsymbol{\theta}_{k-1} \mid \boldsymbol{\Gamma}_{k,t},\boldsymbol{Z}^{k-1}\}\\ &= E\{E\{\boldsymbol{\theta}_{k-1} \mid \boldsymbol{\Gamma}_{k,t},\boldsymbol{\Gamma}_{k-1,s},\boldsymbol{Z}^{k-1}\} \mid \boldsymbol{\Gamma}_{k,t},\boldsymbol{Z}^{k-1}\}\\ &= \sum_{s=1}^{2M}\hat{\boldsymbol{\theta}}_{k-1|k-1,s}P\{\boldsymbol{\Gamma}_{k-1,s} \mid \boldsymbol{\Gamma}_{k,t},\boldsymbol{Z}^{k-1}\}\\ &= \sum_{s=1}^{2M}\hat{\boldsymbol{\theta}}_{k-1|k-1,s}\mu_{s|t}\end{aligned}$$

$$
\begin{aligned}
&= \sum_{s=1}^{2M} \hat{\boldsymbol{\theta}}_{k-1|k-1,s} \mu_{l|j}^{1} \mu_{p|q}^{2} \\
&= \sum_{l=1}^{M} \sum_{p=1}^{2} \hat{\boldsymbol{\theta}}_{k-1|k-1,l,p} \mu_{l|j}^{1} \mu_{p|q}^{2} \\
&= \sum_{l=1}^{M} \hat{\boldsymbol{\theta}}_{k-1|k-1,l,q}^{0,0} \mu_{l|j}^{1}
\end{aligned}
$$

式中：

$$
\hat{\boldsymbol{\theta}}_{k-1|k-1,l,q}^{0,0} = \sum_{p=1}^{2} \hat{\boldsymbol{\theta}}_{k-1|k-1,l,p} \mu_{p|q}^{2}
$$

混合误差协方差矩阵为

$$
\begin{aligned}
\boldsymbol{P}_{k-1|k-1,t}^{0} &\stackrel{\text{def}}{=} \mathbb{E}\{(\boldsymbol{\theta}_{k-1} - \hat{\boldsymbol{\theta}}_{k-1|k-1,t}^{0})(\boldsymbol{\theta}_{k-1} - \hat{\boldsymbol{\theta}}_{k-1|k-1,t}^{0})^{\mathrm{T}} \mid \boldsymbol{\Gamma}_{k,t}, \boldsymbol{Z}^{k-1}\} \\
&= \sum_{s=1}^{2M} \mu_{s|t} [P_{k-1|k-1,s} + (\hat{\boldsymbol{\theta}}_{k-1|k-1,s} - \hat{\boldsymbol{\theta}}_{k-1|k-1,t}^{0})(\hat{\boldsymbol{\theta}}_{k-1|k-1,s} - \hat{\boldsymbol{\theta}}_{k-1|k-1,t}^{0})^{\mathrm{T}}] \\
&= \sum_{l=1}^{M} \sum_{p=1}^{2} \mu_{l|j}^{1} \mu_{p|q}^{2} [P_{k-1|k-1,l,p} + (\hat{\boldsymbol{\theta}}_{k-1|k-1,l,p} - \hat{\boldsymbol{\theta}}_{k-1|k-1,t}^{0})(\hat{\boldsymbol{\theta}}_{k-1|k-1,l,p} - \hat{\boldsymbol{\theta}}_{k-1|k-1,t}^{0})^{\mathrm{T}}] \\
&= \sum_{l=1}^{M} \mu_{l|j}^{1} [\boldsymbol{P}_{k-1|k-1,l,q}^{0,0} + (\hat{\boldsymbol{\theta}}_{k-1|k-1,l,q}^{0,0} - \hat{\boldsymbol{\theta}}_{k-1|k-1,t}^{0})(\hat{\boldsymbol{\theta}}_{k-1|k-1,l,q}^{0,0} - \hat{\boldsymbol{\theta}}_{k-1|k-1,t}^{0})^{\mathrm{T}}]
\end{aligned}
$$

式中：

$$
\boldsymbol{P}_{k-1|k-1,l,q}^{0,0} = \sum_{p=1}^{2} \mu_{p|q}^{2} [P_{k-1|k-1,l,p} + (\hat{\boldsymbol{\theta}}_{k-1|k-1,l,p} - \hat{\boldsymbol{\theta}}_{k-1|k-1,l,q}^{0,0})(\hat{\boldsymbol{\theta}}_{k-1|k-1,l,p} - \hat{\boldsymbol{\theta}}_{k-1|k-1,l,q}^{0,0})^{\mathrm{T}}]
$$

步骤二：模型条件滤波

模型条件滤波如下：

$$
\begin{aligned}
\hat{\boldsymbol{\theta}}_{k|k-1,t} &= \boldsymbol{F} \hat{\boldsymbol{\theta}}_{k-1|k-1,t}^{0} + \boldsymbol{G} \bar{a}_{j} \\
\boldsymbol{P}_{k|k-1,t} &= \boldsymbol{F} \boldsymbol{P}_{k-1|k-1,t}^{0} \boldsymbol{F}^{\mathrm{T}} + \boldsymbol{G} \boldsymbol{Q}_{k-1} \boldsymbol{G}^{\mathrm{T}} \\
\hat{\boldsymbol{\theta}}_{k|k,t} &= \hat{\boldsymbol{\theta}}_{k|k-1,t} + \boldsymbol{P}_{\theta z,t} \boldsymbol{P}_{zz,t}^{-1} (\boldsymbol{z}_{k} - \hat{\boldsymbol{z}}_{k|k-1,t}) \\
\boldsymbol{P}_{k|k,t} &= \boldsymbol{P}_{k|k-1,t} - \boldsymbol{P}_{\theta z,t} \boldsymbol{P}_{zz,t}^{-1} \boldsymbol{P}_{\theta z,t}^{\mathrm{T}}
\end{aligned}
$$

对上述式中的参数 $\hat{\boldsymbol{z}}_{k|k-1,t}$、$\boldsymbol{P}_{zz,t}$、$\boldsymbol{P}_{\theta z,t}$ 采用容积 Kalman 滤波方法计算获得更新估计，即

$$
\hat{\boldsymbol{z}}_{k|k-1,t} = \frac{1}{4} \sum_{c=1}^{4} h(\boldsymbol{\chi}_{k|k-1,t}^{c}, q)
$$

$$
\boldsymbol{P}_{zz,t} = \boldsymbol{R}_{k} + \frac{1}{4} \sum_{c=1}^{4} [h(\boldsymbol{\chi}_{k|k-1,t}^{c}, q) - \hat{\boldsymbol{z}}_{k|k-1,t}][h(\boldsymbol{\chi}_{k|k-1,t}^{c}, q) - \hat{\boldsymbol{z}}_{k|k-1,t}]^{\mathrm{T}}
$$

$$
\boldsymbol{P}_{\theta z,t} = \frac{1}{4} \sum_{c=1}^{4} [\boldsymbol{\chi}_{k|k-1,t}^{c} - \hat{\boldsymbol{\theta}}_{k|k-1,t}][h(\boldsymbol{\chi}_{k|k-1,t}^{c}, q) - \hat{\boldsymbol{z}}_{k|k-1,t}]^{\mathrm{T}}
$$

其中，$\boldsymbol{\chi}_{k|k-1,t}^{c}=\hat{\boldsymbol{\theta}}_{k|k-1,t}+\sqrt{\boldsymbol{P}_{k|k-1,t}}\boldsymbol{\xi}_c$，　$c=1,2,3,4$。

步骤三：模型概率更新

模型概率更新如下：

$$\begin{aligned}\mu_t &\overset{\text{def}}{=} P\{\boldsymbol{\Gamma}_{k,t} \mid \boldsymbol{Z}^k\} \\ &= \frac{P\{\boldsymbol{\Gamma}_{k,t} \mid \boldsymbol{Z}^{k-1}\}p(\boldsymbol{z}_k \mid \boldsymbol{\Gamma}_{k,t},\boldsymbol{Z}^{k-1})}{p(\boldsymbol{z}_k \mid \boldsymbol{Z}^{k-1})} \\ &= \mu_t^0 \Lambda_{k,t}/c_t\end{aligned}$$

式中：c_t 为归一化常数；预测模式概率和似然函数分别为

$$\begin{aligned}\mu_t^0 &\overset{\text{def}}{=} P\{\boldsymbol{\Gamma}_{k,t} \mid \boldsymbol{Z}^{k-1}\} \\ &= \sum_{s=1}^{2M} P\{\boldsymbol{\Gamma}_{k-1,s} \mid \boldsymbol{Z}^{k-1}\}P\{\boldsymbol{\Gamma}_{k,t} \mid \boldsymbol{\Gamma}_{k-1,s},\boldsymbol{Z}^{k-1}\} \\ &= \sum_{s=1}^{2M} \mu_s \pi_{st}\end{aligned}$$

$$\begin{aligned}\Lambda_{k,t} &\overset{\text{def}}{=} p(\boldsymbol{z}_k \mid \boldsymbol{\Gamma}_{k,t},\boldsymbol{Z}^{k-1}) \\ &= N(\boldsymbol{z}_k;\hat{\boldsymbol{z}}_{k|k-1,t},\boldsymbol{P}_{zz,t})\end{aligned}$$

步骤四：估计融合

估计融合如下：

$$\begin{aligned}\hat{\boldsymbol{\theta}}_{k|k} &\overset{\text{def}}{=} E\{\boldsymbol{\theta}_k \mid \boldsymbol{Z}^k\} \\ &= \sum_{t=1}^{2M} P\{\boldsymbol{\Gamma}_{k,t} \mid \boldsymbol{Z}^k\}E\{\boldsymbol{\theta}_k \mid \boldsymbol{\Gamma}_{k,t},\boldsymbol{Z}^k\} \\ &= \sum_{t=1}^{2M} \mu_t \hat{\boldsymbol{\theta}}_{k|k,t}\end{aligned}$$

$$\begin{aligned}\boldsymbol{P}_{k|k} &\overset{\text{def}}{=} E\{(\boldsymbol{\theta}_k-\hat{\boldsymbol{\theta}}_{k|k})(\boldsymbol{\theta}_k-\hat{\boldsymbol{\theta}}_{k|k})^{\mathrm{T}} \mid \boldsymbol{Z}^k\} \\ &= \sum_{t=1}^{2M} P\{\boldsymbol{\Gamma}_{k,t} \mid \boldsymbol{Z}^k\}E\{(\boldsymbol{\theta}_k-\hat{\boldsymbol{\theta}}_{k|k})(\boldsymbol{\theta}_k-\hat{\boldsymbol{\theta}}_{k|k})^{\mathrm{T}} \mid \boldsymbol{\Gamma}_{k,t},\boldsymbol{Z}^k\} \\ &= \sum_{t=1}^{2M} \mu_t\{\boldsymbol{P}_{k|k,t}+(\hat{\boldsymbol{\theta}}_{k|k,t}-\hat{\boldsymbol{\theta}}_{k|k})(\hat{\boldsymbol{\theta}}_{k|k,t}-\hat{\boldsymbol{\theta}}_{k|k})^{\mathrm{T}}\}\end{aligned}$$

值得说明的是，前面章节设计的信息论滤波、反馈学习滤波、随机矩阵滤波和风险灵敏性滤波等方法均可以应用于分层多模型自适应滤波过程，提高机动目标的跟踪性能。

2.5.3　仿真例子

考虑如图 2.21 所示的移动基站定位场景，产生目标运动轨迹的 MATLAB 程序如下：

```
xt(:,1) = [0;50];
for k = 2:35
    xt(1,k) = xt(1,k - 1) + 0.3 * 0.2;
    xt(2,k) = xt(2,k - 1) + 35 * 0.2;
end
for k = 36:45
    xt(1,k) = xt(1,k - 1) + 0.2 * 0.2;
    xt(2,k) = xt(2,k - 1) + 5 * 0.2;
end
for k = 46:60
    xt(1,k) = xt(1,k - 1) + 0.2 * 0.2;
    xt(2,k) = xt(2,k - 1) + 0.2 * 0.2;
end
for k = 61:70
    xt(1,k) = xt(1,k - 1) + 15 * 0.2;
    xt(2,k) = xt(2,k - 1) + 0.3 * 0.2;
end
for k = 71:100
    xt(1,k) = xt(1,k - 1) + 20 * 0.2;
    xt(2,k) = xt(2,k - 1) + 0.1 * 0.2;
end
```

该场景中有 5 个固定基站 BS，1 个移动基站 MS。移动基站的运动轨迹及分层交互式多模型滤波算法估计结果如图 2.22 所示，易见，设计的分层滤波算法能够很好地定位移动基站。另外，通过执行 100 次 Monte Carlo 仿真，图 2.23 给出了采用不同加速度集合时的位置均方根误差结果，可以看出加速度集合的选择影响了跟踪精度。

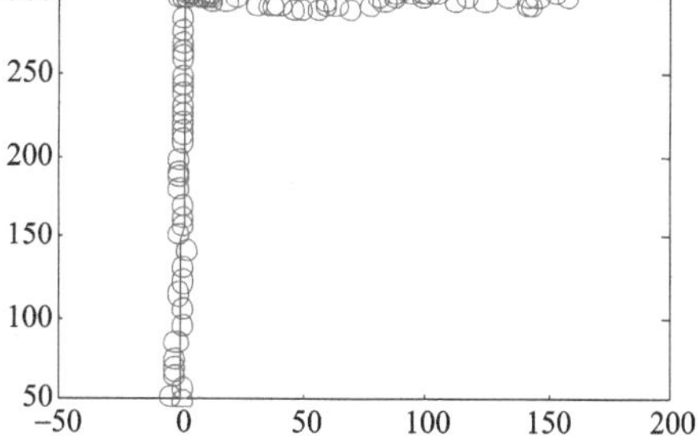

图 2.22　移动基站运动轨迹及估计

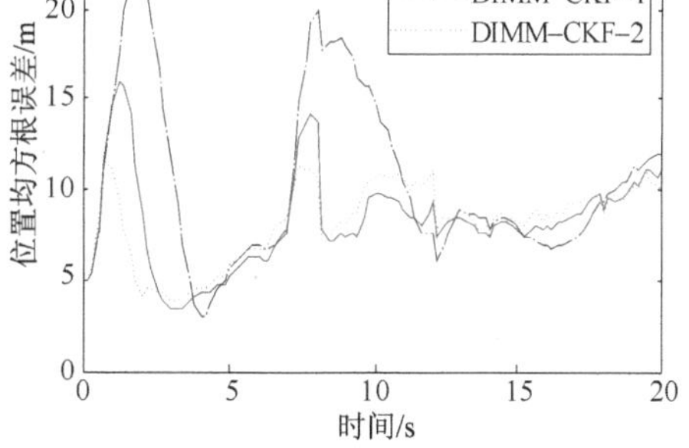

图 2.23　位置均方根误差(7)

2.6 小　结

本章首先改进了经典的交互式多模型滤波方法,分别将信息论融合代替矩匹配融合,这样更适用于非高斯分布情形,并且将最终融合估计作为反馈学习项用于下一时刻更新以提高估计精度。其次,针对不同的跟踪场景,设计了面向噪声协方差矩阵估计、风险灵敏性和双跳变随机系统的多模型自适应滤波等方法,这几类滤波方法可以相互结合以提高估计精度。

第3章 分布式多模型滤波

多传感器分布式估计融合成为近年来信息融合领域中的一个研究重点，它是传统估计理论与信息融合的有机结合。正如第1章中的介绍，在使用多传感器分布式系统进行目标跟踪时，每个传感器都有自身的跟踪估计器，首先根据自身接收到的量测信息获取对目标状态的局部估计，然后把这些局部结果传送到融合中心，最后根据规定的优化准则进行全局融合。由于多传感器目标跟踪系统能够提供不同类型的量测数据，并且具有搜索范围大、作用距离远以及可靠性高等显著特点，已经成为目标跟踪领域的一个重要研究方向。

当目标的机动行为用随机跳变系统描述时，多传感器分布式跟踪系统面临多模型估计融合问题；换句话说，需要对各传感器对应的随机跳变系统的最终状态估计结果进行融合。由于在使用传统的单模型分布式估计融合公式时需要一个统一的状态转移矩阵，即全局模型，但是针对不同的运动模式，目标运动模型的状态转移矩阵可能不同，因此在多模型估计融合中面临全局模型缺失问题。Z. Ding 等人通过简单利用 IMM 方法中的模式概率作为模型权重构造了全局模型，从而实现了多模型分布式估计融合算法。但是，这种方法并没有严格的理论基础，也无法评价其融合性能。此外，L. Hong 等人提出一种无需全局模型的多率 IMM 分布式估计融合方法并应用于地面机动目标的跟踪中。另外，在研究机动目标跟踪问题时，往往需要考虑杂波干扰的影响。具体地说，传感器接收到的量测数据可能包含跟踪者不感兴趣的信息，或者被跟踪者故意释放虚假目标干扰跟踪者的判断。在这种情形下，传感器接收到的量测数目可能远远大于目标的真实数目，并且由于没有信息标示无法确定哪个量测信息来源于哪个目标或者是来源于杂波。因此，研究杂波环境中基于多传感器分布式估计融合的机动目标跟踪问题更符合实际需要，也更有实际应用价值。在多传感器目标跟踪系统中，经典的 Kalman 滤波及其各种推广形式，如非线性滤波算法 EKF、UKF 和 CKF 经常被用来获取目标状态估计，研究人员也研究了 Kalman 滤波的估计融合问题，并推导了分布式估计融合公式。但是 Kalman 滤波的实现过程也有严格的限制，如需要精确已知目标运动模型和噪声的统计性质，而这在实际的机动目标跟踪中往往是无法获得的。正如在第1章中的介绍,H_∞滤波给出了一种较好的替代算法。在这种情况下,发展基于H_∞滤波的多传感器分布式机动目标跟踪算法就显得非常有必要了。

随着电子技术的快速发展,传感器的造价越来越低,因此利用大规模传感器网络进行机动目标跟踪成为现实。由于传感器信息传输距离的限制,每个传感器可能只与自身相邻的传感器节点交换信息,换句话说,整个传感器网络不再是全连接的,也不再有统一的信息处理中心对所有传感器获得的状态估计进行融合。此时,由于没有信息融合中心以及网络的非全连接特点,传感器网络对节点的损坏有更好的鲁棒性,即一个传感器节点的损坏一般不会严重影响整个网络的性能。受多智能体系统一致性控制的启发,针对非全连接网络的分布式估计融合也成为近年来的研究热点。为使得非全连接网络中的传感器节点通过局部交换信息达到全部传感器状态估计融合的效果,R. Olfati-Saber等人通过把Kalman滤波算法与一致性方法相结合,研究了一般的离散时间线性随机系统的分布式估计融合问题,并提出了几种实现算法。实际上,这些算法是通过在每个采样时间间隔内让传感器节点局部交换有限次信息来达到对某一需求量的一致性,从而使得整个网络中的各传感器节点的状态估计是一致的且是接近最优的。

本章主要解决两个问题:一是重新研究具有融合中心的多模型分布式估计融合;二是研究随机跳变系统的非全连接网络分布式估计融合,以适应用于机动目标的跟踪。针对第一个问题,以线性随机跳变系统为研究对象,第一种方法通过采用最佳拟合高斯逼近方法构造了与线性随机跳变系统等价的单模型线性高斯系统。此外,采用H_∞滤波替代了Kalman滤波,推导了基于H_∞滤波的分布式估计融合公式。第二种方法则通过对不同传感器同一运动模型的估计结果进行估计融合(对应同一状态转移矩阵),并把估计融合过程嵌入IMM结构,提出了无需全局模型的分布式估计融合算法。利用这两种解决思路,提出了非全连接网络中的多模型分布式估计融合算法,而其中遇到的困难则是模式概率的一致性计算问题,这通过对数变换进行处理。

3.1　分布式多模型H_∞滤波

考虑离散时间线性随机跳变系统:

$$\left.\begin{aligned} \boldsymbol{x}_k &= \boldsymbol{F}_{k-1}(r_k)\boldsymbol{x}_{k-1} + \boldsymbol{G}_{k-1}(r_k)\boldsymbol{w}_{k-1}(r_k) \\ \boldsymbol{z}_k^i &= \boldsymbol{H}_k^i\boldsymbol{x}_k + v_k^i, \quad i=1,2,\cdots,N \end{aligned}\right\} \tag{3.1}$$

式中:$\boldsymbol{x}_k \in \mathbb{R}^n$为$k$时刻的目标状态向量;$\boldsymbol{z}_k^i \in \mathbb{R}^p$为$k$时刻第$i$个传感器的量测向量;$N$为传感器的个数;$\boldsymbol{F}_{k-1}(r_k)$与$\boldsymbol{G}_{k-1}(r_k)$分别为系统状态转移矩阵与过程噪声分布矩阵;$\boldsymbol{H}_k^i$为第$i$个传感器的量测矩阵;过程噪声$\boldsymbol{w}_{k-1}(r_k)$与量测噪声$\boldsymbol{v}_k^i$为相互

独立的零均值高斯白噪声过程且协方差矩阵分别为 $\bar{\boldsymbol{Q}}_{k-1}(r_k)$ 和 $\bar{\boldsymbol{R}}_k^i$。$r_k\in\mathcal{M}\overset{\text{def}}{=}\{1,2,\cdots,M\}$ 为离散时间齐次 Markov 链，且具有已知的转移概率矩阵 $\boldsymbol{\Pi}=[\pi_{jm}]$，其中 $\pi_{jm}\overset{\text{def}}{=}\Pr\{r_k=m\mid r_{k-1}=j\}$。需要说明的是，本节并不要求噪声的协方差矩阵是先验已知的，另外，量测方程并不依赖于 Markov 链。实际上，在多机动目标跟踪中，量测方程仅依赖于传感器的类型，而与目标的运动模式无关。

考虑传感器可能接收到杂波，假设第 i 个传感器在 k 时刻接收到的量测集合为 $\boldsymbol{Z}_k^i=\{\boldsymbol{z}_k^{i,1},\cdots,\boldsymbol{z}_k^{i,m_k}\}$，其中 m_k 为量测个数。记 $\boldsymbol{Z}^k=\{\boldsymbol{Z}_1^1,\cdots,\boldsymbol{Z}_k^1,\cdots,\boldsymbol{Z}_1^N,\cdots,\boldsymbol{Z}_k^N\}$ 为 N 个传感器从时刻 1 到时刻 k 接收到的所有量测的集合。多传感器多机动目标跟踪的目的就是利用 N 个传感器接收到的量测信息估计各目标的运动状态。为描述简单，我们只考虑单机动目标跟踪情形，但是只需把本章采用的 PDA 技术换为多目标跟踪数据关联方法（如 JPDA），就可以直接把所提出的算法用于跟踪固定数目的多机动目标。

本书采用分布式融合结构，即每个传感器首先利用自身接收到的量测信息获得目标的状态估计，然后把估计结果传送到中心处理单元进行融合。正如第 1 章中介绍的，当各传感器滤波器的初始条件相同时，这种融合结果与全连接网络中各个传感器节点的融合结果是一致的，并且与最优的中心化融合结果是等价的。

3.1.1 构造全局模型

为方便推导基于 H_∞ 滤波的分布式估计融合公式，首先给出其信息形式的递推公式。考虑离散时间线性随机动态系统（见式(1.3)），针对第 1 章中介绍的 H_∞ 滤波算法，对其增益矩阵 $\boldsymbol{K}_k$ 利用矩阵逆引理，可得

$$\begin{aligned}\boldsymbol{K}_k&=\boldsymbol{P}_{k|k-1}\boldsymbol{H}_k^{\mathrm{T}}(\boldsymbol{I}+\boldsymbol{R}_k^{-1}\boldsymbol{H}_k\boldsymbol{P}_{k|k-1}\boldsymbol{H}_k^{\mathrm{T}})^{-1}\boldsymbol{R}_k^{-1}\\&=(\boldsymbol{I}+\boldsymbol{P}_{k|k-1}\boldsymbol{H}_k^{\mathrm{T}}\boldsymbol{R}_k^{-1}\boldsymbol{H}_k)^{-1}\boldsymbol{P}_{k|k-1}\boldsymbol{H}_k^{\mathrm{T}}\boldsymbol{R}_k^{-1}\end{aligned}$$

式中：$\boldsymbol{I}$ 为相容维数的单位矩阵。而矩阵 $\boldsymbol{P}_{k|k}$ 可以重新表示为

$$\begin{aligned}\boldsymbol{P}_{k|k}^{-1}&=\boldsymbol{P}_{k|k-1}^{-1}+\begin{bmatrix}\boldsymbol{H}_k^{\mathrm{T}} & \boldsymbol{L}_k^{\mathrm{T}}\end{bmatrix}\begin{bmatrix}\boldsymbol{R}_k & 0\\ 0 & -\gamma\boldsymbol{I}\end{bmatrix}^{-1}\begin{bmatrix}\boldsymbol{H}_k\\ \boldsymbol{L}_k\end{bmatrix}\\&=\boldsymbol{P}_{k|k-1}^{-1}+\boldsymbol{H}_k^{\mathrm{T}}\boldsymbol{R}_k^{-1}\boldsymbol{H}_k-\gamma^{-1}\boldsymbol{L}_k^{\mathrm{T}}\boldsymbol{L}_k\end{aligned}$$

因此，在上式两端同乘以矩阵 $\boldsymbol{P}_{k|k}$，并把右端第三项移到左边，可得

$$\begin{aligned}(\boldsymbol{I}+\gamma^{-1}\boldsymbol{P}_{k|k}\boldsymbol{L}_k^{\mathrm{T}}\boldsymbol{L}_k)^{-1}&=(\boldsymbol{P}_{k|k}\boldsymbol{P}_{k|k-1}^{-1}+\boldsymbol{P}_{k|k}\boldsymbol{H}_k^{\mathrm{T}}\boldsymbol{R}_k^{-1}\boldsymbol{H}_k)^{-1}\\&=(\boldsymbol{I}+\boldsymbol{P}_{k|k-1}\boldsymbol{H}_k^{\mathrm{T}}\boldsymbol{R}_k^{-1}\boldsymbol{H}_k)^{-1}\boldsymbol{P}_{k|k-1}\boldsymbol{P}_{k|k}^{-1}\end{aligned}$$

进一步可以把增益矩阵表示为

$$\begin{aligned}\boldsymbol{K}_k&=(\boldsymbol{I}+\gamma^{-1}\boldsymbol{P}_{k|k}\boldsymbol{L}_k^{\mathrm{T}}\boldsymbol{L}_k)^{-1}\boldsymbol{P}_{k|k}\boldsymbol{H}_k^{\mathrm{T}}\boldsymbol{R}_k^{-1}\\&\overset{\text{def}}{=}\bar{\boldsymbol{P}}_k^{-1}\boldsymbol{P}_{k|k}\boldsymbol{H}_k^{\mathrm{T}}\boldsymbol{R}_k^{-1}\end{aligned}$$

式中：$\bar{\boldsymbol{P}}_k=\boldsymbol{I}+\gamma^{-1}\boldsymbol{P}_{k|k}\boldsymbol{L}_k^{\mathrm{T}}\boldsymbol{L}_k$。

于是,H_∞滤波估计也可以表示成

$$\hat{\boldsymbol{x}}_{k|k}=\hat{\boldsymbol{x}}_{k|k-1}+\bar{\boldsymbol{P}}_k^{-1}\boldsymbol{P}_{k|k}\boldsymbol{H}_k^{\mathrm{T}}\boldsymbol{R}_k^{-1}(\boldsymbol{z}_k-\boldsymbol{H}_k\hat{\boldsymbol{x}}_{k|k-1})$$
$$\boldsymbol{P}_{k|k}^{-1}=\boldsymbol{P}_{k|k-1}^{-1}+\boldsymbol{H}_k^{\mathrm{T}}\boldsymbol{R}_k^{-1}\boldsymbol{H}_k-\gamma^{-1}\boldsymbol{L}_k^{\mathrm{T}}\boldsymbol{L}_k$$

在上述估计表达式的基础上,可以很方便地得到基于H_∞滤波的分布式估计融合公式,即

$$\left.\begin{aligned}\boldsymbol{x}_k&=\boldsymbol{F}_{k-1}\boldsymbol{x}_{k-1}+\boldsymbol{G}_{k-1}\boldsymbol{w}_{k-1}\\\boldsymbol{z}_k^i&=\boldsymbol{H}_k^i\boldsymbol{x}_k+\boldsymbol{v}_k^i,\quad i=1,2,\cdots,N\end{aligned}\right\}\tag{3.2}$$

把所有传感器的量测信息写成中心融合形式,即

$$\boldsymbol{z}_k=\boldsymbol{H}_k\boldsymbol{x}_k+\boldsymbol{v}_k$$

式中:

$$\boldsymbol{z}_k=\begin{bmatrix}\boldsymbol{z}_k^1\\\vdots\\\boldsymbol{z}_k^N\end{bmatrix},\quad\boldsymbol{H}_k=\begin{bmatrix}\boldsymbol{H}_k^1\\\vdots\\\boldsymbol{H}_k^N\end{bmatrix},\quad\boldsymbol{v}_k=\begin{bmatrix}\boldsymbol{v}_k^1\\\vdots\\\boldsymbol{v}_k^N\end{bmatrix}$$

由H_∞滤波公式可知,针对中心式融合系统(见式(3.2))得到的估计为

$$\hat{\boldsymbol{x}}_{k|k}=\hat{\boldsymbol{x}}_{k|k-1}+\bar{\boldsymbol{P}}_k^{-1}\boldsymbol{P}_{k|k}\boldsymbol{H}_k^{\mathrm{T}}\boldsymbol{R}_k^{-1}(\boldsymbol{z}_k-\boldsymbol{H}_k\hat{\boldsymbol{x}}_{k|k-1})$$
$$\boldsymbol{P}_{k|k}^{-1}=\boldsymbol{P}_{k|k-1}^{-1}+\boldsymbol{H}_k^{\mathrm{T}}\boldsymbol{R}_k^{-1}\boldsymbol{H}_k-\gamma^{-1}\boldsymbol{L}_k^{\mathrm{T}}\boldsymbol{L}_k$$

式中:$\boldsymbol{R}_k=\mathrm{diag}\{\boldsymbol{R}_k^1,\cdots,\boldsymbol{R}_k^N\}$。

进一步可以写成

$$\hat{\boldsymbol{x}}_{k|k}=\left[\boldsymbol{I}-\bar{\boldsymbol{P}}_k^{-1}\boldsymbol{P}_{k|k}\sum_{i=1}^{N}(\boldsymbol{H}_k^i)^{\mathrm{T}}(\boldsymbol{R}_k^i)^{-1}\boldsymbol{H}_k^i\right]\hat{\boldsymbol{x}}_{k|k-1}+\bar{\boldsymbol{P}}_k^{-1}\boldsymbol{P}_{k|k}\sum_{i=1}^{N}(\boldsymbol{H}_k^i)^{\mathrm{T}}(\boldsymbol{R}_k^i)^{-1}\boldsymbol{z}_k^i$$

$$\boldsymbol{P}_{k|k}^{-1}=\boldsymbol{P}_{k|k-1}^{-1}+\sum_{i=1}^{N}(\boldsymbol{H}_k^i)^{\mathrm{T}}(\boldsymbol{R}_k^i)^{-1}\boldsymbol{H}_k^i-\gamma^{-1}\boldsymbol{L}_k^{\mathrm{T}}\boldsymbol{L}_k$$

而由H_∞滤波估计式可知,

$$(\boldsymbol{H}_k^i)^{\mathrm{T}}(\boldsymbol{R}_k^i)^{-1}\boldsymbol{z}_k^i=(\boldsymbol{P}_{k|k}^i)^{-1}\bar{\boldsymbol{P}}_k^i(\hat{\boldsymbol{x}}_{k|k}^i-\hat{\boldsymbol{x}}_{k|k-1}^i)+(\boldsymbol{H}_k^i)^{\mathrm{T}}(\boldsymbol{R}_k^i)^{-1}\boldsymbol{H}_k^i\hat{\boldsymbol{x}}_{k|k-1}^i$$

式中:$\bar{\boldsymbol{P}}_k^i=\boldsymbol{I}+\gamma^{-1}\boldsymbol{P}_{k|k}^i\boldsymbol{L}_k^{\mathrm{T}}\boldsymbol{L}_k$。

同样地,可得

$$\boldsymbol{P}_{k|k}^{-1}=\boldsymbol{P}_{k|k-1}^{-1}+\sum_{i=1}^{N}[(\boldsymbol{P}_{k|k}^i)^{-1}-(\boldsymbol{P}_{k|k-1}^i)^{-1}]+(N-1)\gamma^{-1}\boldsymbol{L}_k^{\mathrm{T}}\boldsymbol{L}_k$$

根据上述分析,为描述清晰,基于H_∞滤波的分布式估计融合公式为

$$\begin{aligned}\hat{\boldsymbol{x}}_{k|k}=&\left[\boldsymbol{I}-\bar{\boldsymbol{P}}_k^{-1}\boldsymbol{P}_{k|k}\sum_{i=1}^{N}(\boldsymbol{H}_k^i)^{\mathrm{T}}(\boldsymbol{R}_k^i)^{-1}\boldsymbol{H}_k^i\right]\hat{\boldsymbol{x}}_{k|k-1}+\bar{\boldsymbol{P}}_k^{-1}\boldsymbol{P}_{k|k}\cdot\\&\sum_{i=1}^{N}[(\boldsymbol{P}_{k|k}^i)^{-1}\bar{\boldsymbol{P}}_k^i(\hat{\boldsymbol{x}}_{k|k}^i-\hat{\boldsymbol{x}}_{k|k-1}^i)+(\boldsymbol{H}_k^i)^{\mathrm{T}}(\boldsymbol{R}_k^i)^{-1}\boldsymbol{H}_k^i\hat{\boldsymbol{x}}_{k|k-1}^i]\end{aligned}$$

$$\boldsymbol{P}_{k|k}^{-1}=\boldsymbol{P}_{k|k-1}^{-1}+\sum_{i=1}^{N}[(\boldsymbol{P}_{k|k}^{i})^{-1}-(\boldsymbol{P}_{k|k-1}^{i})^{-1}]+(N-1)\gamma^{-1}\boldsymbol{L}_k^{\mathrm{T}}\boldsymbol{L}_k$$

易见，当 $\gamma\to\infty$ 时，$(N-1)\gamma^{-1}\boldsymbol{L}_k^{\mathrm{T}}\boldsymbol{L}_k\to 0$，而矩阵 $\bar{\boldsymbol{P}}_k^i\to\boldsymbol{I}$ 以及 $\bar{\boldsymbol{P}}_k\to\boldsymbol{I}$。这也正是随着 H_∞ 滤波退化为 Kalman 滤波，其分布式估计融合公式转化为基于 Kalman 滤波的分布式估计融合公式。

需要说明的是，上式中并没有把中心单元获取的融合结果反馈给每个传感器的滤波器，而如果把融合结果进行反馈，即

$$\hat{\boldsymbol{x}}_{k|k-1}^{i}=\boldsymbol{F}_{k-1}\hat{\boldsymbol{x}}_{k-1|k-1}$$

$$\boldsymbol{P}_{k|k-1}^{i}=\boldsymbol{P}_{k|k-1}$$

则可以得到如下形式的分布式估计融合公式：

$$\hat{\boldsymbol{x}}_{k|k}=[\boldsymbol{I}-\bar{\boldsymbol{P}}_k^{-1}\boldsymbol{P}_{k|k}\sum_{i=1}^{N}(\boldsymbol{P}_{k|k}^{i})^{-1}\bar{\boldsymbol{P}}_k^{i}]\hat{\boldsymbol{x}}_{k|k-1}+\bar{\boldsymbol{P}}_k^{-1}\boldsymbol{P}_{k|k}\sum_{i=1}^{N}(\boldsymbol{P}_{k|k}^{i})^{-1}\bar{\boldsymbol{P}}_k^{i}\hat{\boldsymbol{x}}_{k|k}^{i}$$

$$\boldsymbol{P}_{k|k}^{-1}=\sum_{i=1}^{N}(\boldsymbol{P}_{k|k}^{i})^{-1}-(N-1)\boldsymbol{P}_{k|k-1}^{-1}+(N-1)\gamma^{-1}\boldsymbol{L}_k^{\mathrm{T}}\boldsymbol{L}_k$$

上述反馈融合公式对应基于 Kalman 滤波的分布式估计融合结果。反馈并不能改善全局的跟踪性能，只是可以减小局部估计误差的协方差矩阵。然而，反馈形式的估计融合结果并不能应用于基于 IMM 方法的分布式估计融合中，这是因为 IMM 中对应每个模型的滤波过程是依赖于模式的。如果把融合结果反馈回每一个传感器滤波器作为下一步迭代的输入，反而扼杀了多模型估计的特点。从无反馈的分布式估计融合公式可以看出，当处理多模型估计融合时，由于缺少一个统一的系统状态转移矩阵，H_∞ 滤波估计 $\hat{\boldsymbol{x}}_{k|k-1}^{i}$、$\boldsymbol{P}_{k|k-1}^{i}$、$\hat{\boldsymbol{x}}_{k|k-1}$ 以及 $\boldsymbol{P}_{k|k-1}$ 是无法获取的，这也正是多模型分布式估计融合面临的全局模型缺失问题。

为解决全局模型缺失问题，下面采用最佳拟合高斯逼近方法构造与线性随机跳变系统等价的单模型线性高斯系统，此处“等价”的含义是指系统状态过程在两个模型下的一、二阶矩是相等的。具体地说，我们期望构造如下系统：

$$\boldsymbol{x}_k=\boldsymbol{\Phi}_{k-1}\boldsymbol{x}_{k-1}+\boldsymbol{w}_{k-1}$$

式中：$\boldsymbol{w}_{k-1}$ 为零均值高斯白噪声过程，而其具有的协方差矩阵 $\boldsymbol{\Sigma}_{k-1}$ 以及系统状态转移矩阵 $\boldsymbol{\Phi}_{k-1}$ 均待定。换句话说，如果我们把线性随机跳变系统记为模型 A，而把线性高斯系统记为模型 B，则有

$$E\{\boldsymbol{x}_k\mid A\}=E\{\boldsymbol{x}_k\mid B\}$$

$$\mathrm{Cov}\{\boldsymbol{x}_k\mid A\}=\mathrm{Cov}\{\boldsymbol{x}_k\mid B\}$$

式中：E 和 Cov 分别表示期望算子与协方差算子。

为方便，当 $r_k=r$ 时，记矩阵 $\boldsymbol{F}_{k-1}(r_k)$、$\boldsymbol{G}_{k-1}(r_k)$、$\bar{\boldsymbol{Q}}_{k-1}(r_k)$ 分别为 $\boldsymbol{F}_{k-1}^{r}$、$\boldsymbol{G}_{k-1}^{r}$ 和 $\bar{\boldsymbol{Q}}_{k-1}^{r}$。

首先,一方面利用全概率公式,有如下等式:

$$E\{\boldsymbol{x}_k \mid A\} = \sum_{r=1}^{M} E\{\boldsymbol{x}_k \mid M_k^r, A\}\Pr\{M_k^r \mid A\}$$
$$= \sum_{r=1}^{M} p_{k,r}\boldsymbol{F}_{k-1}^r E\{\boldsymbol{x}_{k-1} \mid A\}$$

式中:M_k^r 为在时间区间$[k-1,k)$内模型 r 产生作用的事件;$p_{k,r}$ 为该事件发生的概率且 $p_{k,r} = \sum_{j=1}^{M}\pi_{jr}p_{k-1,j}$。

另一方面,由模型可以直接得到

$$E\{\boldsymbol{x}_k \mid B\} = \boldsymbol{\Phi}_{k-1}E\{\boldsymbol{x}_{k-1} \mid B\}$$

因此,通过比较两式可得

$$\boldsymbol{\Phi}_{k-1} = \sum_{r=1}^{M} \boldsymbol{p}_{k,r}\boldsymbol{F}_{k-1}^r$$

其次,根据对协方差矩阵的计算可得

$$\mathrm{Cov}\{\boldsymbol{x}_k \mid A\} = E\{\mathrm{Cov}\{\boldsymbol{x}_k \mid M_k^r, A\}\} + \mathrm{Cov}\ \{\mathscr{E}\{\boldsymbol{x}_k \mid M_k^r, A\}\}$$

式中:右端的两项可以分别分解为

$$E\{\mathrm{Cov}\{\boldsymbol{x}_k \mid M_k^r, A\}\}$$
$$= \sum_{r=1}^{M} p_{k,r}[\boldsymbol{F}_{k-1}^r\mathrm{Cov}\{\boldsymbol{x}_{k-1} \mid A\}(\boldsymbol{F}_{k-1}^r)^{\mathrm{T}} + \boldsymbol{G}_{k-1}^r\bar{\boldsymbol{Q}}_{k-1}^r(\boldsymbol{G}_{k-1}^r)^{\mathrm{T}}]\mathrm{Cov}\ \{E\{\boldsymbol{x}_k \mid M_k^r, A\}\}$$
$$= \sum_{r=1}^{M} p_{k,r}\boldsymbol{F}_{k-1}^r E\{\boldsymbol{x}_{k-1} \mid A\}E\{\boldsymbol{x}_{k-1} \mid A\}^{\mathrm{T}}(\boldsymbol{F}_{k-1}^r)^{\mathrm{T}} - \boldsymbol{\Phi}_{k-1}E\{\boldsymbol{x}_{k-1} \mid A\}E\{\boldsymbol{x}_{k-1} \mid A\}^{\mathrm{T}}\boldsymbol{\Phi}_{k-1}^{\mathrm{T}}$$

为简化上述记号,定义

$$\boldsymbol{\varepsilon}_k \stackrel{\mathrm{def}}{=} E\{\boldsymbol{x}_k \mid A\}$$
$$\boldsymbol{\Theta}_k \stackrel{\mathrm{def}}{=} \mathrm{Cov}\{\boldsymbol{x}_k \mid A\}$$

由此可得

$$\boldsymbol{\varepsilon}_k = \boldsymbol{\Phi}_{k-1}\boldsymbol{\varepsilon}_{k-1}$$
$$\boldsymbol{\Theta}_k = \sum_{r=1}^{M} p_{k,r}[\boldsymbol{F}_{k-1}^r(\boldsymbol{\Theta}_{k-1} + \boldsymbol{\varepsilon}_{k-1}\boldsymbol{\varepsilon}_{k-1}^{\mathrm{T}})(\boldsymbol{F}_{k-1}^r)^{\mathrm{T}} + \boldsymbol{G}_{k-1}^r\bar{\boldsymbol{Q}}_{k-1}^r(\boldsymbol{G}_{k-1}^r)^{\mathrm{T}}] - \boldsymbol{\Phi}_{k-1}\boldsymbol{\varepsilon}_{k-1}\boldsymbol{\varepsilon}_{k-1}^{\mathrm{T}}\boldsymbol{\Phi}_{k-1}^{\mathrm{T}}$$

又由模型可以直接得到

$$\mathrm{Cov}\{\boldsymbol{x}_k \mid B\} = \boldsymbol{\Phi}_{k-1}\mathrm{Cov}\{\boldsymbol{x}_{k-1} \mid B\}\boldsymbol{\Phi}_{k-1}^{\mathrm{T}} + \boldsymbol{\Sigma}_{k-1}$$

因此,可得

$$\boldsymbol{\Sigma}_{k-1} = \boldsymbol{\Theta}_k - \boldsymbol{\Phi}_{k-1}\boldsymbol{\Theta}_{k-1}\boldsymbol{\Phi}_{k-1}^{\mathrm{T}}$$

需要说明的是,虽然过程噪声协方差矩阵 $\bar{Q}_{k-1}^r$ 是未知的,在构造单模型线性高斯系统时仍然使用,但是在实现分布式估计融合算法时我们采用 H_∞ 滤波中的加权

矩阵 Q^r_{k-1} 来代替。至此，我们已经通过等价的定义求解出系统转移矩阵 $\boldsymbol{\Phi}_{k-1}$ 与噪声协方差矩阵 $\boldsymbol{\Sigma}_{k-1}$ 的表达式。该方法的好处是，计算过程与量测方程无关，因此可以直接处理具有非线性量测的随机跳变系统。这也正是在实际的多机动目标跟踪中经常遇到的。由此，可以基于构造的状态转移矩阵 $\boldsymbol{\Phi}_{k-1}$ 与噪声协方差矩阵 $\boldsymbol{\Sigma}_{k-1}$ 发展多模型分布式估计融合算法。换句话说，可以计算缺少的 H_∞ 滤波估计，即

$$\begin{aligned}
\hat{\boldsymbol{x}}^i_{k|k-1} &= \boldsymbol{\Phi}_{k-1}\hat{\boldsymbol{x}}^i_{k-1|k-1} \\
\boldsymbol{P}^i_{k|k-1} &= \boldsymbol{\Phi}_{k-1}\boldsymbol{P}^i_{k-1|k-1}\boldsymbol{\Phi}^{\mathrm{T}}_{k-1} + \boldsymbol{\Sigma}_{k-1} \\
\hat{\boldsymbol{x}}_{k|k-1} &= \boldsymbol{\Phi}_{k-1}\hat{\boldsymbol{x}}_{k-1|k-1} \\
\boldsymbol{P}_{k|k-1} &= \boldsymbol{\Phi}_{k-1}\boldsymbol{P}_{k-1|k-1}\boldsymbol{\Phi}^{\mathrm{T}}_{k-1} + \boldsymbol{\Sigma}_{k-1}
\end{aligned}$$

实际上，对于不同的传感器滤波器可以采用不同的目标运动模型，即随机跳变系统中的状态转移矩阵与噪声转移矩阵是依赖于传感器的。这种策略的一个主要优点是可以增加目标运动模型的总体数目，从而尽可能地逼近真实的目标运动。在这种情形下，可以把构造的依赖于传感器的不同线性高斯系统用 Markov 链联系起来，即把不同传感器的等价模型建模为随机跳变系统，再利用最佳拟合高斯逼近方法构造全局模型，此时，状态转移矩阵 $\boldsymbol{\Phi}^i_{k-1}$ 是依赖于传感器的，而状态转移矩阵是利用 $\boldsymbol{\Phi}^i_{k-1}$ 构造的，其中比较困难的则是模式概率的计算。

假设传感器全局模型之间用离散时间 Markov 链联系，且具有已知的转移概率矩阵 $\boldsymbol{\Pi}_s=[\pi^s_{qi}]_{N\times N}$。类似于 IMM 方法中的模式概率，可以定义不同传感器全局模型的概率，即

$$\begin{aligned}
\mu^i_k &\overset{\text{def}}{=} \Pr\{\bar{M}^i_k \mid \mathscr{Z}^k\} \\
&\approx \Pr\{\bar{M}^i_k \mid \mathscr{Z}^i_k, \mathscr{Z}^{k-1}\} \\
&= \frac{1}{\bar{c}_k} p[\boldsymbol{Z}^i_k \mid \bar{M}^i_k, \mathscr{Z}^{k-1}]\Pr\{\bar{M}^i_k \mid \mathscr{Z}^{k-1}\} \\
&= \frac{1}{\bar{c}_k}\prod_{l=1}^{\bar{m}_k} p[\boldsymbol{z}^{i,l}_k \mid \bar{M}^i_k, \mathscr{Z}^{k-1}]\Pr\{\bar{M}^i_k \mid \mathscr{Z}^{k-1}\}
\end{aligned}$$

式中：$\bar{c}_k$ 为归一化常数；$\bar{M}^i_k$ 为 k 时刻第 i 个传感器模型起作用的事件；$\bar{m}_k$ 为 k 时刻落入跟踪门内的有效量测个数；而似然函数为

$$p[\boldsymbol{z}^{i,l}_k \mid \bar{M}^i_k, \mathscr{Z}^{k-1}] = (2\pi)^{-p/2}\det(\boldsymbol{S}^i_k)^{-1/2}\exp[-(\boldsymbol{v}^{i,l}_k)^{\mathrm{T}}(\boldsymbol{S}^i_k)^{-1}\boldsymbol{v}^{i,l}_k/2]$$

式中：

$$\begin{aligned}
\boldsymbol{S}^i_k &= \boldsymbol{H}^i_k\bar{\boldsymbol{P}}^i_{k|k-1}\boldsymbol{H}^i_k + \boldsymbol{R}^i_k \\
\boldsymbol{v}^{i,l}_k &= \boldsymbol{z}^{i,l}_k - \boldsymbol{H}^i_k\bar{\boldsymbol{x}}^i_{k|k-1} \\
\bar{\boldsymbol{x}}^i_{k|k-1} &= \boldsymbol{\Phi}^i_{k-1}\hat{\boldsymbol{x}}_{k-1|k-1} \\
\bar{\boldsymbol{P}}^i_{k|k-1} &= \boldsymbol{\Phi}^i_{k-1}\boldsymbol{P}_{k-1|k-1}(\boldsymbol{\Phi}^i_{k-1})^{\mathrm{T}} + \boldsymbol{\Sigma}^i_{k-1}
\end{aligned}$$

而对于模型概率右端乘积中的第二项,利用全概率公式得

$$\begin{aligned}\Pr\{\bar{M}_k^i \mid \mathscr{Z}_{k-1}\} &= \sum_{q=1}^{N} \Pr\{\bar{M}_k^i \mid \bar{M}_{k-1}^q, \mathscr{Z}^{k-1}\}\Pr\{\bar{M}_{k-1}^q \mid \mathscr{Z}^{k-1}\} \\ &= \sum_{q=1}^{N} \pi_{qi}^s \mu_{k-1}^q\end{aligned}$$

由此,可以利用最佳拟合高斯逼近方法构造不同传感器的全局模型,即

$$\boldsymbol{\Phi}_{k-1} = \sum_{i=1}^{N} \mu_k^i \boldsymbol{\Phi}_{k-1}^i$$

$$\boldsymbol{\Theta}_k = \sum_{i=1}^{N} \mu_k^i [\boldsymbol{\Phi}_{k-1}^i (\boldsymbol{\Theta}_{k-1} + \boldsymbol{\varepsilon}_{k-1}\boldsymbol{\varepsilon}_{k-1}^{\mathrm{T}})(\boldsymbol{\Phi}_{k-1}^i)^{\mathrm{T}} + \boldsymbol{\Sigma}_{k-1}^i] - \boldsymbol{\Phi}_{k-1}\boldsymbol{\varepsilon}_{k-1}\boldsymbol{\varepsilon}_{k-1}^{\mathrm{T}}\boldsymbol{\Phi}_{k-1}^{\mathrm{T}}$$

$$\boldsymbol{\Sigma}_{k-1} = \boldsymbol{\Theta}_k - \boldsymbol{\Phi}_{k-1}\boldsymbol{\Theta}_{k-1}(\boldsymbol{\Phi}_{k-1})^{\mathrm{T}}$$

$$\boldsymbol{\varepsilon}_k = \boldsymbol{\Phi}_{k-1}\boldsymbol{\varepsilon}_{k-1}$$

基于上面的分析,下面给出多模型分布式估计融合的一个完整迭代循环过程。

假设已获取 $k-1$ 时刻各传感器滤波器的状态估计 $\hat{\boldsymbol{x}}_{k-1|k-1}^{i,j}$、$\boldsymbol{P}_{k-1|k-1}^{i,j}$ 以及模式概率 $\mu_{k-1}^{i,j}$,其中上标 i 和 j 分别为传感器指标和运动模型指标,则 k 时刻的计算过程如下:

步骤一:把 H_∞ 滤波与 IMM-PDA 结合得到各传感器的局部状态估计,下面分六步完成。

① 模型条件重初始化。

混合模式概率为

$$\mu_{k-1}^{i,j|m} = \frac{1}{c_k^{i,m}} \pi_{jm} \mu_{k-1}^{i,j}$$

式中:$c_k^{i,m} = \sum_{j=1}^{M} \pi_{jm} \mu_{k-1}^{i,j}$ 为归一化常数。

混合状态估计及相应误差协方差矩阵分别为

$$\hat{\boldsymbol{x}}_{k-1|k-1}^{i,0m} = \sum_{j=1}^{M} \mu_{k-1}^{i,j|m} \hat{\boldsymbol{x}}_{k-1|k-1}^{i,j}$$

$$\boldsymbol{P}_{k-1|k-1}^{i,0m} = \sum_{j=1}^{M} \mu_{k-1}^{i,j|m} [\boldsymbol{P}_{k-1|k-1}^{i,j} + (\hat{\boldsymbol{x}}_{k-1|k-1}^{i,j} - \hat{\boldsymbol{x}}_{k-1|k-1}^{i,0m})(\hat{\boldsymbol{x}}_{k-1|k-1}^{i,j} - \hat{\boldsymbol{x}}_{k-1|k-1}^{i,0m})^{\mathrm{T}}]$$

② 模型条件预测。

预测状态估计及相应误差协方差矩阵分别为

$$\hat{\boldsymbol{x}}_{k|k-1}^{i,m} = \boldsymbol{F}_{k-1}^{i,m} \hat{\boldsymbol{x}}_{k-1|k-1}^{i,0m}$$

$$\boldsymbol{P}_{k|k-1}^{i,m} = \boldsymbol{F}_{k-1}^{i,m} \boldsymbol{P}_{k-1|k-1}^{i,0m} (\boldsymbol{F}_{k-1}^{i,m})^{\mathrm{T}} + \boldsymbol{G}_{k-1}^{i,m} \boldsymbol{Q}_{k-1}^{i,m} (\boldsymbol{G}_{k-1}^{i,m})^{\mathrm{T}}$$

预测量测及相应误差协方差矩阵分别为

$$\hat{\boldsymbol{z}}_{k|k-1}^{i,m} = \boldsymbol{H}_k^i \hat{\boldsymbol{x}}_{k|k-1}^{i,m}$$

$$\boldsymbol{S}_k^{i,m} = \boldsymbol{H}_k^i \boldsymbol{P}_{k|k-1}^{i,m} (\boldsymbol{H}_k^i)^{\mathrm{T}} + \boldsymbol{R}_k^i$$

式中：预测量测误差为 $\boldsymbol{v}_k^{i,m,l} \stackrel{\text{def}}{=} \boldsymbol{z}_k^{i,l} - \hat{\boldsymbol{z}}_{k|k-1}^{i,m}$。

③ 判断量测是否落入跟踪门。

定义跟踪门，即

$$J^i \stackrel{\text{def}}{=} \arg\max_{1 \leqslant m \leqslant M} \det(\boldsymbol{S}_k^{i,m})$$

量测 $\boldsymbol{z}_k^{i,l}(l=1,2,\cdots,m_k)$称为有效量测，满足下式

$$(\boldsymbol{z}_k^{i,l} - \hat{\boldsymbol{z}}_{k|k-1}^{J^i})^{\mathrm{T}}(\boldsymbol{S}_k^{J^i})^{-1}(\boldsymbol{z}_k^{i,l} - \hat{\boldsymbol{z}}_{k|k-1}^{J^i}) < \delta$$

式中：δ 为合适的门限。跟踪门内的有效区域体积为 $V_k^i = c_p \delta^{p/2} \det(\boldsymbol{S}_k^{J^i})^{1/2}$，而 c_p 为 p 维空间中的单位体积(如 $c_1=2, c_2=\pi, c_3=4\pi/3$ 等)。

④ 模型条件更新。

经过上一步的判断后，有效量测的数目往往小于接收到的量测数目，记 $\bar{m}_k$ 为有效量测的数目($\bar{m}_k \leqslant m_k$)，定义如下事件：

$$\boldsymbol{\theta}_k^{i,l} = \begin{cases} \boldsymbol{z}_k^{i,l}, & \text{来源于目标}, l=1,2,\cdots,\bar{m}_k \\ \boldsymbol{z}_k^{i,l}, & \text{全是杂波}, l=0 \end{cases}$$

利用杂波分布的参数模型(假设波量测数目服从参数为 λV_k 的 Poisson 分布)，计算关联事件概率，即

$$\beta_k^{i,m,l} = \begin{cases} \dfrac{e_k^{i,m,l}}{b_k^i + \sum_{t=1}^{\bar{m}_k} e_k^{i,m,t}}, & l=1,2,\cdots,\bar{m}_k \\[2ex] \dfrac{b_k^i}{b_k^i + \sum_{t=1}^{\bar{m}_k} e_k^{i,m,t}}, & l=0 \end{cases}$$

式中：

$$e_k^{i,m,l} = \exp\left[-(\boldsymbol{v}_k^{i,m,l})^{\mathrm{T}}(\boldsymbol{S}_k^{i,m})^{-1}\boldsymbol{v}_k^{i,m,l}/2\right] b_k^i$$
$$= \frac{\lambda V_k^i (2\pi)^{p/2}(1 - P_D P_G)}{c_p \delta^{p/2} P_D}$$

其中，P_D 为目标被监测到的概率；P_G 为正确量测落入跟踪门的概率；λ 为杂波的空间密度；λV_k^i 为第 i 个传感器跟踪门内杂波数目的期望值。

在利用 PDA 技术处理杂波时，模型的似然函数为

$$\Lambda_k^{i,m} = (V_k^i)^{-\bar{m}_k}\gamma_0^i(\bar{m}_k) + (V_k^i)^{-\bar{m}_k+1}\sum_{l=1}^{\bar{m}_k} P_G^{-1} N(\boldsymbol{v}_k^{i,m,l}; 0, \boldsymbol{S}_k^{i,m})\gamma_l^i(\bar{m}_k)$$

式中：先验概率为

$$\gamma_l^i(\bar{m}_k) = \begin{cases} \dfrac{P_D P_G}{\bar{m}_k P_D P_G + \lambda V_k (1 - P_D P_G)}, & l=1,2,\cdots,\bar{m}_k \\[2ex] \dfrac{\lambda V_k^i (1 - P_D P_G)}{\bar{m}_k P_D P_G + \lambda V_k (1 - P_D P_G)}, & l=0 \end{cases}$$

滤波估计为

$$\hat{\boldsymbol{x}}_{k|k}^{i,m}=\hat{\boldsymbol{x}}_{k|k-1}^{i,m}+\boldsymbol{K}_k^{i,m}\boldsymbol{v}_k^{i,m}$$

$$\boldsymbol{P}_{k|k}^{i,m}=\beta_k^{i,m,0}\boldsymbol{P}_{k|k-1}^{i,m}-(1-\beta_k^{i,m,0})\bar{\boldsymbol{P}}_{k|k}^{i,m}+\boldsymbol{K}_k^{i,m}\left[\sum_{l=1}^{\bar{m}_k}\beta_k^{i,m,l}\boldsymbol{v}_k^{i,m,l}(\boldsymbol{v}^{i,m,l})^{\mathrm{T}}-\boldsymbol{v}_k^{i,m}(\boldsymbol{v}_k^{i,m})^{\mathrm{T}}\right](\boldsymbol{K}_k^{i,m})^{\mathrm{T}}$$

其中,滤波增益矩阵 $\boldsymbol{K}_k^{i,m}$、量测误差 $\boldsymbol{v}_k^{i,m}$ 以及矩阵 $\bar{\boldsymbol{P}}_{k|k}^{i,m}$ 分别为

$$\boldsymbol{K}_k^{i,m}=\boldsymbol{P}_{k|k-1}^{i,m}(\boldsymbol{H}_k^i)^{\mathrm{T}}(\boldsymbol{S}_k^{i,m})^{-1}$$

$$\boldsymbol{v}_k^{i,m}=\sum_{l=1}^{\bar{m}_k}\beta_k^{i,m,l}\boldsymbol{v}_k^{i,m,l}$$

$$\bar{\boldsymbol{P}}_{k|k}^{i,m}=\boldsymbol{P}_{k|k-1}^{i,m}-\boldsymbol{P}_{k|k-1}^{i,m}\left[(\boldsymbol{H}_k^i)^{\mathrm{T}}\quad \boldsymbol{I}\right](\boldsymbol{R}_{e,k}^{i,m})^{-1}\left[(\boldsymbol{H}_k^i)^{\mathrm{T}}\quad \boldsymbol{I}\right]^{\mathrm{T}}$$

$$\boldsymbol{R}_{e,k}^{i,m}=\begin{bmatrix}\boldsymbol{R}_k^i & 0\\ 0 & -\gamma\boldsymbol{I}\end{bmatrix}+\begin{bmatrix}\boldsymbol{H}_k^i\\ \boldsymbol{I}\end{bmatrix}\boldsymbol{P}_{k|k-1}^{i,m}\left[(\boldsymbol{H}_k^i)^{\mathrm{T}}\quad \boldsymbol{I}\right]$$

⑤ 模式概率更新。

模式概率更新如下:

$$\mu_k^{i,m}=\frac{1}{c_k^i}\Lambda_k^{i,m}c_k^{i,m}$$

式中:$c_k^i\overset{\text{def}}{=}\sum_{m=1}^{M}\Lambda_k^{i,m}c_k^{i,m}$ 为归一化常数。

⑥ 估计融合。

估计融合如下:

$$\hat{\boldsymbol{x}}_{k|k}^i=\sum_{m=1}^{M}\mu_k^{i,m}\hat{\boldsymbol{x}}_{k|k}^{i,m}$$

$$\boldsymbol{P}_{k|k}^i=\sum_{m=1}^{M}\mu_k^{i,m}[\boldsymbol{P}_{k|k}^{i,m}+(\hat{\boldsymbol{x}}_{k|k}^{i,m}-\hat{\boldsymbol{x}}_{k|k}^i)(\hat{\boldsymbol{x}}_{k|k}^{i,m}-\hat{\boldsymbol{x}}_{k|k}^i)^{\mathrm{T}}]$$

步骤二:利用最佳拟合高斯逼近方法构造第一层全局模型(针对各传感器),获取各传感器的预测估计 $\hat{\boldsymbol{x}}_{k|k-1}^i$ 以及 $\boldsymbol{P}_{k|k-1}^i$,即

$$\hat{\boldsymbol{x}}_{k|k-1}^i=\boldsymbol{\Phi}_{k-1}^i\hat{\boldsymbol{x}}_{k-1|k-1}^i$$

$$\boldsymbol{P}_{k|k-1}^i=\boldsymbol{\Phi}_{k-1}^i\boldsymbol{P}_{k-1|k-1}^i(\boldsymbol{\Phi}_{k-1}^i)^{\mathrm{T}}+\boldsymbol{\Sigma}_{k-1}^i$$

式中:矩阵 $\boldsymbol{\Phi}_{k-1}^i$ 与 $\boldsymbol{\Sigma}_{k-1}^i$ 分别为

$$\boldsymbol{\Phi}_{k-1}^i=\sum_{r=1}^{M}p_k^{i,r}\boldsymbol{F}_{k-1}^{i,r}$$

$$\boldsymbol{\Sigma}_{k-1}^i=\boldsymbol{\Theta}_k^i-\boldsymbol{\Phi}_{k-1}^i\boldsymbol{\Theta}_{k-1}^i(\boldsymbol{\Phi}_{k-1}^i)^{\mathrm{T}}$$

其中,

$$\boldsymbol{\Theta}_k^i=\sum_{r=1}^{M}p_{k-1}^{i,r}\boldsymbol{F}_{k-1}^{i,r}[\boldsymbol{\Theta}_{k-1}^i+\boldsymbol{\varepsilon}_{k-1}^i(\boldsymbol{\varepsilon}_{k-1}^i)^{\mathrm{T}}](\boldsymbol{F}_{k-1}^{i,r})^{\mathrm{T}}+\boldsymbol{G}_{k-1}^{i,r}\boldsymbol{Q}_{k-1}^{i,r}(\boldsymbol{G}_{k-1}^{i,r})^{\mathrm{T}}-$$

$$\boldsymbol{\Phi}_{k-1}^{i}\boldsymbol{\varepsilon}_{k-1}^{i}(\boldsymbol{\varepsilon}_{k-1}^{i})^{\mathrm{T}}(\boldsymbol{\Phi}_{k-1}^{i})^{\mathrm{T}}$$

$$\boldsymbol{\varepsilon}_{k}^{i}=\boldsymbol{\Phi}_{k-1}^{i}\boldsymbol{\varepsilon}_{k-1}^{i}$$

步骤三：利用最佳拟合高斯逼近方法构造第二层全局模型(针对融合中心)，获取融合中心的预测估计 $\hat{\boldsymbol{x}}_{k|k-1}$ 以及 $\boldsymbol{P}_{k|k-1}$，即

$$\hat{\boldsymbol{x}}_{k|k-1}=\boldsymbol{\Phi}_{k-1}\hat{\boldsymbol{x}}_{k-1|k-1}$$

$$\boldsymbol{P}_{k|k-1}=\boldsymbol{\Phi}_{k-1}\boldsymbol{P}_{k-1|k-1}\boldsymbol{\Phi}_{k-1}^{\mathrm{T}}+\boldsymbol{\Sigma}_{k-1}$$

式中：矩阵 $\boldsymbol{\Phi}_{k-1}$ 与 $\boldsymbol{\Sigma}_{k-1}$ 分别为

$$\boldsymbol{\Phi}_{k-1}=\sum_{i=1}^{N}\mu_{k}^{i}\boldsymbol{\Phi}_{k-1}^{i}$$

$$\boldsymbol{\Sigma}_{k-1}=\boldsymbol{\Theta}_{k}-\boldsymbol{\Phi}_{k-1}\boldsymbol{\Theta}_{k-1}(\boldsymbol{\Phi}_{k-1})^{\mathrm{T}}$$

其中，

$$\boldsymbol{\Theta}_{k}=\sum_{i=1}^{N}\mu_{k}^{i}[\boldsymbol{\Phi}_{k-1}^{i}(\boldsymbol{\Theta}_{k-1}+\boldsymbol{\varepsilon}_{k-1}\boldsymbol{\varepsilon}_{k-1}^{\mathrm{T}})(\boldsymbol{\Phi}_{k-1}^{i})^{\mathrm{T}}+\boldsymbol{\Sigma}_{k-1}^{i}]-\boldsymbol{\Phi}_{k-1}\boldsymbol{\varepsilon}_{k-1}\boldsymbol{\varepsilon}_{k-1}^{\mathrm{T}}\boldsymbol{\Phi}_{k-1}^{\mathrm{T}}$$

$$\boldsymbol{\varepsilon}_{k}=\boldsymbol{\Phi}_{k-1}\boldsymbol{\varepsilon}_{k-1}$$

步骤四：利用分布式估计融合公式进行融合，即

$$\hat{\boldsymbol{x}}_{k|k}=\left[\boldsymbol{I}-\bar{\boldsymbol{P}}_{k}^{-1}\boldsymbol{P}_{k|k}\sum_{i=1}^{N}(\boldsymbol{H}_{k}^{i})^{\mathrm{T}}(\boldsymbol{R}_{k}^{i})^{-1}\boldsymbol{H}_{k}^{i}\right]\hat{\boldsymbol{x}}_{k|k-1}+\bar{\boldsymbol{P}}_{k}^{-1}\boldsymbol{P}_{k|k}\cdot$$

$$\sum_{i=1}^{N}[(\boldsymbol{P}_{k|k}^{i})^{-1}\bar{\boldsymbol{P}}_{k}^{i}(\hat{\boldsymbol{x}}_{k|k}^{i}-\hat{\boldsymbol{x}}_{k|k-1}^{i})+(\boldsymbol{H}_{k}^{i})^{\mathrm{T}}(\boldsymbol{R}_{k}^{i})^{-1}\boldsymbol{H}_{k}^{i}\hat{\boldsymbol{x}}_{k|k-1}^{i}]$$

$$\boldsymbol{P}_{k|k}^{-1}=\boldsymbol{P}_{k|k-1}^{-1}+\sum_{i=1}^{N}[(\boldsymbol{P}_{k|k}^{i})^{-1}-(\boldsymbol{P}_{k|k-1}^{i})^{-1}]+(N-1)\gamma^{-1}\boldsymbol{I}$$

式中：$\bar{\boldsymbol{P}}_{k}^{i}=\boldsymbol{I}+\gamma^{-1}\boldsymbol{P}_{k|k}^{i}$；$\bar{\boldsymbol{P}}_{k}=\boldsymbol{I}+\gamma^{-1}\boldsymbol{P}_{k|k}$。

杂波分布的另一种建模方式为非参数模型，即假设杂波数目是服从均匀分布的，对于这种情形下的详细推导过程可参见相关文献。此外，与基于 Kalman 滤波的分布式估计融合相比，主要差别在上述估计融合的计算不同。

3.1.2　无需全局模型

通过对 3.1.1 小节中构造全局模型的分布式估计融合方法的分析可见，之所以面临全局模型缺失问题是因为融合的对象是各传感器最终的估计结果。如果各传感器使用相同的目标运动模型(随机跳变系统中的状态转移矩阵和噪声分布矩阵是相同的)，则可以对各传感器滤波器中同一模型的估计结果进行融合，这样就无需再构造全局模型。基于这种策略，我们在 IMM 方法的框架下，提出如下的分布式估计融合算法。为简便，本小节不再考虑杂波的影响，即接收到的量测信息来源于目标。

假设在 $k-1$ 时刻已获取各传感器在各种模型下的估计 $\hat{\boldsymbol{x}}_{k-1|k-1}^{i,j}$、$\boldsymbol{P}_{k-1|k-1}^{i,j}$ 和模式概率 $\mu_{k-1}^{i,j}$，以及各模型在多传感器下的融合估计 $\hat{\boldsymbol{x}}_{k-1|k-1}^{j}$、$\boldsymbol{P}_{k-1|k-1}^{j}$，其中上标 i 和 j 分别为传感器指标和运动模型指标，则迭代计算过程如下：

步骤一:模型条件重初始化

混合模式概率为

$$\mu_{k-1}^{i,j|m}=\frac{1}{c_k^{i,m}}\pi_{jm}\mu_{k-1}^{i,j}$$

式中:$c_k^{i,m}=\sum_{j=1}^{M}\pi_{jm}\mu_{k-1}^{i,j}$ 为归一化常数。

混合状态估计及相应误差协方差矩阵:

$$\hat{\boldsymbol{x}}_{k-1|k-1}^{i,0m}=\sum_{j=1}^{M}\mu_{k-1}^{i,j|m}\hat{\boldsymbol{x}}_{k-1|k-1}^{i,j}$$

$$\boldsymbol{P}_{k-1|k-1}^{i,0m}=\sum_{j=1}^{M}\mu_{k-1}^{i,j|m}[\boldsymbol{P}_{k-1|k-1}^{i,j}+(\hat{\boldsymbol{x}}_{k-1|k-1}^{i,j}-\hat{\boldsymbol{x}}_{k-1|k-1}^{i,0m})(\hat{\boldsymbol{x}}_{k-1|k-1}^{i,j}-\hat{\boldsymbol{x}}_{k-1|k-1}^{i,0m})^{\mathrm{T}}]$$

步骤二:模型条件滤波

预测状态估计及相应误差协方差矩阵:

$$\hat{\boldsymbol{x}}_{k|k-1}^{i,m}=\boldsymbol{F}_{k-1}^{m}\hat{\boldsymbol{x}}_{k-1|k-1}^{i,0m}$$

$$\boldsymbol{P}_{k|k-1}^{i,m}=\boldsymbol{F}_{k-1}^{m}\boldsymbol{P}_{k-1|k-1}^{i,0m}(\boldsymbol{F}_{k-1}^{m})^{\mathrm{T}}+\boldsymbol{G}_{k-1}^{m}\boldsymbol{Q}_{k-1}^{m}(\boldsymbol{G}_{k-1}^{m})^{\mathrm{T}}$$

预测量测及相应误差协方差矩阵:

$$\hat{\boldsymbol{z}}_{k|k-1}^{i,m}=\boldsymbol{H}_k^i\hat{\boldsymbol{x}}_{k|k-1}^{i,m}$$

$$\boldsymbol{S}_k^{i,m}=\boldsymbol{H}_k^i\boldsymbol{P}_{k|k-1}^{i,m}(\boldsymbol{H}_k^i)^{\mathrm{T}}+\boldsymbol{R}_k^i$$

其中,预测量测误差为 $\boldsymbol{v}_k^{i,m}\overset{\mathrm{def}}{=}\boldsymbol{z}_k^i-\hat{\boldsymbol{z}}_{k|k-1}^{i,m}$。

根据 H_∞ 滤波过程,更新的状态估计及相应误差协方差矩阵为

$$\hat{\boldsymbol{x}}_{k|k}^{i,m}=\hat{\boldsymbol{x}}_{k|k-1}^{i,m}+\boldsymbol{K}_k^{i,m}\boldsymbol{v}_k^{i,m}$$

$$\boldsymbol{P}_{k|k}^{i,m}=\boldsymbol{P}_{k|k-1}^{i,m}-\boldsymbol{P}_{k|k-1}^{i,m}\left[(\boldsymbol{H}_k^i)^{\mathrm{T}}\quad\boldsymbol{I}\right](\boldsymbol{R}_{e,k}^i)^{-1}\left[(\boldsymbol{H}_k^i)^{\mathrm{T}}\quad\boldsymbol{I}\right]^{\mathrm{T}}\boldsymbol{P}_{k|k-1}^{i,m}$$

式中:增益矩阵 $\boldsymbol{K}_k^{i,m}$ 以及矩阵 $\boldsymbol{R}_{e,k}^i$ 分别为

$$\boldsymbol{K}_k^{i,m}=\boldsymbol{P}_{k|k-1}^{i,m}(\boldsymbol{H}_k^i)^{\mathrm{T}}(\boldsymbol{S}_k^{i,m})^{-1}$$

$$\boldsymbol{R}_{e,k}^i=\begin{bmatrix}\boldsymbol{R}_k^i & \boldsymbol{0}\\ \boldsymbol{0} & -\gamma\boldsymbol{I}\end{bmatrix}+\begin{bmatrix}\boldsymbol{H}_k^i\\ \boldsymbol{I}\end{bmatrix}\boldsymbol{P}_{k|k-1}^{i,m}\left[(\boldsymbol{H}_k^i)^{\mathrm{T}}\quad\boldsymbol{I}\right]$$

步骤三:分布式估计融合

利用分布式估计融合公式对不同传感器对应的同一运动模型得到的滤波估计进行融合,即

$$\hat{\boldsymbol{x}}_{k|k}^{m}=\left[\boldsymbol{I}-(\bar{\boldsymbol{P}}_{k|k}^{m})^{-1}\boldsymbol{P}_{k/k}^{m}\sum_{i=1}^{N}(\boldsymbol{H}_k^i)^{\mathrm{T}}(\boldsymbol{R}_k^i)^{-1}\boldsymbol{H}_k^i\right]\hat{\boldsymbol{x}}_{k|k-1}^{m}+$$

$$(\bar{\boldsymbol{P}}_{k|k}^{m})^{-1}\boldsymbol{P}_{k|k}^{m}\sum_{i=1}^{N}[(\boldsymbol{P}_{k|k}^{i,m})^{-1}\bar{\boldsymbol{P}}_{k|k}^{i,m}(\hat{\boldsymbol{x}}_{k|k}^{i,m}-\hat{\boldsymbol{x}}_{k|k-1}^{i,m})+(\boldsymbol{H}_k^i)^{\mathrm{T}}(\boldsymbol{R}_k^i)^{-1}\boldsymbol{H}_k^i\hat{\boldsymbol{x}}_{k|k-1}^{i,m}]$$

$$(\boldsymbol{P}_{k|k}^{m})^{-1}=(\boldsymbol{P}_{k|k-1}^{m})^{-1}+\sum_{i=1}^{N}[(\boldsymbol{P}_{k|k}^{i,m})^{-1}-(\boldsymbol{P}_{k|k-1}^{i,m})^{-1}]+(N-1)\gamma^{-1}I$$

式中：$\bar{\boldsymbol{P}}_{k|k}^{i,m}=\boldsymbol{I}+\gamma^{-1}\boldsymbol{P}_{k|k}^{i,m}$，$\bar{\boldsymbol{P}}_{k|k}^{m}=\boldsymbol{I}+\gamma^{-1}\boldsymbol{P}_{k|k}^{m}$，以及

$$\hat{\boldsymbol{x}}_{k|k-1}^{m}=\boldsymbol{F}_{k-1}^{m}\hat{\boldsymbol{x}}_{k-1|k-1}^{m}$$

$$\boldsymbol{P}_{k|k-1}^{m}=\boldsymbol{F}_{k-1}^{m}\boldsymbol{P}_{k-1|k-1}^{m}(\boldsymbol{F}_{k-1}^{m})^{\mathrm{T}}+\boldsymbol{G}_{k-1}^{m}\boldsymbol{Q}_{k-1}^{m}(\boldsymbol{G}_{k-1}^{m})^{\mathrm{T}}$$

步骤四：模式概率更新

模式概率更新如下：

$$\mu_k^{i,m}=\frac{c_k^{i,m}\Lambda_k^{i,m}}{\sum_{j=1}^{M}c_k^{i,j}\Lambda_k^{i,j}}$$

$$\mu_k^{m}=\frac{\prod_{i=1}^{N}c_k^{i,m}\Lambda_k^{i,m}}{\sum_{j=1}^{M}\prod_{i=1}^{N}c_k^{i,j}\Lambda_k^{i,j}}$$

式中：似然函数 $\Lambda_k^{i,m}$ 为

$$\Lambda_k^{i,m}=N(\boldsymbol{v}_k^{i,m};0,\boldsymbol{S}_k^{i,m})$$

步骤五：估计融合

估计融合如下：

$$\hat{\boldsymbol{x}}_{k|k}=\sum_{m=1}^{M}\mu_k^{m}\hat{\boldsymbol{x}}_{k|k}^{m}$$

$$\boldsymbol{P}_{k|k}=\sum_{m=1}^{M}\mu_k^{m}[\boldsymbol{P}_{k|k}^{m}+(\hat{\boldsymbol{x}}_{k|k}^{m}-\hat{\boldsymbol{x}}_{k|k})(\hat{\boldsymbol{x}}_{k|k}^{m}-\hat{\boldsymbol{x}}_{k|k})^{\mathrm{T}}]$$

当使用单传感器进行机动目标跟踪时，上述分布式估计融合公式很自然地退化为经典的 IMM 方法。与第 1 章中介绍的 IMM 方法相比，主要不同在于此处对各传感器同一模型的滤波估计进行了融合，因此这种无需全局模型的方法需要传感器使用相同的目标运动模型。

3.1.3　仿真例子

例 3.1　考虑三维空间中使用两个传感器跟踪单机动目标的场景，设目标状态由位置、速度和加速度分量构成，即 $\boldsymbol{x}_k=(\boldsymbol{x}_k^{p},\boldsymbol{x}_k^{v},\boldsymbol{x}_k^{a},\boldsymbol{y}_k^{p},\boldsymbol{y}_k^{v},\boldsymbol{y}_k^{a},\boldsymbol{z}_k^{p},\boldsymbol{z}_k^{v},\boldsymbol{z}_k^{a})^{\mathrm{T}}$。两个传感器使用相同的目标运动模型，其中 Markov 链包括两个状态，即使用两个运动模型描述目标运动。

模型一：近匀速运动模型（实际为第 1 章中近匀速运动模型在三维空间的推广），目标状态转移矩阵和噪声分布矩阵分别为

$$\boldsymbol{F}^1=\begin{bmatrix}\bar{\boldsymbol{F}}^1 & \boldsymbol{0} & \boldsymbol{0}\\ \boldsymbol{0} & \bar{\boldsymbol{F}}^1 & \boldsymbol{0}\\ \boldsymbol{0} & \boldsymbol{0} & \bar{\boldsymbol{F}}^1\end{bmatrix},\quad \boldsymbol{G}^1=\begin{bmatrix}\bar{\boldsymbol{G}}^1 & \boldsymbol{0} & \boldsymbol{0}\\ \boldsymbol{0} & \bar{\boldsymbol{G}}^1 & \boldsymbol{0}\\ \boldsymbol{0} & \boldsymbol{0} & \bar{\boldsymbol{G}}^1\end{bmatrix},\quad \bar{\boldsymbol{F}}^1=\begin{bmatrix}1 & T & 0\\ 0 & 1 & 0\\ 0 & 0 & 0\end{bmatrix},\quad \bar{\boldsymbol{G}}^1=\begin{bmatrix}T^2/2\\ T\\ 0\end{bmatrix}$$

式中:T 为采样时间间隔,过程噪声的协方差矩阵为 $\boldsymbol{Q}^1=\mathrm{diag}\{2^2,2^2,2^2\}$。

模型二:近匀加速运动模型(实际为第1章中近匀加速运动模型在三维空间的推广),目标状态转移矩阵和噪声分布矩阵分别为

$$\boldsymbol{F}^2=\begin{bmatrix}\bar{\boldsymbol{F}}^2 & \boldsymbol{0} & \boldsymbol{0}\\ \boldsymbol{0} & \bar{\boldsymbol{F}}^2 & \boldsymbol{0}\\ \boldsymbol{0} & \boldsymbol{0} & \bar{\boldsymbol{F}}^2\end{bmatrix},\quad \boldsymbol{G}^2=\begin{bmatrix}\bar{\boldsymbol{G}}^2 & \boldsymbol{0} & \boldsymbol{0}\\ \boldsymbol{0} & \bar{\boldsymbol{G}}^2 & \boldsymbol{0}\\ \boldsymbol{0} & \boldsymbol{0} & \bar{\boldsymbol{G}}^2\end{bmatrix},\quad \bar{\boldsymbol{F}}^2=\begin{bmatrix}1 & T & T^2/2\\ 0 & 1 & T\\ 0 & 0 & 1\end{bmatrix},\quad \bar{\boldsymbol{G}}^2=\begin{bmatrix}T^2/2\\ T\\ 1\end{bmatrix}$$

式中:过程噪声的协方差矩阵为 $\boldsymbol{Q}^2=\mathrm{diag}\{4^2,4^2,4^2\}$。

假设传感器仅能获得目标的位置信息,即量测方程为

$$\boldsymbol{z}_k^i=\boldsymbol{H}^i\boldsymbol{x}_k+\boldsymbol{v}_k^i,\quad i=1,2$$

式中:$\boldsymbol{v}_k^i$ 为零均值高斯白噪声且真实的协方差矩阵为 $\boldsymbol{R}^i=\mathrm{diag}\{5^2,5^2,5^2\}$,量测矩阵为

$$\boldsymbol{H}^i=\begin{bmatrix}1&0&0&0&0&0&0&0&0\\0&0&0&1&0&0&0&0&0\\0&0&0&0&0&0&1&0&0\end{bmatrix}$$

目标的初始状态为(1 000,10,2 250,10,1 000,−15)^{T},首先目标以近匀速运动了50 s;然后在51～100 s期间进行加速,加速度为20 m/s^2;之后又以近匀速运动了30 s;在131～165 s期间进行加速,加速度为30 m/s^2;最后以近匀速结束运动,总的运动时间为200 s。在仿真过程中,采样时间间隔取为 $T=1$ s;用来表示模型之间切换的Markov链的转移概率为 $\pi_{11}^i=\pi_{22}^i=0.6$,$\pi_{12}^i=\pi_{21}^i=0.4$,且初始的模型概率为 $\mu_0^{i,1}=\mu_0^{i,2}=0.5\ (i=1,2)$;而用来表示传感器之间关系的Markov链的转移概率为 $\pi_{11}=\pi_{22}=0.9$,$\pi_{12}=\pi_{21}=0.1$,且初始的概率为 $\mu_0^1=\mu_0^2=0.5$;目标被监测到的概率为 $P_D=0.997$。对于杂波分布,杂波的数目服从Poisson分布且 $\lambda=10^{-8}$;而跟踪门门限值取为 $\delta=16$,对应的门限概率为 $P_G=0.999\ 7$。为保证 H_∞ 滤波器的存在性,参数 γ 取为120。产生杂波的MATLAB程序如下:

```
Pde = 0.997;                                                %%% 检测概率
Pg = 0.9997;                                                %%% 正确量测落入跟踪门内的概率
g_sigma = 16;                                               %%% 跟踪门门限
lamda = 1 * 10^(-8);                                        %%% Poisson 分布数
VG = pi * g_sigma * sqrt(det(Residual_S(:,:,i,1,k)));       %%% 计算椭球体积
number_returns1 = floor(10 * VG1 * lamda + 1);              %%% 错误回波数
side = sqrt((10 * VG * lamda + 1)/lamda)/2;                 %%% 求出正方形边长的二分之一
```

```
Noise_r = measure_r1(k) + side - 2 * randn(1,number_returns1) * side;
                                                     % % % 在预测值周围产生多余回波
Noise_rv = measure_b1(k) + side - 2 * randn(1,number_returns1) * side;
                                                     % % % 在预测值周围产生多余回波
Noise_beta = measure_e1(k) + side - 2 * randn(1,number_returns1) * side;
                                                     % % % 在预测值周围产生多余回波
clutter = [Noise_r;Noise_rv;Noise_beta];              % % % 生成杂波向量
y = [clutter z(:,1,k)];                               % % % 存储杂波
```

在仿真过程中,假设过程噪声和量测噪声的统计性质对被跟踪者来说是未知的,这也符合真实的跟踪场景。跟踪者选取的噪声协方差矩阵为 $\boldsymbol{Q}^1=\mathrm{diag}\{5^2,5^2,5^2\}$,$\boldsymbol{Q}^2=\mathrm{diag}\{30^2,30^2,30^2\}$,$\boldsymbol{R}^1=\mathrm{diag}\{40^2,40^2,40^2\}$,以及 $\boldsymbol{R}^2=\mathrm{diag}\{50^2,50^2,50^2\}$,使其作为实现 H_∞ 滤波中的权重矩阵。为比较算法之间的性能,以均方根误差(Root Mean Square Error,RMSE)作为评价指标。设($\boldsymbol{x}_k^p,\boldsymbol{y}_k^p,\boldsymbol{z}_k^p$)和($\hat{\boldsymbol{x}}_{m,k}^p,\hat{\boldsymbol{y}}_{m,k}^p,\hat{\boldsymbol{z}}_{m,k}^p$)分别表示 k 时刻的目标真实位置和第 m 次执行算法得到的估计位置,则 k 时刻关于位置的均方根误差定义为

$$\mathrm{RMSE}=\sqrt{\frac{1}{M}\sum_{m=1}^{M}(\boldsymbol{x}_k^p-\hat{\boldsymbol{x}}_{m,k}^p)^2+(\boldsymbol{y}_k^p-\hat{\boldsymbol{y}}_{m,k}^p)^2+(\boldsymbol{z}_k^p-\hat{\boldsymbol{z}}_{m,k}^p)^2}$$

类似可以定义 k 时刻关于速度和加速度的均方根误差,以及在各个坐标分量上的均方根误差。为简洁,记“DK - Fusion”“DH - Fusion”分别为基于 Kalman 滤波和 H_∞ 滤波的实现算法。通过执行 100 次 Monte Carlo 仿真,结果如图 3.1 和图 3.2 所示,图中分别给出了第一个传感器使用 H_∞ 滤波和 Kalman 滤波的位置均方根误差和速度均方根误差,并与相应的分布式估计融合结果进行了比较。由图 3.1 和图 3.2 可见,利用分布式估计融合后的跟踪误差总小于单传感器的跟踪误差,且 H_∞ 滤波结果要优于 Kalman 滤波;换句话说,H_∞ 滤波更适用于具有噪声不确定性的跟踪场景。

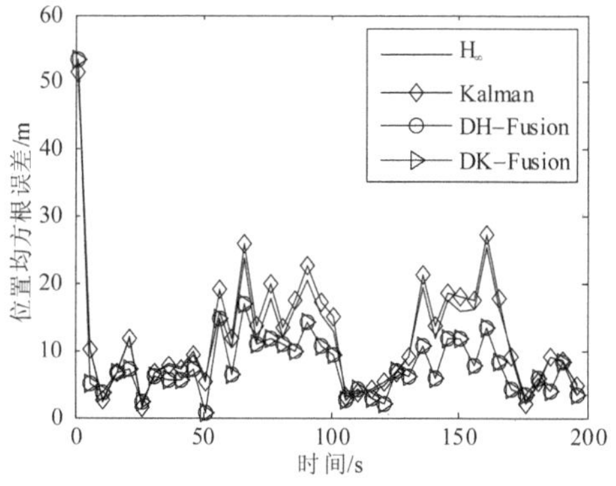

图 3.1　位置均方根误差(8)

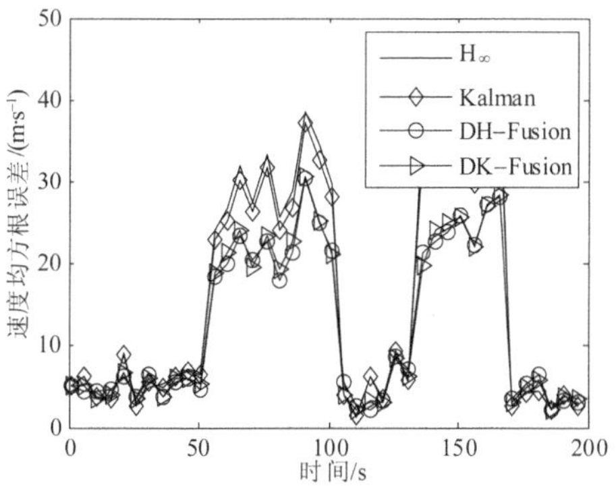

图 3.2　速度均方根误差(4)

例 3.2　同样考虑二维空间中使用两个传感器跟踪单机动目标的场景。设目标

状态由位置和速度分量构成，即 $\boldsymbol{x}_k=(x_k^p,x_k^v,y_k^p,\boldsymbol{y}_k^v)^{\mathrm{T}}$。两个传感器使用相同的目标运动模型，其中 Markov 链包括两个状态，即使用两个运动模型描述目标运动。

模型一：近匀速运动模型：

$$\boldsymbol{F}^1=\begin{bmatrix}1 & T & 0 & 0\\0 & 1 & 0 & 0\\0 & 0 & 1 & T\\0 & 0 & 0 & 1\end{bmatrix},\quad \boldsymbol{G}^1=\begin{bmatrix}T^2/2 & 0\\T & 0\\0 & T^2/2\\0 & T\end{bmatrix}$$

式中：过程噪声的协方差矩阵为 $\boldsymbol{Q}^1=\mathrm{diag}\{2^2,2^2\}$。

模型二：协调转弯运动模型：

$$\boldsymbol{F}^2=\begin{bmatrix}1 & \dfrac{\sin(\omega T)}{\omega} & 0 & -\dfrac{1-\cos(\omega T)}{\omega}\\0 & \cos(\omega T) & 0 & -\sin(\omega T)\\0 & \dfrac{1-\cos(\omega T)}{\omega} & 1 & \dfrac{\sin(\omega T)}{\omega}\\0 & \sin(\omega T) & 0 & \cos(\omega T)\end{bmatrix},\quad \boldsymbol{G}^2=\begin{bmatrix}T^2/2 & 0\\T & 0\\0 & T^2/2\\0 & T\end{bmatrix}$$

式中：ω 为协调转弯率；过程噪声的协方差矩阵为 $\boldsymbol{Q}^2=\mathrm{diag}\{5^2,5^2\}$。

假设传感器仅能获得目标的位置信息，即量测方程为

$$\boldsymbol{z}_k^i=\begin{bmatrix}1 & 0 & 0 & 0\\0 & 0 & 1 & 0\end{bmatrix}\boldsymbol{x}_k+\boldsymbol{v}_k^i,\quad i=1,2$$

式中：量测噪声 $\boldsymbol{v}_k^i=(1-\epsilon)\boldsymbol{v}_k^{i,1}+\epsilon\,\boldsymbol{v}_k^{i,2}$，$\boldsymbol{v}_k^{i,1}$ 为零均值高斯白噪声，协方差矩阵为 $\boldsymbol{R}^1=\mathrm{diag}\{200^2,200^2\}$ 和 $\boldsymbol{R}^2=\mathrm{diag}\{210^2,210^2\}$；而 $\boldsymbol{v}_k^{i,2}\sim\mathscr{L}(0,\boldsymbol{\theta}^i)$ 为 Laplacian 噪声，Laplacian 参数为 $\boldsymbol{\theta}^1=\mathrm{diag}\{200,200\}$ 和 $\boldsymbol{\theta}^2=\mathrm{diag}\{210,210\}$。事实上，这种噪声建模方式经常用来表示雷达跟踪中出现闪烁噪声（Laplacian 噪声）的现象。假设 Laplacian 噪声发生的概率为 $\epsilon=0.1$。

目标的初始状态为 $(60\,000,212,60\,000,212)^{\mathrm{T}}$，首先目标以近匀速运动了 30 s；然后在 31～50 s 期间执行转弯率为 $\omega=1.5$ 的协调转弯运动；之后又以近匀速运动了 50 s；在 101～141 s 期间再一次执行协调转弯运动；最后以近匀速结束运动，总的运动时间为 200 s。在仿真过程中，采样时间间隔取为 $T=1$ s；用来表示模型之间切换的 Markov 链转移概率为 $\pi_{11}=\pi_{22}=0.9$，$\pi_{12}=\pi_{21}=0.1$，且初始的模型概率为 $\mu_0^{i,1}=\mu_0^{i,2}=0.5\ (i=1,2)$；在实现 H_∞ 滤波时，加权矩阵取为 $\boldsymbol{Q}^1=\mathrm{diag}\{2^2,2^2\}$，$\boldsymbol{Q}^2=\mathrm{diag}\{5^2,5^2\}$，$\boldsymbol{R}^1=\mathrm{diag}\{40^2,40^2\}$，以及 $\boldsymbol{R}^2=\mathrm{diag}\{60^2,60^2\}$。另外，为保证 H_∞ 滤波器的存在性，参数 γ 取为 100。

在本例中，采用关于位置和速度在不同坐标分量上的均方根误差作为算法性能评价指标，同样比较了基于 Kalman 滤波（在图中记为“IMM－DK”）和 H_∞ 滤波（在图中记为“IMM－DH”）的分布式估计融合算法在噪声协方差矩阵未知情形下的跟踪性能，也比较了相应的中心式估计融合下的跟踪性能。通过执行 100 次 Monte Carlo 仿真，结果如图 3.3 和图 3.4 所示，图中分别给出了基于 H_∞ 滤波的分布式估计融合和基于 Kalman 滤波分布式估计融合的位置均方根误差和速度均方根误差，

基于 H_∞ 滤波的结果要优于基于 Kalman 滤波的结果。需要指出的是，H_∞ 滤波的性能严重依赖于加权矩阵 $\boldsymbol{Q}_{k-1}^i$ 和 $\boldsymbol{R}_k^i$ 以及参数 γ 的选择，当这些未知量在经验中不能合理选择时，所得结果也可能较不理想。

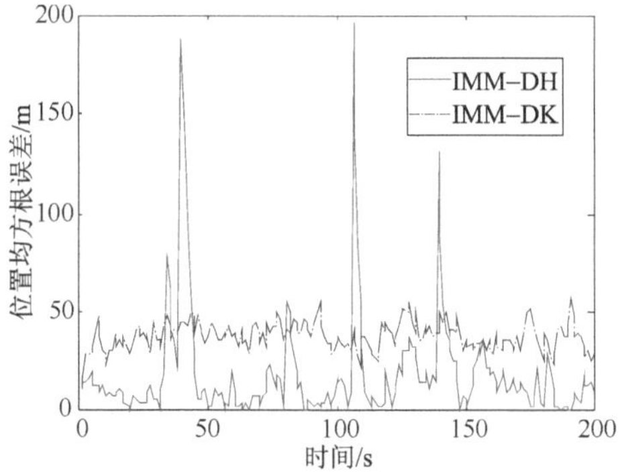

图 3.3　位置均方根误差(9)

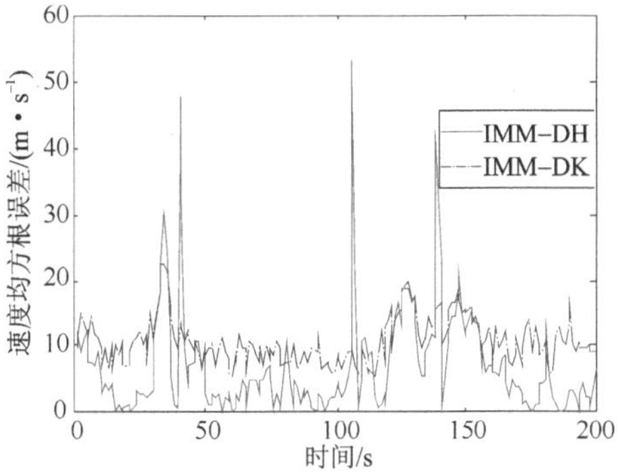

图 3.4　速度均方根误差(5)

3.2　分布式多模型一致滤波

本节仍然以线性随机跳变系统为研究对象，考虑非全连接网中的分布式估计融合问题。正如第 1 章所述，该结构不需要传感器节点之间两两相连，而是通过享有与它相连节点的局部信息，来达到与中心式估计融合一致的最优估计。这种分布式估计融合结构也是近年来受多智能体系统控制启发提出的。由于传感器节点之间不需要全连接，因此对传感器的损坏以及网络连接的拓扑结构变化有更好的鲁棒性。基于 3.1 节中提出的两种多模型分布式估计融合方法，本节将进一步研究非全连接网络中的随机跳变系统分布式估计融合问题。为此，首先介绍将要用到的图论概念及一致性理论方面的知识。

假设 $\mathscr{I}=\{1,2,\cdots,N\}$ 为一指标集，三元组 $\mathscr{G}=(\mathscr{V},\mathscr{E},A)$ 表示一个具有 N 个节点的有向图，其中 $\mathscr{V}=\{v_1,v_2,\cdots,v_N\}$ 表示图 $\mathscr{G}$ 的节点集合，$\mathscr{E}\subset\mathscr{V}\times\mathscr{V}$ 表示图 $\mathscr{G}$ 的边集合，$\boldsymbol{A}=[a_{ij}]\in\mathbb{R}^{N\times N}$ 表示图 $\mathscr{G}$ 的邻接矩阵。如果节点 v_j 能够从节点 v_i 处获取信息，则记 $(v_i,v_j)\in\mathscr{E}$。节点 v_i 的邻集是指集合 $\mathscr{N}_i=\{v_j\in\mathscr{N}:(v_i,v_j)\in\mathscr{E}\}$。邻接矩阵中的元素定义为：若 $(v_i,v_j)\in\mathscr{E}$，则 $a_{ij}>0$；否则如果 $(v_i,v_j)\notin\mathscr{E}$，则 $a_{ij}=0$。有向图 $\mathscr{G}$ 的 Laplacian 矩阵 $\boldsymbol{L}=[l_{ij}]\in\mathbb{R}^{N\times N}$ 定义为 $\boldsymbol{L}=\boldsymbol{D}_{\text{out}}-\boldsymbol{A}$，其中 $\boldsymbol{D}_{\text{out}}=\text{diag}\{d_1^{\text{out}},\cdots,d_N^{\text{out}}\}$ 称为出度矩阵。出度矩阵中的元素定义为 $d_i^{\text{out}}=\sum_{j=1}^{N}a_{ij}$，类似可以定义入度矩阵 $\boldsymbol{D}_{\text{in}}=\text{diag}\{d_1^{\text{in}},\cdots,d_N^{\text{in}}\}$，其中 $d_i^{\text{in}}=\sum_{j=1}^{N}a_{ji}$；如果图的任意节点的入度都等于出度，则称为平衡图。如果对于两个节点 v_i 和 v_j，存在有向图 $\mathscr{G}$ 的一组边 (v_i,v_{i_2})，(v_{i_2},v_{i_3})，$\cdots$，(v_{i_l},v_j)，则称从节点 v_i 到 v_j 有一条有向路径。如果两节点之间彼

此有有向路径,则称这两个节点是强连通的;如果对于图 $\mathcal{G}$ 中的任意两个节点都是强连通的,则称图 $\mathcal{G}$ 是强连通的。特别地,若图 $\mathcal{G}$ 是无向图,则可简称为是连通的;如果存在一个节点使任意节点到这个节点都有有向路径,则称存在生成树。

在一致性理论中,假设第 i 个节点的状态为 $\xi_i \in \mathbb{R}^{\xi}$,一个简单的用于更新节点状态的一致性协议定义如下:

$$\xi_i(\tau+1)=\beta_{ii}(\tau)\xi_i(\tau)+\sum_{j\in\mathcal{N}_i(\tau)}\beta_{ij}(\tau)\xi_j(\tau)$$

式中:τ 为一致性迭代的步长;$\beta_{ij}(\tau)$为第 j 个节点的状态 ξ_j 在第 i 个节点处的权重;$\mathcal{N}_i(\tau)$为在 τ 时刻节点 i 的邻集。由此可见,节点状态的更新仅依赖于与之相连接的节点状态。

若记状态 $\boldsymbol{\xi}(\tau)\overset{\text{def}}{=\!=}(\xi_1^{\mathrm{T}}(\tau),\xi_2^{\mathrm{T}}(\tau),\cdots,\xi_N^{\mathrm{T}}(\tau))^{\mathrm{T}}$,则一致性协议可以表示为如下的紧凑形式:

$$\boldsymbol{\xi}(\tau+1)=[\boldsymbol{B}(\tau)\otimes I]\boldsymbol{\xi}(\tau)$$

式中:矩阵$[\boldsymbol{B}(\tau)]_{ij}=\beta_{ij}(\tau)$;$\boldsymbol{I}$ 为相容维数的单位阵;$\otimes$表示矩阵 Kronecker 乘积。

针对上述一致性协议,下面给出保证节点状态达到平均一致性的引理。

引理 3.1 对于一致性协议,如果矩阵 $\boldsymbol{B}(\tau)$满足如下条件:

① $\sum_{j=1}^{N}\beta_{ij}(\tau)=1$;

② $\sum_{i=1}^{N}\beta_{ij}(\tau)=1$;

③ $\beta_{ii}(\tau)>0$;

④ $\beta_{ij}(\tau)$ 有一致的上界和下界;

且当存在常数 $T_p\geqslant 0$ 使得对任意的区间$[\tau,\tau+T_p]$内的所有图的并是强连通的,则节点的状态可以渐近达到平均一致,即

$$\xi_i(\tau)\to\frac{1}{N}\sum_{j=1}^{N}\xi_j(0),\quad \tau\to\infty,\quad \forall i=1,2,\cdots,N$$

上述引理说明,每个节点通过与其相邻的节点进行信息交换,可以达到全部节点初始状态的平均值。对于权重 $\beta_{ij}(\tau)$的选择,一种常用的类型是 Metropolis 权重,即

$$\beta_{ij}(\tau)=\begin{cases}\dfrac{1}{1+\max\{d_i(\tau),d_j(\tau)\}}, & (i,j)\in E\{\tau\}\\ 1-\sum\limits_{s\in\mathcal{N}_i(\tau)}\beta_{is}(\tau), & i=j\\ 0, & \text{其他}\end{cases}$$

此时,一致性协议可以进一步表示为

$$\xi_i(\tau+1)=\xi_i(\tau)+\sum_{j=1}^{N}\beta_{ij}(\tau)\left[\xi_j(\tau)-\xi_i(\tau)\right]$$

在下面的讨论中,将展示如何把一致性理论与滤波方法结合,进而实现多模型分布式估计融合算法。为了保持与已有结果的一致性,考虑 Kalman 滤波的情形,但是

这些结果可以推广至 H_∞ 滤波，并且可以与 PDA 技术结合处理杂波环境中的机动目标跟踪问题。下面分别利用 3.1 节中发展的两种方法进行实现。

3.2.1 构造全局模型

考虑线性随机跳变系统，在本小节假设过程噪声和量测噪声均为零均值高斯白噪声过程且分别具有已知的协方差矩阵 $\boldsymbol{Q}_{k-1}^{r}$ 和 $\boldsymbol{R}_k^i$，$r\in\mathcal{M}$，$i=1,2,\cdots,N$。对于多模型分布式估计融合中面临的全局模型缺失问题，假设已经采用最佳拟合高斯逼近方法构造了全局模型，即现在考虑下面的多传感器单模型线性高斯系统：

$$\boldsymbol{x}_k=\boldsymbol{\Phi}_{k-1}\boldsymbol{x}_{k-1}+\boldsymbol{w}_{k-1}$$

$$\boldsymbol{z}_k^i=\boldsymbol{H}_k^i\boldsymbol{x}_k+\boldsymbol{v}_k^i,\quad i=1,2,\cdots,N$$

式中：状态转移矩阵 $\boldsymbol{\Phi}_{k-1}$ 以及过程噪声 $\boldsymbol{w}_{k-1}$ 的协方差矩阵 $\boldsymbol{\Sigma}_{k-1}$ 在每步迭代过程中都通过采用最佳拟合高斯逼近方法计算获得。

为得到基于 Kalman 滤波的分布式估计融合公式，首先给出 Kalman 滤波的信息形式，即定义 Fisher 信息矩阵 $\boldsymbol{Y}_{k|k}^i$ 和信息状态向量 $\hat{\boldsymbol{y}}_{k|k}^i$ 为

$$\boldsymbol{Y}_{k|k}^i\overset{\text{def}}{=\!=}(\boldsymbol{P}_{k|k}^i)^{-1}$$

$$\hat{\boldsymbol{y}}_{k|k}^i\overset{\text{def}}{=\!=}(\boldsymbol{P}_{k|k}^i)^{-1}\hat{\boldsymbol{x}}_{k|k}^i=\boldsymbol{Y}_{k|k}^i\hat{\boldsymbol{x}}_{k|k}^i$$

式中：$\hat{\boldsymbol{x}}_{k|k}^i$ 与 $\boldsymbol{P}_{k|k}^i$ 分别表示 k 时刻第 i 个传感器滤波器的状态估计与相应的误差协方差矩阵。

根据上面的定义，Kalman 滤波过程的信息形式递推公式如下：

$$\hat{\boldsymbol{y}}_{k|k-1}^i=\boldsymbol{Y}_{k|k-1}^i\boldsymbol{\Phi}_{k-1}(\boldsymbol{Y}_{k-1|k-1}^i)^{-1}\hat{\boldsymbol{y}}_{k-1|k-1}^i$$

$$\boldsymbol{Y}_{k|k-1}^i=[\boldsymbol{\Phi}_{k-1}(\boldsymbol{Y}_{k-1|k-1}^i)^{-1}\boldsymbol{\Phi}_{k-1}^{\mathrm{T}}+\boldsymbol{\Sigma}_{k-1}]^{-1}$$

$$\hat{\boldsymbol{y}}_{k|k}^i=\hat{\boldsymbol{y}}_{k|k-1}^i+(\boldsymbol{H}_k^i)^{\mathrm{T}}(\boldsymbol{R}_k^i)^{-1}\boldsymbol{z}_k^i$$

$$\boldsymbol{Y}_{k|k}^i=\boldsymbol{Y}_{k|k-1}^i+(\boldsymbol{H}_k^i)^{\mathrm{T}}(\boldsymbol{R}_k^i)^{-1}\boldsymbol{H}_k^i$$

把 Kalman 滤波表述为信息形式的一个好处就是方便实现分布式估计融合，假设在一个传感器网络中节点是全连接的，则分布式估计融合公式为

$$\hat{\boldsymbol{y}}_{k|k-1}^i=\boldsymbol{Y}_{k|k-1}^i\boldsymbol{\Phi}_{k-1}(\boldsymbol{Y}_{k-1|k-1}^i)^{-1}\hat{\boldsymbol{y}}_{k-1|k-1}^i$$

$$\boldsymbol{Y}_{k|k-1}^i=[\boldsymbol{\Phi}_{k-1}(\boldsymbol{Y}_{k-1|k-1}^i)^{-1}\boldsymbol{\Phi}_{k-1}^{\mathrm{T}}+\boldsymbol{\Sigma}_{k-1}]^{-1}$$

$$\hat{\boldsymbol{y}}_{k|k}^i=\hat{\boldsymbol{y}}_{k|k-1}^i+\sum_{j=1}^{N}(\boldsymbol{H}_k^j)^{\mathrm{T}}(\boldsymbol{R}_k^j)^{-1}\boldsymbol{z}_k^j$$

$$\boldsymbol{Y}_{k|k}^i=\boldsymbol{Y}_{k|k-1}^i+\sum_{j=1}^{N}(\boldsymbol{H}_k^j)^{\mathrm{T}}(\boldsymbol{R}_k^j)^{-1}\boldsymbol{H}_k^j$$

由此可见，当每个传感器滤波器具有相同的初始条件时，各传感器通过与其余全部节点交换信息后获得的估计结果是相同的，且与中心式融合一样是最优的。然而

这种分布式估计融合并不适宜扩展,因为每增加一个传感器节点都需要与其余所有的节点进行连接。当传感器网络非全连接时,通过对上述分布式估计融合公式分析可知,各节点缺少的是不能与之连接节点的信息 $\boldsymbol{I}_{v,k}^{j} \overset{\text{def}}{=} (\boldsymbol{H}_k^j)^{\mathrm{T}}(\boldsymbol{R}_k^j)^{-1}\boldsymbol{z}_k^j$ 和 $\boldsymbol{I}_{m,k}^{j} \overset{\text{def}}{=} (\boldsymbol{H}_k^j)^{\mathrm{T}}(\boldsymbol{R}_k^j)^{-1}\boldsymbol{H}_k^j$。但是,如果把 $\boldsymbol{I}_{v,k}^{j}$ 和 $\boldsymbol{I}_{m,k}^{j}$ 作为节点的状态采用一致性协议进行处理,则每个节点都可以获得它们的平均值,即 $\dfrac{1}{N}\sum\limits_{k=1}^{N}\boldsymbol{I}_{v,k}^{j}$ 和 $\dfrac{1}{N}\sum\limits_{j=1}^{N}\boldsymbol{I}_{m,k}^{j}$。这也正是 R. Olfati-Saber 最初提出的实现方法。随后,D. Casbeer 等人又对信息矩阵 $\boldsymbol{Y}_{k|k}^{j}$ 和信息状态向量 $\hat{\boldsymbol{y}}_{k|k}^{j}$ 采用一致性协议进行处理,可以证明这两种方法得到的结果实际上是相同的。需要说明的是,在具体的实现过程中,经常采用有限步的一致性迭代来逼近平均值。下面基于后者提出随机跳变系统的分布式估计融合算法。

假设网络节点是同步的,即信息通信与滤波在同一时间执行。若已知 $k-1$ 时刻各节点的信息矩阵 $\boldsymbol{Y}_{k-1|k-1}^{i}$ 和信息状态向量 $\hat{\boldsymbol{y}}_{k-1|k-1}^{i}$,则随机跳变系统的分布式估计融合过程如下:

步骤一:采用最佳拟合高斯逼近方法构造等价的状态转移矩阵和噪声协方差矩阵,即

$$\boldsymbol{\Phi}_{k-1} = \sum_{r=1}^{M} p_{k,r}\boldsymbol{F}_{k-1}^{r}$$

$$\boldsymbol{\Theta}_{k} = \sum_{r=1}^{M} p_{k,r}[\boldsymbol{F}_{k-1}^{r}(\boldsymbol{\Theta}_{k-1}+\boldsymbol{\varepsilon}_{k-1}\boldsymbol{\varepsilon}_{k-1}^{\mathrm{T}})(\boldsymbol{F}_{k-1}^{r})^{\mathrm{T}}+\boldsymbol{G}_{k-1}^{r}\boldsymbol{Q}_{k-1}^{r}(\boldsymbol{G}_{k-1}^{r})^{\mathrm{T}}]-\boldsymbol{\Phi}_{k-1}\boldsymbol{\varepsilon}_{k-1}\boldsymbol{\varepsilon}_{k-1}^{\mathrm{T}}\boldsymbol{\Phi}_{k-1}^{\mathrm{T}}$$

$$\boldsymbol{\Sigma}_{k-1} = \boldsymbol{\Theta}_{k} - \boldsymbol{\Phi}_{k-1}\boldsymbol{\Theta}_{k-1}\boldsymbol{\Phi}_{k-1}^{\mathrm{T}}$$

$$\boldsymbol{\varepsilon}_{k} = \boldsymbol{\Phi}_{k-1}\boldsymbol{\varepsilon}_{k-1}$$

步骤二:各传感器滤波器获取信息形式的滤波估计,即

$$\hat{\boldsymbol{y}}_{k|k-1}^{i} = \boldsymbol{Y}_{k|k-1}^{i}\boldsymbol{\Phi}_{k-1}(\boldsymbol{Y}_{k-1|k-1}^{i})^{-1}\hat{\boldsymbol{y}}_{k-1|k-1}^{i}$$

$$\boldsymbol{Y}_{k|k-1}^{i} = [\boldsymbol{\Phi}_{k-1}(\boldsymbol{Y}_{k-1|k-1}^{i})^{-1}\boldsymbol{\Phi}_{k-1}^{\mathrm{T}}+\boldsymbol{\Sigma}_{k-1}]^{-1}$$

$$\hat{\boldsymbol{y}}_{k|k}^{i} = \hat{\boldsymbol{y}}_{k|k-1}^{i}+(\boldsymbol{H}_k^i)^{\mathrm{T}}(\boldsymbol{R}_k^i)^{-1}\boldsymbol{z}_k^i$$

$$\boldsymbol{Y}_{k|k}^{i} = \boldsymbol{Y}_{k|k-1}^{i}+(\boldsymbol{H}_k^i)^{\mathrm{T}}(\boldsymbol{R}_k^i)^{-1}\boldsymbol{H}_k^i$$

步骤三:对各传感器的信息矩阵与信息状态向量进行平均一致性更新,即

$$\tau \rightarrow \tau + T_c$$

$$\hat{\boldsymbol{y}}_{k|k}^{i}(\tau+1) = \hat{\boldsymbol{y}}_{k|k}^{i}(\tau)+\sum_{j=1}^{N}\beta_{ij}(\tau)\,[\hat{\boldsymbol{y}}_{k|k}^{j}(\tau)-\hat{\boldsymbol{y}}_{k|k}^{i}(\tau)]$$

$$\boldsymbol{Y}_{k|k}^{i}(\tau+1) = \boldsymbol{Y}_{k|k}^{i}(\tau)+\sum_{j=1}^{N}\beta_{ij}(\tau)\,[\boldsymbol{Y}_{k|k}^{j}(\tau)-\boldsymbol{Y}_{k|k}^{i}(\tau)]$$

式中:T_c 表示为达到平均一致而执行的迭代次数。

在上述发展的分布式估计融合算法步骤三中,执行 T_c 次一致性迭代后的信息矩阵 $\boldsymbol{Y}_{k|k}^{i}(T_c)$ 和信息状态向量 $\hat{\boldsymbol{y}}_{k|k}^{i}(T_c)$ 即为各节点 k 时刻的结果,也是用于下一次

迭代的信息量，目标状态为 $\boldsymbol{x}_{k|k}^{i}=[\boldsymbol{Y}_{k|k}^{i}(T_c)]^{-1}\hat{\boldsymbol{y}}_{k|k}^{i}(T_c)$。这种融合方法的一个主要缺点是在任意两个采样区间各节点需要与之相连接的节点交换 T_c 次信息以达到平均一致，而这往往需要消耗较多的计算量和能量。此外，T_c 往往与网络节点的数目以及连接的拓扑结构有关。

3.2.2　无需全局模型

鉴于无需全局模型的分布式估计融合方法仅限于处理线性情形，考虑离散时间非线性随机跳变系统：

$$\boldsymbol{x}_k=f(\boldsymbol{x}_{k-1},r_k)+\boldsymbol{w}_{k-1}(r_k)$$
$$\boldsymbol{z}_k^i=h^i(\boldsymbol{x}_k,r_k)+\boldsymbol{v}_k^i(r_k),\quad i=1,2,\cdots,N$$

式中：$\boldsymbol{x}_k\in\mathbb{R}^n$ 为 k 时刻的目标状态向量；$\boldsymbol{z}_k^i\in\mathbb{R}^p$ 为 k 时刻第 i 个传感器的量测向量；N 为传感器的个数；$f(\cdot,\cdot)$ 与 $h^i(\cdot,\cdot)$ 分别为系统状态转移函数与第 i 个传感器的量测函数；过程噪声 $\boldsymbol{w}_{k-1}(r_k)$ 与量测噪声 $\boldsymbol{v}_k^i(r_k)$ 为相互独立的零均值高斯白噪声过程且协方差矩阵分别为 $\boldsymbol{Q}_{k-1}(r_k)$ 和 $\boldsymbol{R}_k^i(r_k)$。$r_k\in\mathcal{M}\overset{\text{def}}{=}\{1,2,\cdots,M\}$ 为离散时间齐次 Markov 链，转移概率矩阵为 $\boldsymbol{\Pi}=[\pi_{jm}]_{M\times M}$，其中 $\pi_{jm}\overset{\text{def}}{=}\Pr\{r_k=m\mid r_{k-1}=j\}$。当 $r_k=m$ 时，记 $f(\boldsymbol{x}_{k-1},r_k)=f^m(\boldsymbol{x}_{k-1})$，$h^i(\boldsymbol{x}_{k-1},r_k)=h^{i,m}(\boldsymbol{x}_{k-1})$，$\boldsymbol{Q}_{k-1}(r_k)=\boldsymbol{Q}_{k-1}^m(\boldsymbol{x}_{k-1})$，以及 $\boldsymbol{R}_k^i(r_k)=\boldsymbol{R}_k^{i,m}$。

下面从 Bayes 滤波角度分析多传感器分布式估计融合问题，利用全概率公式，随机跳变系统的后验概率密度函数可以表示为

$$p(\boldsymbol{x}_k\mid\boldsymbol{Z}_k^1,\cdots,\boldsymbol{Z}_k^N)=\sum_{r=1}^{M}p(\boldsymbol{x}_k\mid r_k=m,\boldsymbol{Z}_k^1,\cdots,\boldsymbol{Z}_k^N)p(r_k=m\mid\boldsymbol{Z}_k^1,\cdots,\boldsymbol{Z}_k^N)$$

式中：$\boldsymbol{Z}_k^i\overset{\text{def}}{=}\{\boldsymbol{z}_1^i,\cdots,\boldsymbol{z}_k^i\}$ 表示第 i 个传感器从 1 时刻到 k 时刻接收到的量测集合。在已知 Markov 链模式的情形下，条件概率密度函数 $p(\boldsymbol{x}_k|r_k=m,\boldsymbol{Z}_k^1,\cdots,\boldsymbol{Z}_k^N)$ 可以用包含 M^k 项的高斯混合密度逼近。

由于高斯混合项呈指数增长，所以仍然采用 IMM 方法进行合并处理。然而对于非全连接网络来说，由于每个传感器节点只能获取与之相连接节点的信息，条件概率密度函数 $p(\boldsymbol{x}_k|r_k=m,\boldsymbol{Z}_k^1,\cdots,\boldsymbol{Z}_k^N)$ 和模式概率 $p(r_k=m|\boldsymbol{Z}_k^1,\cdots,\boldsymbol{Z}_k^N)$ 并不能直接得到。为此，考虑使用一致性协议进行逼近实现。具体地说，在已知 Markov 链模式的情形下，求取条件概率密度函数 $p(\boldsymbol{x}_k|r_k=m,\boldsymbol{Z}_k^1,\cdots,\boldsymbol{Z}_k^N)$ 实际对应单模型的滤波过程，其对应的一、二阶矩可以通过采用一致性协议迭代得到，而对于模式概率 $p(r_k=m|\boldsymbol{Z}_k^1,\cdots,\boldsymbol{Z}_k^N)$ 的计算，利用 Bayes 公式可以得到

$$\begin{aligned}p(r_k=m\mid\boldsymbol{Z}_k^1,\cdots,\boldsymbol{Z}_k^N)&=\frac{p(r_k=m\mid\boldsymbol{Z}_{k-1}^1,\cdots,\boldsymbol{Z}_{k-1}^N)p(\boldsymbol{z}_k^1,\cdots,\boldsymbol{z}_k^N\mid r_k=m,\boldsymbol{Z}_{k-1}^1,\cdots,\boldsymbol{Z}_{k-1}^N)}{p(\boldsymbol{z}_k^1,\cdots,\boldsymbol{z}_k^N\mid\boldsymbol{Z}_{k-1}^1,\cdots,\boldsymbol{Z}_{k-1}^N)}\\&=\frac{p(r_k=m\mid\boldsymbol{Z}_{k-1}^1,\cdots,\boldsymbol{Z}_{k-1}^N)\prod_{i=1}^{N}p(\boldsymbol{z}_k^i\mid r_k=m,\boldsymbol{Z}_{k-1}^1,\cdots,\boldsymbol{Z}_{k-1}^N)}{p(\boldsymbol{z}_k^1,\cdots,\boldsymbol{z}_k^N\mid\boldsymbol{Z}_{k-1}^1,\cdots,\boldsymbol{Z}_{k-1}^N)}\end{aligned}$$

由此可见,上式中乘积项并不能通过直接使用一致性协议迭代得到。若定义似然函数 $\Lambda_{k|k}^{i,m}=p(z_k^i|r_k=m,\boldsymbol{Z}_{k-1}^1,\cdots,\boldsymbol{Z}_{k-1}^N)$,则可以通过取自然对数变换把乘积项变为和式,即

$$\prod_{i=1}^{N}\Lambda_{k|k}^{i,m}=\exp\left(N\cdot\frac{1}{N}\sum_{i=1}^{N}\sigma_k^{i,m}\right)$$

式中:$\sigma_k^{i,m}\overset{\text{def}}{=}\ln\Lambda_{k|k}^{i,m}$,而此时上式右端中的和式平均值 $\frac{1}{N}\sum_{i=1}^{N}\sigma_k^{i,m}$ 可以通过把 $\sigma_k^{i,m}$ 作为节点状态使用一致性协议迭代得到。

基于上述分析,下面给出非全连接网络中的非线性随机跳变系统分布式估计融合算法,其中使用 UKF 处理非线性滤波问题。为区别 3.2.1 小节中采用信息矩阵与信息状态向量作为一致性协议的迭代状态,本小节采用 R. Olfati-Saber 提出的实现方法。假设在 $k-1$ 时刻已获取各传感器在各种模型下的估计 $\hat{\boldsymbol{x}}_{k-1|k-1}^{i,j}$、$\boldsymbol{P}_{k-1|k-1}^{i,j}$ 以及模式概率 $\mu_{k-1}^{i,j}$,其中上标 i 和 j 分别为传感器指标和运动模型指标,则迭代计算过程如下:

步骤一:模型条件重初始化

混合模式概率如下:

$$\mu_{k-1}^{i,j|m}=\frac{1}{c_k^{i,m}}\pi_{jm}\mu_{k-1}^{i,j}$$

式中:$c_k^{i,m}=\sum_{j=1}^{M}\pi_{jm}\mu_{k-1}^{i,j}$ 为归一化常数。

混合状态估计及相应误差协方差矩阵:

$$\hat{\boldsymbol{x}}_{k-1|k-1}^{i,0m}=\sum_{j=1}^{M}\mu_{k-1}^{i,j|m}\hat{\boldsymbol{x}}_{k-1|k-1}^{i,j}$$

$$\boldsymbol{P}_{k-1|k-1}^{i,0m}=\sum_{j=1}^{M}\mu_{k-1}^{i,j|m}[\boldsymbol{P}_{k-1|k-1}^{i,j}+(\hat{\boldsymbol{x}}_{k-1|k-1}^{i,j}-\hat{\boldsymbol{x}}_{k-1|k-1}^{i,0m})(\hat{\boldsymbol{x}}_{k-1|k-1}^{i,j}-\hat{\boldsymbol{x}}_{k-1|k-1}^{i,0m})^{\mathrm{T}}]$$

步骤二:模型条件预测

利用混合状态估计及相应误差协方差矩阵产生 $2n+1$ 个加权 σ 点,即

$$\boldsymbol{\chi}_{k-1|k-1}^{i,m,0}=\hat{\boldsymbol{x}}_{k-1|k-1}^{i,0m}$$

$$\boldsymbol{\chi}_{k-1|k-1}^{i,m,s}=\hat{\boldsymbol{x}}_{k-1|k-1}^{i,0m}+\left(\sqrt{(n+\kappa)\boldsymbol{P}_{k-1|k-1}^{i,0m}}\right)_s,\quad s=1,\cdots,n$$

$$\boldsymbol{\chi}_{k-1|k-1}^{i,m,s+n}=\hat{\boldsymbol{x}}_{k-1|k-1}^{i,0m}-\left(\sqrt{(n+\kappa)\boldsymbol{P}_{k-1|k-1}^{i,0m}}\right)_s,\quad s=1,\cdots,n$$

传播 σ 点以得到预测估计及相应误差协方差矩阵,即

$$\hat{\boldsymbol{x}}_{k|k-1}^{i,m}=\sum_{s=0}^{2n}\boldsymbol{W}_s f^m(\boldsymbol{\chi}_{k-1|k-1}^{i,m,s})$$

$$\boldsymbol{P}_{k|k-1}^{i,m}=\sum_{s=0}^{2n}\boldsymbol{W}_s[f^m(\boldsymbol{\chi}_{k-1|k-1}^{i,m,s})-\hat{\boldsymbol{x}}_{k|k-1}^{i,m}][f^m(\boldsymbol{\chi}_{k-1|k-1}^{i,m,s})-\hat{\boldsymbol{x}}_{k|k-1}^{i,m}]^{\mathrm{T}}+Q_{k-1}^m$$

传播 σ 点以得到预测量测以及相应交互协方差矩阵，即

$$\hat{\boldsymbol{z}}_{k|k-1}^{i,m}=\sum_{s=0}^{2n}\boldsymbol{W}_s h^{i,m}(f^m(\boldsymbol{\chi}_{k-1|k-1}^{i,m,s}))$$

$$\boldsymbol{P}_{xz,k}^{i,m}=\sum_{s=0}^{2n}\boldsymbol{W}_s[f^m(\boldsymbol{\chi}_{k-1|k-1}^{i,m,s})-\hat{\boldsymbol{x}}_{k|k-1}^{i,m,s}][h^{i,m}(f^m(\boldsymbol{\chi}_{k-1|k-1}^{i,m,s}))-\hat{\boldsymbol{z}}_{k|k-1}^{i,m}]^{\mathrm{T}}$$

$$\boldsymbol{P}_{zz,k}^{i,m}=\sum_{s=0}^{2n}\boldsymbol{W}_s[h^{i,m}(f^m(\boldsymbol{\chi}_{k-1|k-1}^{i,m,s}))-\hat{\boldsymbol{z}}_{k|k-1}^{i,m}][h^{i,m}(f^m(\boldsymbol{\chi}_{k-1|k-1}^{i,m,s}))-\hat{\boldsymbol{z}}_{k|k-1}^{i,m}]^{\mathrm{T}}$$

步骤三：对加权量测及协方差矩阵进行平均一致性更新

对加权量测及协方差矩阵进行平均一致性更新，如下：

$$\tau\rightarrow\tau+T_c,\quad m=1,2,\cdots,M$$

$$\boldsymbol{y}_{k|k}^{i,m}(\tau+1)=\boldsymbol{y}_{k|k}^{i,m}(\tau)+\sum_{j=1}^{N}\beta_{ij}(\tau)\left[\boldsymbol{y}_{k|k}^{j,m}(\tau)-\boldsymbol{y}_{k|k}^{i,m}(\tau)\right]$$

$$\boldsymbol{Y}_{k|k}^{i,m}(\tau+1)=\boldsymbol{Y}_{k|k}^{i,m}(\tau)+\sum_{j=1}^{N}\beta_{ij}(\tau)\left[\boldsymbol{Y}_{k|k}^{j,m}(\tau)-\boldsymbol{Y}_{k|k}^{i,m}(\tau)\right]$$

式中：一致性协议迭代的状态定义为 $\boldsymbol{y}_{k|k}^{i,m}(0)\overset{\mathrm{def}}{=\!=}(\boldsymbol{P}_{k|k-1}^{i,m})^{-1}\boldsymbol{P}_{xz,k}^{i,m}(\boldsymbol{R}_k^{i,m})^{-1}(\boldsymbol{z}_k^i-\hat{\boldsymbol{z}}_{k|k-1}^{i,m})$，$\boldsymbol{Y}_{k|k}^{i,m}(0)\overset{\mathrm{def}}{=\!=}(\boldsymbol{P}_{k|k-1}^{i,m})^{-1}\boldsymbol{P}_{xz,k}^{i,m}(\boldsymbol{R}_k^{i,m})^{-1}(\boldsymbol{P}_{xz,k}^{i,m})^{\mathrm{T}}(\boldsymbol{P}_{k|k-1}^{i,m})^{-1}$。实际上，在 UKF 中没有线性化的量测矩阵，而用统计线性误差递归方法可知其可以用 $(\boldsymbol{P}_{xz,k}^{i,m})^{\mathrm{T}}(\boldsymbol{P}_{k|k-1}^{i,m})^{-1}$ 代替。

步骤四：模型条件更新

模型条件更新如下：

$$\hat{\boldsymbol{x}}_{k|k}^{i,m}=\hat{\boldsymbol{x}}_{k|k-1}^{i,m}+N\boldsymbol{P}_{k|k}^{i,m}\hat{\boldsymbol{y}}_{k|k}^{i,m}$$

$$\boldsymbol{P}_{k|k}^{i,m}=[(\boldsymbol{P}_{k|k-1}^{i,m})^{-1}+N\hat{\boldsymbol{Y}}_{k|k}^{i,m}]^{-1}$$

式中：$\hat{\boldsymbol{y}}_{k|k}^{i,m}=\boldsymbol{y}_{k|k}^{i,m}(T_c)$与$\hat{\boldsymbol{Y}}_{k|k}^{i,m}=\boldsymbol{Y}_{k|k}^{i,m}(T_c)$分别为一致性迭代的输出结果。

步骤五：对似然函数的自然对数进行平均一致性更新

对似然函数的自然对数进行平均一致性更新如下：

$$\tau\rightarrow\tau+T_c,\quad m=1,2,\cdots,M$$

$$\sigma_k^{i,m}(\tau+1)=\sigma_k^{i,m}(\tau)+\sum_{i'=1}^{N}\beta_{ii'}(\tau)\left[\sigma_k^{i',m}(\tau)-\sigma_k^{i,m}(\tau)\right]$$

式中：$\sigma_k^{i,m}(0)=\ln\Lambda_k^{i,m}$，其中 $\Lambda_k^{i,m}=N(\boldsymbol{z}_k^i;\hat{\boldsymbol{z}}_{k|k-1}^{i,m},\boldsymbol{P}_{zz,k}^{i,m}+\boldsymbol{R}_k^{i,m})$。

步骤六：模式概率更新

模式概率更新如下：

$$\mu_{k|k}^{i,m}=\frac{c_k^{i,m}\hat{\Lambda}_k^{i,m}}{\sum_{m'=1}^{M}c_k^{i,m'}\hat{\Lambda}_k^{i,m'}}$$

式中：$\hat{\Lambda}_k^{i,m}=\exp\left[N\sigma_k^{i,m}(T_c)\right]$，而 $\sigma_k^{i,m}(T_c)$为一致性迭代的输出结果。

步骤七：估计融合

估计融合如下：

$$\hat{\boldsymbol{x}}_{k|k}^{i}=\sum_{m=1}^{M}\mu_{k|k}^{i,m}\hat{\boldsymbol{x}}_{k|k}^{i,m}$$

$$\boldsymbol{P}_{k|k}^{i}=\sum_{m=1}^{M}\mu_{k|k}^{i,m}[\boldsymbol{P}_{k|k}^{i,m}+(\hat{\boldsymbol{x}}_{k|k}^{i,m}-\hat{\boldsymbol{x}}_{k|k}^{i})(\hat{\boldsymbol{x}}_{k|k}^{i,m}-\hat{\boldsymbol{x}}_{k|k}^{i})^{\mathrm{T}}]$$

当使用单传感器进行机动目标跟踪时，上述分布式估计融合过程很自然地退化为经典的 IMM - UKF 算法。另外，在每个采样区间，各传感器节点需要与之相连接的节点交互三方面的信息，即

$$\bar{M}=(\boldsymbol{y}_{k|k}^{i,m},\boldsymbol{Y}_{k|k}^{i,m},\sigma_{k}^{i,m}),\quad m=1,2,\cdots,M$$

3.2.3 仿真例子

例 3.3 考虑二维空间中采用多基站雷达进行目标跟踪的场景，假设使用三个无人机(UAV)跟踪一个机动目标，无人机之间的通信拓扑结构：第 1 个无人机和第 3 个无人机均可以与第 2 个无人机通信交换信息，但是它们之间不能通信。在多基站雷达跟踪系统中，基站发出的信号经目标反射后被无人机接收，各无人机通过与之能够通信的无人机交换信息后，利用自身携带的滤波器进行处理以实现对目标的最优定位。设目标状态由位置、速度和加速度分量构成，即 $\boldsymbol{x}_k=(x_k^p,x_k^v,x_k^a,y_k^p,y_k^v,y_k^a)^{\mathrm{T}}$，三个无人机使用相同的目标运动模型。

模型一：近匀速运动模型：

$$\boldsymbol{F}_1=\begin{bmatrix}1&T&0&0&0&0\\0&1&T&0&0&0\\0&0&0&0&0&0\\0&0&0&1&T&0\\0&0&0&0&1&T\\0&0&0&0&0&0\end{bmatrix},\quad \boldsymbol{G}_1=\begin{bmatrix}T^2/2&0\\T&0\\0&0\\0&T^2/2\\0&T\\0&0\end{bmatrix}$$

模型二：近匀加速运动模型：

$$\boldsymbol{F}_2=\begin{bmatrix}1&T&T^2/2&0&0&0\\0&1&T&0&0&0\\0&0&1&0&0&0\\0&0&0&1&T&T^2/2\\0&0&0&0&1&T\\0&0&0&0&0&1\end{bmatrix},\quad \boldsymbol{G}_2=\begin{bmatrix}T^2/2&0\\T&0\\1&0\\0&T^2/2\\0&T\\0&1\end{bmatrix}$$

记$(\boldsymbol{x}_k^i,\boldsymbol{y}_k^i)$表示第 i 个无人机在第 k 时刻的位置，设无人机均以常速 $\boldsymbol{V}$ 进行运动，且运动的方位角为 φ_k^i，则无人机在运动中的位置方程满足

$$x_k^i = x_{k-1}^i + VT\cos\varphi_k^i$$

$$y_k^i = y_{k-1}^i + VT\sin\varphi_k^i$$

无人机在运动中接收到的量测信息为基站发出的信号时滞以及 Doppler，则第 i 个无人机对应的量测方程为

$$\tau_k^i = \frac{1}{c}\left[\sqrt{(x_k^p)^2 + (y_k^p)^2} + \sqrt{(x_k^p - x_k^i)^2 + (y_k^p - y_k^i)^2}\right]$$

$$f_k^i = \frac{1}{\lambda}\left[\frac{x_k^v x_k^p + y_k^v y_k^p}{\sqrt{(x_k^p)^2 + (y_k^p)^2}} + \frac{(x_k^v - V\cos\varphi_k^i)(x_k^p - x_k^i) + (y_k^v - V\sin\varphi_k^i)(y_k^p - y_k^i)}{\sqrt{(x_k^p - x_k^i)^2 + (y_k^p - y_k^i)^2}}\right]$$

式中：c 为光速；λ 为信号的波长。

如图 3.5 所示，目标的初始状态为$(10\ 200, 45, 1\ 740, 309.9)^{\mathrm{T}}$，首先目标以近匀速运动了 50 s；然后在 51～75 s 期间执行近匀加速运动，加速度为 16 m/s^2；之后又以近匀速运动了 25 s；在 101～125 s 期间再一次执行近匀加速运动；最后以近匀速结束运动，总的运动时间为 200 s。三个无人机所在的初始位置为(10 000,1 000)、(20 000,10 000)以及(25 000,30 000)，并以常速 $V=200$ m/s 运动，其方位角对应取为

$$\varphi_k^1 = \frac{14}{25}\pi,\quad \varphi_k^2 = \frac{17}{30}\pi,\quad \varphi_k^3 = \frac{11}{20}\pi$$

在仿真过程中，采样时间间隔取为 $T=1$ s；光速取为 $c=3\times10^8$ m/s；信号波长取为 $\lambda=0.3$ m；用来表示模型之间切换的 Markov 链的转移概率为

$$\pi_{11} = \pi_{22} = 0.9,\quad \pi_{12} = \pi_{21} = 0.1$$

且初始的模型概率为 $\mu_0^{i,1} = \mu_0^{i,2} = 0.5\ (i=1,2)$；过程噪声的协方差矩阵取为 $\boldsymbol{Q}^1 = \mathrm{diag}\{4^2, 4^2\}$ 和 $\boldsymbol{Q}^2 = \mathrm{diag}\{8^2, 8^2\}$，量测噪声协方差矩阵为 $\boldsymbol{R}^i = \mathrm{diag}\{10^{-10}, 5^2\}\ (i=1,2,3)$。

为说明算法的有效性，我们与中心式估计融合(可以同时使用三个无人机得到的量测信息进行滤波估计)的结果进行比较。记所提出的信息一致滤波器为“ICF”，仿真结果通过执行 100 次 Monte Carlo 算法运行获得，而评价标准采用关于位置的均方根误差。

最佳拟合高斯逼近算法的 MATLAB 程序如下：

```
pmode(1,k) = PI(1,1) * pmode(1,k - 1) + PI(2,1) * pmode(2,k - 1);
pmode(2,k) = PI(1,2) * pmode(1,k - 1) + PI(2,2) * pmode(2,k - 1);
BFG_F(:,:,k) = pmode(1,k) * F(:,:,1) + pmode(2,k) * F(:,:,2);      % % % 生成系统矩阵
BFG_C(:,:,k) = pmode(1,k) * (F(:,:,1) * (BFG_C(:,:,k - 1) + epsilond(:,k - 1) * epsilond
(:,k - 1)') * F(:,:,1)' + G(:,:,1) * Q(:,:,1) *  G(:,:,1)') + pmode(2,k) * (F(:,:,2) *
(BFG_C(:,:,k - 1) + epsilond(:,k - 1) * epsilond(:,k - 1)') * F(:,:,2)' + G(:,:,2) * Q
(:,:,2) * G(:,:,2)') - BFG_F(:,:,k) * epsilond(:,k - 1) * epsilond(:,k - 1)' * BFG_F(:,:,
k)';
BFG_Q(:,:,k) = BFG_C(:,:,k) - BFG_F(:,:,k) * BFG_C(:,:,k - 1) * BFG_F(:,:,k)';
```

```
%%% 生成噪声协方差矩阵
epsilond(:,k) = BFG_F(:,:,k) * epsilond(:,k-1);
```

首先,说明采用最佳拟合高斯逼近方法(记为"BFG")的合理性。我们把使用最佳拟合高斯逼近方法构造的线性高斯系统的估计结果与使用IMM方法的线性随机跳变系统的估计结果进行比较。如图3.6所示,两种估计结果几乎达到一致的跟踪误差。由此可见,可以通过采用这种方法解决多模型分布式估计融合中的全局模型缺失问题,而且把多模型估计转换为单模型估计,大大减小了计算量。

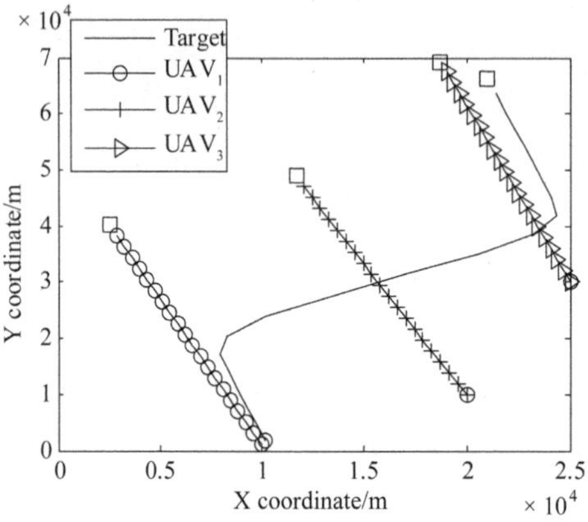

图3.5　机动目标及UAV运动轨迹

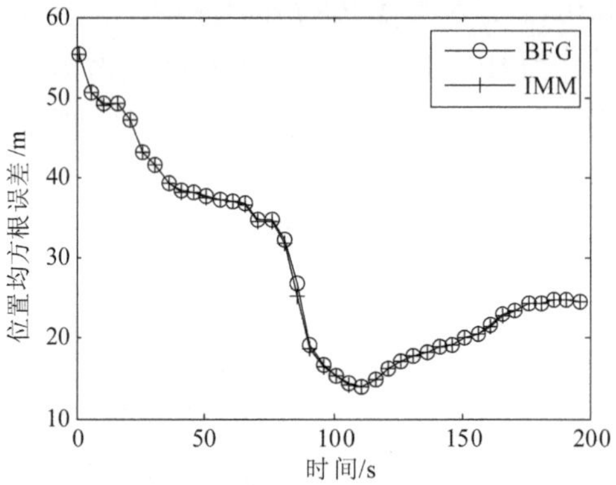

图3.6　位置均方根误差(10)

其次,基于最佳拟合高斯逼近方法构造的线性高斯系统,各无人机利用自身量测进行机动目标跟踪的均方根误差结果如图3.7所示。由此可见,随着时间的推移,各无人机只依靠自身获取的量测信息不能对机动目标跟踪进行精确跟踪。对于采用时滞和Doppler量测的多基站跟踪系统来说,仅使用单基站获取的信息往往不能使系统达到可观测性,这也说明多传感器融合提高了可观测性。

接着考虑所需要的一致性迭代步数T_c的选择问题。当$T_c=6$时,图3.8给出了所提出的"ICF"与中心式估计融合的比较结果。由此可见,$T_c=6$可以保证三个无人机的信息状态达到一致,并且可以与中心式估计融合达到几乎相同的跟踪效果。换句话说,在每个采样时间间隔内,每个无人机需要与之能够通信的无人机交换6次信息就能实现三者共享的信息相同。而当选取较小的迭代步数$T_c=2$时,就不能达到一致,此时的跟踪误差结果如图3.9所示。通过对T_c选取不同的值,仿真结果显示为达到一致性,往往至少需要3步迭代,否则不能达到一致,以致产生比中心式估计融合较差的跟踪效果。最后,与R. Olfati-Saber提出的分布式估计融合方法进行比较(记为"KCF"),即对加权的量测信息和噪声协方差矩阵采用一致性协议迭代处理。如图3.10所示,当这两种算法都能分别达到一致时,产生了同样的跟踪误差。

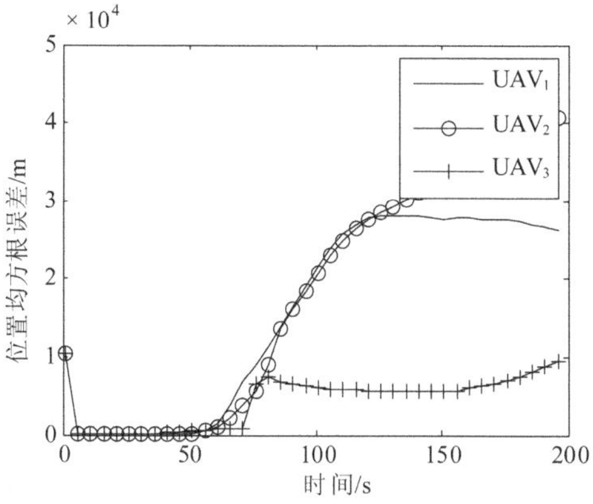

图 3.7　无交互时位置均方根误差

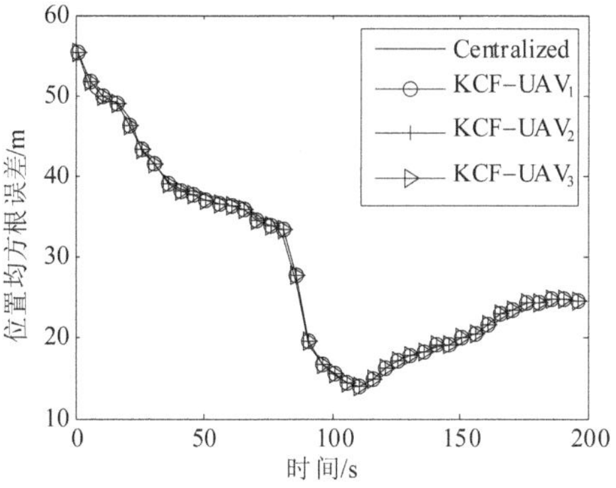

图 3.8　$T_c=6$ 时位置均方根误差

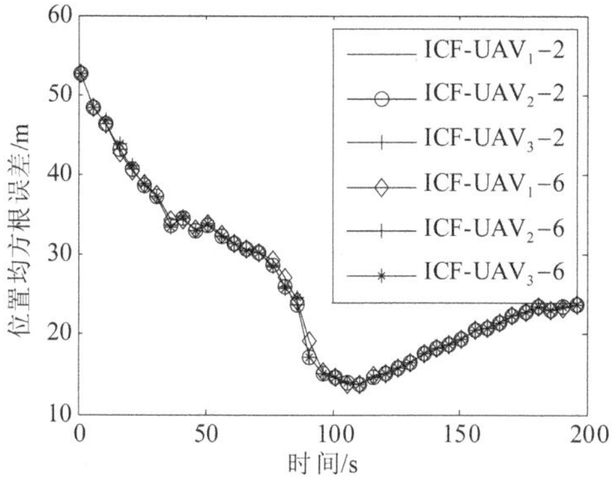

图 3.9　$T_c=2$ 时位置均方根误差

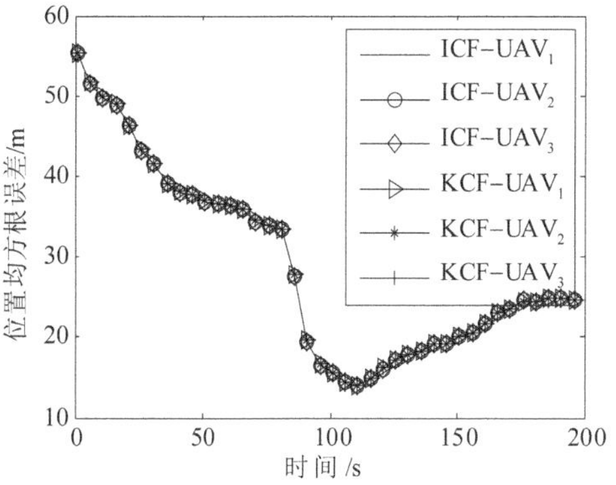

图 3.10　位置均方根误差(11)

例 3.4　仍然考虑例 3.3 中的多基站雷达跟踪场景，无人机之间的通信拓扑结构如图 3.11 所示，即第 i 个无人机只能和与之相连接的第 $i+n_b$ 以及第 $i-n_b$ 个无人机通信交换信息。具体地说，每个无人机只能和前面 n_b 以及后面 n_b 个无人机通信交换信息，即无人机的邻集包括 $N_b=2n_b$ 个节点。

设目标状态为 $\boldsymbol{x}_k=(x_k^p, x_k^v, y_k^p, y_k^v)^{\mathrm{T}}$，所有的无人机使用相同的协调转弯运动模型，如下：

$$\boldsymbol{x}_k=\begin{bmatrix} 1 & \dfrac{\sin(\omega T)}{\omega} & 0 & -\dfrac{1-\cos(\omega T)}{\omega} \\ 0 & \cos(\omega T) & 0 & -\sin(\omega T) \\ 0 & \dfrac{1-\cos(\omega T)}{\omega} & 1 & \dfrac{\sin(\omega T)}{\omega} \\ 0 & \sin(\omega T) & 0 & \cos(\omega T) \end{bmatrix}\boldsymbol{x}_{k-1}+\boldsymbol{w}_{k-1}(\omega)$$

式中：ω 表示转弯率；T 为采样时间间隔；过程噪声 $\boldsymbol{w}_{k-1}(\omega)$ 的协方差矩阵为

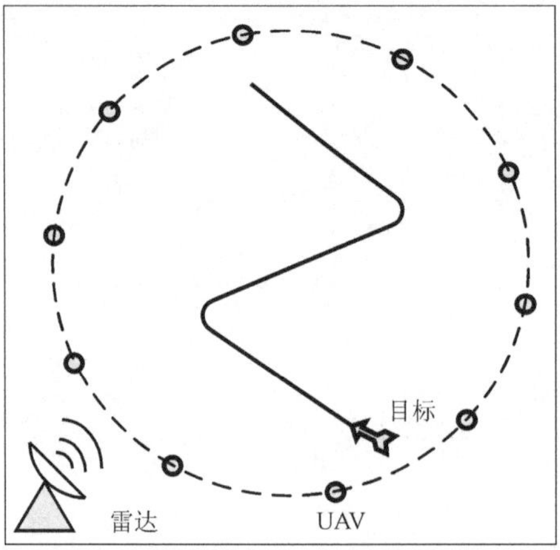

图 3.11 通信拓扑结构

$$Q(\omega)=\sigma_{\omega}^{2}\begin{bmatrix} T^{3}/3 & T^{2}/2 & 0 & 0 & 0 \\ T^{2}/2 & T & 0 & 0 & 0 \\ 0 & 0 & T^{3}/3 & 0 & T^{2}/2 \\ 0 & 0 & T^{2}/2 & T & 0 \end{bmatrix}$$

式中:σ_{ω}^{2} 为噪声强度。

在下面的讨论中,考虑 Markov 链为三状态的情形,即用三个运动模型描述目标的运动。模型一对应转弯率为 0(°)/s 以及 $\sigma_0=2$;模型二对应顺时针转弯,即 −10(°)/s 以及 $\sigma_{10}=3$;而模型三对应逆时针转弯,即 10(°)/s 以及 $\sigma_{10}=3$。Markov 链的转移概率为 $\pi_{ii}=0.8$ (i=1,2,3)和 $\pi_{ij}=0.1$ ($i\neq j$)。在仿真过程中,采样时间间隔取为$T=1$。

仍然采用上例中的非线性量测方程,即信号时滞和 Doppler,与之不同的是量测噪声协方差矩阵取为 $\boldsymbol{R}_k^i=\mathrm{diag}\{10^{-5},125\}(i=1,2,\cdots,N)$。如图 3.12 所示,目标的初始状态为$(102\ 000,-25,102\ 000,12)^{\mathrm{T}}$,首先目标以近匀速运动了 10 s;然后在 11~25 s 期间执行转弯率为 $\omega=-10$ 的协调转弯运动;之后又以近匀速运动了 10 s;在 36~45 s 期间再一次执行转弯率为 $\omega=10$ 的协调转弯运动;最后以近匀速结束运动,总的运动时间为 60 s。在仿真过程中,我们将考虑不同数目的无人机,但是不管数目多少,这些无人机总是在以(102 000,102 500)为中心,以 $R_c=600$ m 为半径的圆周上运动,并且所有的无人机运动轨迹在总的运动时间内正好形成一个闭合的圆。例如,当采用 4 个无人机跟踪时,在 60 s 的运动时间内,每个无人机将运动四分之一个圆。根据这个原则可以判定无人机的运动速度和在不同时刻的方位角。实际上,无人机的速度可以利用与角速度的关系进行计算,即 $V=\dfrac{2\pi R_c}{60N}$,类似可计算方位角。

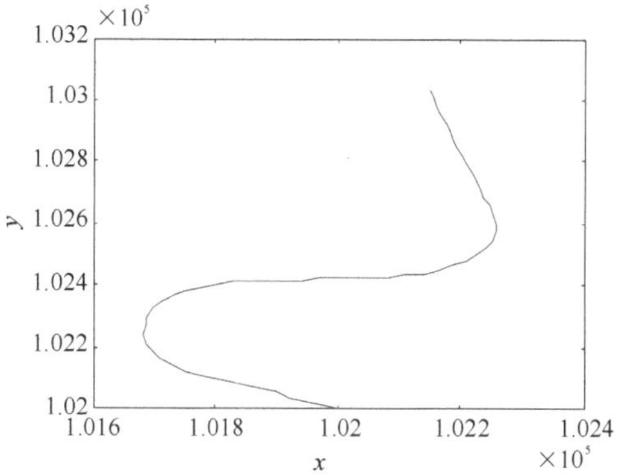

图 3.12　机动目标运动轨迹

无人机轨迹生成的 MATLAB 程序如下：

```
R = 600;
x0 = 102000;
y0 = 102500;
UAV_x(1,1) = x0 + R;
UAV_y(1,1) = y0;
num_node = 10;
omega = 2 * pi/num_node/60;
V = omega * R;
for sen = 1:num_node
    UAV_x(1,sen) = x0 + R * cos(2 * pi/num_node * sen);
    UAV_y(1,sen) = y0 + R * sin(2 * pi/num_node * sen);
    psi(1,sen) = 2 * pi/num_node * sen;
    for i = 2:60
        psi(i,sen) = 2 * pi/num_node * sen + pi * 2 * i/num_node/All_time;
        cosphi(i,sen) = 1/omega * (cos(psi(i,sen)) - cos(psi(i - 1,sen)));
        sinphi(i,sen) = 1/omega * (sin(psi(i,sen)) - sin(psi(i - 1,sen)));
        UAV_x(i,sen) = UAV_x(i - 1,sen) + V * cosphi(i,sen) * T;
        UAV_y(i,sen) = UAV_y(i - 1,sen) + V * sinphi(i,sen) * T;
    end
end
```

图 3.13 中给出了当节点数目取为 $N=10$，邻接节点数为 $N_b=4$ 以及执行 $T_c=30$ 次迭代时的分布式估计融合跟踪误差，在图中只给出了中心式估计融合以及三个无人机节点的跟踪结果。由此可见，各节点之间已经达到平均一致，且达到了中心式估计融合的效果。另外，在图 3.14 中给出了对目标运动模型一的模式估计概率，可以看出使用多模型分布式估计融合方法能够使每个节点正确地识别目标的运动模式。

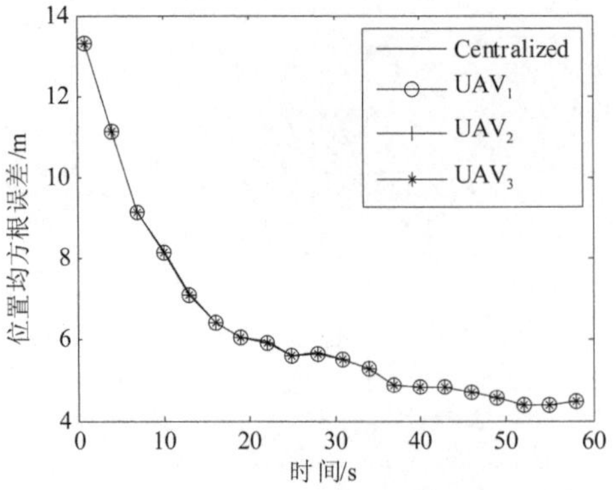

图 3.13　位置的均方根误差比较

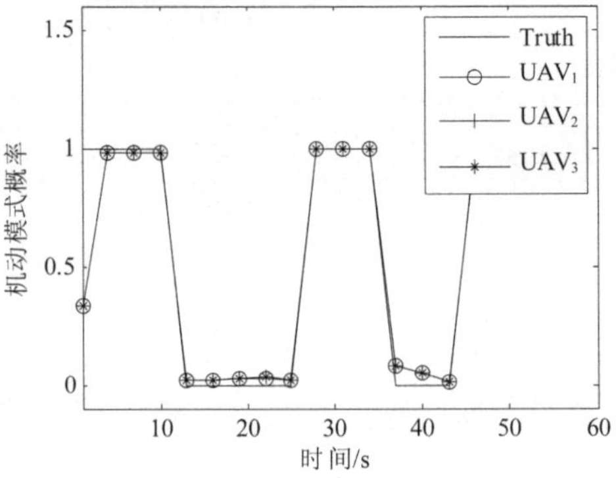

图 3.14　机动模式概率

3.3　分布式多模型扩散滤波

动态平均一致策略需要多步通信及一致性计算,对通信和计算需求较高。扩散策略是一种仅进行单步通信和计算的分布式处理策略,本节将扩散策略应用于交互式多模型滤波,发展分布式多模型扩散滤波算法。

3.3.1　算法设计

考虑离散时间线性随机跳变系统:

$$\boldsymbol{x}_k=\boldsymbol{F}_{k-1}(r_k)\boldsymbol{x}_{k-1}+\boldsymbol{G}_{k-1}(r_k)\boldsymbol{w}_{k-1}(r_k)$$

$$\boldsymbol{y}_{i,k}=\boldsymbol{H}_{i,k}\boldsymbol{x}_k+\boldsymbol{v}_{i,k},\quad i=1,2,\cdots,N$$

式中:$\boldsymbol{x}_k\in\mathbb{R}^n$ 为 k 时刻的目标状态向量;$\boldsymbol{y}_{i,k}\in\mathbb{R}^p$ 为 k 时刻第 i 个传感器的量测向量;N 为传感器的个数;$\boldsymbol{F}_{k-1}(r_k)$与 $\boldsymbol{G}_{k-1}(r_k)$分别为系统状态转移矩阵与过程噪声分布矩阵;$\boldsymbol{H}_{i,k}$ 为第 i 个传感器的量测矩阵;过程噪声 $\boldsymbol{w}_{k-1}(r_k)$与量测噪声 $\boldsymbol{v}_{i,k}$ 为相互独立的零均值高斯白噪声过程且协方差矩阵分别为 $\boldsymbol{Q}_{k-1}(r_k)$和 $\boldsymbol{R}_{i,k}$。$r_k\in\mathscr{M}\overset{\text{def}}{=}\{1,2,\cdots,M\}$为离散时间齐次 Markov 链,且具有已知的转移概率矩阵 $\boldsymbol{\Pi}=[\pi_{mn}]$,其中 $\pi_{mn}\overset{\text{def}}{=}\Pr\{r_k=n\mid r_{k-1}=m\}$。分布式多模型扩散滤波实现过程如下:

步骤一:模型条件重初始化,即

$$\mu_{i,k-1}^{m,n}=\frac{\pi_{mn}\mu_{i,k-1}^{m}}{\sum_{m=1}^{M}\pi_{mn}\mu_{i,k-1}^{m}}$$

$$\bar{\boldsymbol{x}}_{i,k-1|k-1}^{n}=\sum_{m=1}^{M}\mu_{i,k-1}^{m,n}\hat{\boldsymbol{x}}_{i,k-1|k-1}^{m}$$

$$\bar{\boldsymbol{P}}_{i,k-1|k-1}^{n}=\sum_{m=1}^{M}\mu_{i,k-1}^{m,n}[\boldsymbol{P}_{i,k-1|k-1}^{m}+(\hat{\boldsymbol{x}}_{i,k-1|k-1}^{m}-\bar{\boldsymbol{x}}_{i,k-1|k-1}^{n})(\hat{\boldsymbol{x}}_{i,k-1|k-1}^{m}-\bar{\boldsymbol{x}}_{i,k-1|k-1}^{n})^{\mathrm{T}}]$$

步骤二：模型条件滤波，即

$$S_{i,k}=\sum_{l\in\mathcal{N}_i}\boldsymbol{H}_{i,l}^{\mathrm{T}}\boldsymbol{R}_{i,l}^{-1}\boldsymbol{H}_{i,l}$$

$$\boldsymbol{q}_{i,k}=\sum_{l\in\mathcal{N}_i}\boldsymbol{H}_{i,l}^{\mathrm{T}}\boldsymbol{R}_{i,l}^{-1}\boldsymbol{y}_{i,l}$$

$$\hat{\boldsymbol{x}}_{i,k|k-1}^{n}=\boldsymbol{F}_{k-1}^{n}\bar{\boldsymbol{x}}_{i,k|k-1}^{n}$$

$$\boldsymbol{P}_{i,k|k-1}^{n}=\boldsymbol{F}_{k-1}^{n}\bar{\boldsymbol{P}}_{i,k-1|k-1}^{n}(\boldsymbol{F}_{k-1}^{n})^{\mathrm{T}}+\boldsymbol{G}_{k-1}^{n}\boldsymbol{Q}_{k-1}^{n}(\boldsymbol{G}_{k-1}^{n})^{\mathrm{T}}$$

$$(\boldsymbol{\Psi}_{i,k|k}^{n})^{-1}=(\boldsymbol{P}_{i,k|k-1}^{n})^{-1}+\boldsymbol{S}_{i,k}$$

$$\boldsymbol{\psi}_{i,k|k}^{n}=\hat{\boldsymbol{x}}_{i,k|k-1}^{n}+\boldsymbol{\Psi}_{i,k|k}^{n}(\boldsymbol{q}_{i,k}-\boldsymbol{S}_{i,k}\hat{\boldsymbol{x}}_{i,k|k-1}^{n})$$

步骤三：模型条件估计扩散，即

$$\hat{\boldsymbol{x}}_{i,k|k}^{n}=\boldsymbol{P}_{i,k|k}^{n}\left[\sum_{l\in\mathcal{N}_i}\alpha_{li,k}^{n}(\boldsymbol{\Psi}_{l,k|k}^{n})^{-1}\boldsymbol{\psi}_{l,k|k}^{n}\right]$$

$$(\boldsymbol{P}_{l,k|k}^{n})^{-1}=\sum_{l\in\mathcal{N}_i}\alpha_{li,k}^{n}(\boldsymbol{\Psi}_{l,k|k}^{n})^{-1}$$

步骤四：模式似然函数扩散，即

$$\boldsymbol{\Phi}_{i,k}^{n}=\prod_{l\in\mathcal{N}_i}N(\boldsymbol{y}_{i,l};\boldsymbol{H}_{l,k}\hat{\boldsymbol{x}}_{i,k|k-1}^{n},\boldsymbol{H}_{i,l}\boldsymbol{P}_{i,k|k-1}^{n}\boldsymbol{H}_{i,l}^{\mathrm{T}}+\boldsymbol{R}_{l,k})$$

$$\Lambda_{i,k}^{n}=\exp\Big(\sum_{l\in\mathcal{N}_i}\beta_{li}^{n}\ln\boldsymbol{\Phi}_{l,k}^{n}\Big)$$

步骤五：模式概率更新，即

$$\mu_{i,k}^{n}=\frac{\Lambda_{i,k}^{n}\sum_{m=1}^{M}\pi_{mn}\mu_{i,k-1}^{m}}{\sum_{t=1}^{M}\sum_{m=1}^{M}\Lambda_{i,k}^{m}\pi_{tm}\mu_{i,k-1}^{t}}$$

步骤六：估计融合，即

$$\hat{\boldsymbol{x}}_{i,k|k}=\sum_{n=1}^{M}\mu_{i,k}^{n}\hat{\boldsymbol{x}}_{i,k|k}^{n}$$

$$\boldsymbol{P}_{i,k|k}=\sum_{n=1}^{M}\mu_{i,k}^{n}[\boldsymbol{P}_{i,k|k}^{n}+(\hat{\boldsymbol{x}}_{i,k|k}^{n}-\hat{\boldsymbol{x}}_{i,k|k})(\hat{\boldsymbol{x}}_{i,k|k}^{n}-\hat{\boldsymbol{x}}_{i,k|k})^{\mathrm{T}}]$$

在分布式多模型扩散滤波中，传感器之间首先交换局部测量信息用于获取局部估计，然后局部估计和局部似然函数在传感器之间进行扩散得到最终的估计。

3.3.2 性能分析

为了分析分布式多模型扩散滤波算法的性能，首先介绍一致可控和一致可观的概念。

定义 3.1　随机跳变系统称为一致可控的，如果存在正整数 k_0 和标量 $\kappa_1>0$、$\kappa_2<\infty$ 使得

$$\kappa_1 \boldsymbol{I} \leqslant \sum_{j=k-k_0+1}^{k} \boldsymbol{\Phi}_{k,j} \boldsymbol{G}_j^{m_j} \boldsymbol{Q}_j^{m_j} (\boldsymbol{G}_j^{m_j})^{\mathrm{T}} \boldsymbol{\Phi}_{k,j}^{\mathrm{T}} \leqslant \kappa_2 \boldsymbol{I}$$

式中：$\boldsymbol{I}$ 为相容维数的单位矩阵；状态转移矩阵为

$$\boldsymbol{\Phi}_{k,j} = \begin{cases} \boldsymbol{F}_{k-1}^{m_{k-1}} \boldsymbol{F}_{k-2}^{m_{k-2}} \cdots \boldsymbol{F}_j^{m_j}, & k>j \\ \boldsymbol{I}, & k=j \end{cases}$$

其中，m_j 表示 Markov 链在时刻 j 的状态。

定义 3.2　随机跳变系统称为一致可观的，如果存在正整数 k_0、$\kappa_4<\infty$ 使得

$$\sum_{j=k-k_0}^{k} \boldsymbol{\Phi}_{k,j} \boldsymbol{H}_{i,j}^{\mathrm{loc}} \boldsymbol{R}_{i,j}^{\mathrm{loc}} (\boldsymbol{H}_{i,j}^{\mathrm{loc}})^{\mathrm{T}} \boldsymbol{\Phi}_{k,j}^{\mathrm{T}} \leqslant \kappa_4 \boldsymbol{I}$$

式中：$\boldsymbol{H}_{i,j}^{\mathrm{loc}}$ 和 $\boldsymbol{R}_{i,j}^{\mathrm{loc}}$ 定义为

$$\boldsymbol{H}_{i,j}^{\mathrm{loc}} \overset{\mathrm{def}}{=} [\boldsymbol{H}_{i_1,j}^{\mathrm{T}}, \cdots, \boldsymbol{H}_{i_{d_i},j}^{\mathrm{T}}]^{\mathrm{T}}$$

$$\boldsymbol{R}_{i,j}^{\mathrm{loc}} \overset{\mathrm{def}}{=} \mathrm{diag}\{\boldsymbol{R}_{i_1,j}, \cdots, \boldsymbol{R}_{i_{d_i},j}\}$$

及 $i_1, \cdots, i_{d_i} \in \mathcal{N}_i$。

定义 3.3　称传感器 i 获得的估计是稳定的，如果误差协方差矩阵是有界的，即存在正定矩阵 $\boldsymbol{\Omega}_i$ 使

$$E\{(\boldsymbol{x}_k - \hat{\boldsymbol{x}}_{i,k|k})(\boldsymbol{x}_k - \hat{\boldsymbol{x}}_{i,k|k})^{\mathrm{T}}\} \leqslant \boldsymbol{\Omega}_i$$

引理 3.2　若随机跳变系统是一致可控和一致可观的，则模式依赖的误差协方差矩阵是有界的，即存在正整数 $k_0>0$ 和 $\tau_i<\infty$ 使得

$$\boldsymbol{P}_{i,k|k}^{n} \leqslant \tau_i \boldsymbol{I}, \quad k \geqslant k_0$$

(1) 无偏性

假设所有传感器模式依赖的初始估计是无偏的，即

$$E\{\boldsymbol{x}_0 - \hat{\boldsymbol{x}}_{i,0|0}^{m}\} = 0$$

令 $\tilde{\boldsymbol{x}}_{i,k-1|k-1}^{m} = \boldsymbol{x}_{k-1} - \hat{\boldsymbol{x}}_{i,k-1|k-1}^{m}$，表示 $k-1$ 时刻的估计误差，则预测误差为

$$\begin{aligned} \tilde{\boldsymbol{x}}_{i,k|k-1}^{n} &= \boldsymbol{x}_k - \hat{\boldsymbol{x}}_{i,k|k-1}^{n} \\ &= \boldsymbol{F}_{k-1}^{n} \sum_{m=1}^{M} \mu_{i,k-1}^{m,n} \tilde{\boldsymbol{x}}_{i,k-1|k-1}^{m} + \boldsymbol{G}_{k-1}^{n} \boldsymbol{w}_{k-1}^{n} \end{aligned}$$

则中间估计误差 $\tilde{\boldsymbol{\psi}}_{i,k|k}^{n} = \boldsymbol{x}_k - \boldsymbol{\psi}_{i,k|k}^{n}$ 为

$$\begin{aligned} \tilde{\boldsymbol{\psi}}_{i,k|k}^{n} &= \tilde{\boldsymbol{x}}_{i,k|k-1}^{n} + (\boldsymbol{\Psi}_{i,k|k}^{n})^{-1} (\boldsymbol{q}_{i,k} - \boldsymbol{S}_{i,k} \hat{\boldsymbol{x}}_{i,k|k-1}^{n}) \\ &= (\boldsymbol{I} - \boldsymbol{\Psi}_{i,k|k}^{n} \boldsymbol{S}_{i,k}) \tilde{\boldsymbol{x}}_{i,k|k-1}^{n} - \boldsymbol{\Psi}_{i,k|k}^{n} \sum_{l \in \mathcal{N}_i} \boldsymbol{H}_{l,k}^{\mathrm{T}} \boldsymbol{R}_{l,k}^{-1} \boldsymbol{v}_{l,k} \end{aligned}$$

扩散估计的误差为

$$\tilde{\boldsymbol{x}}_{i,k|k}^{n}=\boldsymbol{P}_{i,k|k}^{n}\left[\sum_{l\in\mathcal{N}_i}\alpha_{li,k}^{n}(\boldsymbol{\Psi}_{l,k|k}^{n})^{-1}\tilde{\boldsymbol{\psi}}_{l,k|k}^{n}\right]$$

对上式两边求期望，可得

$$E\{\tilde{\boldsymbol{x}}_{i,k|k-1}^{n}\}=\boldsymbol{F}_{k-1}^{n}\sum_{m=1}^{M}\mu_{i,k-1}^{m,n}E\{\tilde{\boldsymbol{x}}_{i,k-1|k-1}^{m}\}$$

$$E\{\tilde{\boldsymbol{\psi}}_{i,k|k}^{n}\}=(\boldsymbol{I}-\boldsymbol{\Psi}_{i,k|k}^{n}\boldsymbol{S}_{i,k})E\{\tilde{\boldsymbol{x}}_{i,k|k-1}^{n}\}$$

$$E\{\tilde{\boldsymbol{x}}_{i,k|k}^{n}\}=\boldsymbol{P}_{i,k|k}^{n}\left(\sum_{l\in\mathcal{N}_i}\alpha_{li,k}^{n}(\boldsymbol{\Psi}_{l,k|k}^{n}\right)^{-1}E\{\tilde{\boldsymbol{\psi}}_{l,k|k}^{n}\}$$

易见，所有传感器最终的扩散估计都是无偏的。

(2) 有界性

为了分析误差协方差矩阵的有界性，假设存在正数 $\delta>0,\eta>0,\sigma>0$，使得 $\boldsymbol{0}<\delta\boldsymbol{I}\leqslant\boldsymbol{G}^{n}_{k-1}\boldsymbol{Q}_{k-1}^{n}(\boldsymbol{G}_{k-1}^{n})^{\mathrm{T}}\leqslant\eta\boldsymbol{I}$ 和 $\boldsymbol{0}\leqslant\boldsymbol{H}_{i,k}^{\mathrm{T}}\boldsymbol{R}_{i,k}^{-1}\boldsymbol{H}_{i,k}\leqslant\sigma\boldsymbol{I}$ 成立。

考虑到并不是每个传感器都是一致可观的，或者说传感器测量是丢失的，记 $\mathcal{N}_o$ 是所有一致可观的传感器集合。下面证明通过扩散以后所有的传感器估计误差协方差矩阵是有界的。

引理 3.3　若所有传感器模式依赖的初始估计的误差协方差矩阵满足 $E\{(\boldsymbol{x}_0-\hat{\boldsymbol{x}}_{i,0|0}^{n})(\boldsymbol{x}_0-\hat{\boldsymbol{x}}_{i,0|0}^{n})^{\mathrm{T}}\}\leqslant\boldsymbol{P}_{i,0|0}^{n}$，则

$$E\{(\boldsymbol{x}_k-\hat{\boldsymbol{x}}_{i,k|k})(\boldsymbol{x}_k-\hat{\boldsymbol{x}}_{i,k|k})^{\mathrm{T}}\}\leqslant\boldsymbol{P}_{i,k|k}$$

亦即

$$\limsup_{k\to\infty}\boldsymbol{E}\,\|\,\boldsymbol{x}_x-\hat{\boldsymbol{x}}_{i,k|k}\,\|^2\leqslant\mathrm{tr}(\boldsymbol{P}_{i,k|k})$$

证明：注意到最终的估计是模式依赖的估计融合，因此为了最终的估计误差协方差矩阵的有界性，只需要证明模式依赖的估计误差协方差矩阵的有界性，即证明

$$E\{(\boldsymbol{x}_k-\hat{\boldsymbol{x}}_{i,k|k}^{n})(\boldsymbol{x}_k-\hat{\boldsymbol{x}}_{i,k|k}^{n})^{\mathrm{T}}\}\leqslant\boldsymbol{P}_{i,k|k}^{n}$$

采用数学归纳法进行证明。假设上述不等式对 $k-1$ 成立，则混合估计的误差协方差矩阵满足

$$\begin{aligned}&E\{(\boldsymbol{x}_{k-1}-\hat{\boldsymbol{x}}_{i,k-1|k-1}^{m,n})(\boldsymbol{x}_{k-1}-\hat{\boldsymbol{x}}_{i,k-1|k-1}^{m,n})^{\mathrm{T}}\}\\&=\sum_{m=1}^{M}\mu_{i,k-1}^{m,n}E\{(\boldsymbol{x}_{k-1}-\hat{\boldsymbol{x}}_{i,k-1|k-1}^{m})(\boldsymbol{x}_{k-1}-\hat{\boldsymbol{x}}_{i,k-1|k-1}^{m})^{\mathrm{T}}\}+\\&(\hat{\boldsymbol{x}}_{i,k-1|k-1}^{m}-\hat{\boldsymbol{x}}_{i,k-1|k-1}^{m,n})(\hat{\boldsymbol{x}}_{i,k-1|k-1}^{m}-\hat{\boldsymbol{x}}_{i,k-1|k-1}^{m,n})^{\mathrm{T}}\\&\leqslant\sum_{m=1}^{M}\mu_{i,k-1}^{m,n}[\boldsymbol{P}_{i,k-1|k-1}^{m}+(\hat{\boldsymbol{x}}_{i,k-1|k-1}^{m}-\hat{\boldsymbol{x}}_{i,k-1|k-1}^{m,n})(\hat{\boldsymbol{x}}_{i,k-1|k-1}^{m}-\hat{\boldsymbol{x}}_{i,k-1|k-1}^{m,n})^{\mathrm{T}}]\\&=\boldsymbol{P}_{i,k|k-1}^{m,n}\end{aligned}$$

进一步，预测估计的误差协方差矩阵满足

$$E\{(\boldsymbol{x}_k-\hat{\boldsymbol{x}}_{i,k|k-1}^{n})(\boldsymbol{x}_k-\hat{\boldsymbol{x}}_{i,k|k-1}^{n})^{\mathrm{T}}\}$$

$$
\begin{aligned}
&= \boldsymbol{F}_{k-1}^{n} E\{(\boldsymbol{x}_{k-1} - \hat{\boldsymbol{x}}_{i,k-1|k-1}^{m,n})(\boldsymbol{x}_{k-1} - \hat{\boldsymbol{x}}_{i,k-1|k-1}^{m,n})^{\mathrm{T}}\}(\boldsymbol{F}_{k-1}^{n})^{\mathrm{T}} + \boldsymbol{G}_{k-1}^{n}\boldsymbol{Q}_{k-1}^{n}(\boldsymbol{G}_{k-1}^{n})^{\mathrm{T}} \\
&\leqslant \boldsymbol{F}_{k-1}^{n}\boldsymbol{P}_{i,k-1|k-1}^{m,n}(\boldsymbol{F}_{k-1}^{n})^{\mathrm{T}} + \boldsymbol{G}_{k-1}^{n}\boldsymbol{Q}_{k-1}^{n}(\boldsymbol{G}_{k-1}^{n})^{\mathrm{T}} \\
&= \boldsymbol{P}_{i,k|k-1}^{n}
\end{aligned}
$$

更新估计的误差协方差矩阵满足

$$
\begin{aligned}
&E\{(\boldsymbol{x}_k - \boldsymbol{\psi}_{i,k|k}^{n})(\boldsymbol{x}_k - \boldsymbol{\psi}_{i,k|k}^{n})^{\mathrm{T}}\} \\
&= \Big[(E\{(\boldsymbol{x}_k - \hat{\boldsymbol{x}}_{i,k|k-1}^{n})(\boldsymbol{x}_k - \hat{\boldsymbol{x}}_{i,k|k-1}^{n})^{\mathrm{T}}\})^{-1} + \sum_{l \in \mathcal{N}_i} \boldsymbol{H}_{l,k}^{\mathrm{T}}\boldsymbol{R}_{l,k}^{-1}\boldsymbol{H}_{l,k}\Big]^{-1} \\
&\leqslant \Big[(\boldsymbol{P}_{i,k|k-1}^{n})^{-1} + \sum_{l \in \mathcal{N}_i} \boldsymbol{H}_{l,k}^{\mathrm{T}}\boldsymbol{R}_{l,k}^{-1}\boldsymbol{H}_{l,k}\Big]^{-1} \\
&= \boldsymbol{\Psi}_{i,k|k}^{n}
\end{aligned}
$$

由协方差交叉保持估计的一致性，因此扩散后的估计误差协方差矩阵满足

$$E\{(\boldsymbol{x}_k - \hat{\boldsymbol{x}}_{i,k|k}^{n})(\boldsymbol{x}_k - \hat{\boldsymbol{x}}_{i,k|k}^{n})^{\mathrm{T}}\} \leqslant \boldsymbol{P}_{i,k|k}^{n}$$

证毕。

定理 3.1 假设所有传感器模式依赖的初始估计的误差协方差矩阵满足 $E\{(\boldsymbol{x}_0 - \hat{\boldsymbol{x}}_{i,0|0}^{n})(\boldsymbol{x}_0 - \hat{\boldsymbol{x}}_{i,0|0}^{n})^{\mathrm{T}}\} \leqslant \boldsymbol{P}_{i,0|0}^{n}$。若至少存在一个传感器是一致可观的且传感器网络是连通的，则存在正定矩阵 $\boldsymbol{\Omega}_i$ 使得

$$E\{(\boldsymbol{x}_k - \hat{\boldsymbol{x}}_{i,k|k})(\boldsymbol{x}_i - \hat{\boldsymbol{x}}_{i,k|k})^{\mathrm{T}}\} \leqslant \boldsymbol{\Omega}_i, \quad k \in \mathcal{N}$$

证明：由引理 3.3 可知，只需证明模式依赖的估计误差协方差矩阵 $\boldsymbol{P}_{i,k|k}^{n} \leqslant \boldsymbol{\Omega}_i$ 成立。为此，下面证明若传感器 i_0 的估计误差有界，则 $\boldsymbol{P}_{i_0,k|k}^{n}$ 是有界的。由引理 3.2 可知，在进行扩散估计之前，协方差矩阵 $\boldsymbol{\Phi}_{i_0,k|k}^{n}$ 是有界的，即存在正数 $\tau_{i_0} > 0$ 使得

$$\boldsymbol{\Psi}_{i_0,k|k}^{n} \leqslant \tau_{i_0}\boldsymbol{I}$$

经过扩散以后，融合后的协方差矩阵为

$$\boldsymbol{P}_{i_0,k|k}^{n} = \left[\sum_{l \in \mathcal{N}_{i_0}} \alpha_{li_0,k}^{n}(\boldsymbol{\Psi}_{l,k|k}^{n})^{-1}\right]^{-1} \leqslant (\alpha_{i_0i_0,k}^{n})^{-1}\boldsymbol{\Psi}_{i_0,k|k}^{n} \leqslant (\alpha_{i_0i_0,k}^{n})^{-1}\tau_{i_0}\boldsymbol{I}$$

由 $\boldsymbol{P}_{i,k|k-1}^{n} \geqslant \delta I > 0$ 和 $0 \leqslant \boldsymbol{S}_{i,k} \leqslant d_i\sigma\boldsymbol{I}$ 得

$$\boldsymbol{\Psi}_{i,k|k}^{n} = [(\boldsymbol{P}_{i,k|k-1}^{n})^{-1} + \boldsymbol{S}_{i,k}]^{-1} \geqslant (\delta^{-1} + d_i\sigma)^{-1}\boldsymbol{I} \overset{\mathrm{def}}{=} \rho_i\boldsymbol{I}$$

因此，权重的下界为

$$\alpha_{i_0i_0,k}^{n} = \frac{1/\mathrm{tr}(\boldsymbol{\Psi}_{i_0,k|k}^{n})}{\sum_{l \in \mathcal{N}_{i_0}} 1/\mathrm{tr}(\boldsymbol{\Psi}_{l,k|k}^{n})} \geqslant \frac{1/\mathrm{tr}(\tau_{i_0}\boldsymbol{I})}{\sum_{l \in \mathcal{N}_{i_0}} 1/\mathrm{tr}(\rho_l\boldsymbol{I})} = \left(\sum_{l \in \mathcal{N}_k} \frac{\tau_{i_0}}{\rho_l}\right)^{-1}$$

由此可以得到融合后的协方差矩阵上界为

$$\boldsymbol{P}_{i_0,k|k}^{n} \leqslant \lambda_{i_0}\tau_{i_0}\boldsymbol{I}$$

式中：

$$\lambda_{i_0}=\sum_{l\in\mathcal{N}_i}\frac{\tau_{i_0}}{\rho_l}$$

考虑传感器 $i_1\in\mathcal{N}_{i_0}$，经过扩散以后，估计的误差协方差矩阵为

$$\boldsymbol{P}_{i_1,k|k}^{n}=\left[\sum_{l\in\mathcal{N}_{i_1}}\alpha_{li_1,i}^{n}(\boldsymbol{\Psi}_{l,k|k}^{n})^{-1}\right]^{-1}\leqslant(\alpha_{i_0i_1,k}^{n})^{-1}\boldsymbol{\Psi}_{i_0,k|k}^{n}\leqslant(\alpha_{i_0i_1,k}^{n})^{-1}\tau_{i_0}\boldsymbol{I}\leqslant\lambda_{i_1}\tau_{i_0}\boldsymbol{I}$$

式中：

$$\lambda_{i_1}=\sum_{l\in\mathcal{N}_{i_1}}\frac{\tau_{i_0}}{\rho_l}$$

类似地，对于传感器 $i_2\in\mathcal{N}_{i_1}$，有

$$\boldsymbol{P}_{i_2,k|k}^{n}=\left[\sum_{l\in\mathcal{N}_{i_1}}\alpha_{li_2,k}^{n}(\boldsymbol{\Psi}_{l,k|k}^{n})^{-1}\right]^{-1}\leqslant(\alpha_{i_1i_2,k}^{n})^{-1}\boldsymbol{\Psi}_{i_1,k|k}^{n}$$

因此可得

$$\begin{aligned}\boldsymbol{\Psi}_{i_1,k|k}^{n}&=[(\boldsymbol{P}_{i_1,k|k-1}^{n})^{-1}+\boldsymbol{H}_{i_1,k}^{\mathrm{T}}\boldsymbol{R}_{i_1,k}^{-1}\boldsymbol{H}_{i_1,k}]^{-1}\\&\leqslant\boldsymbol{P}_{i_1,k|k-1}^{n}=\boldsymbol{F}_{k-1}^{n}\sum_{m=1}^{M}\mu_{i_1,k-1|k-1}^{m,n}[\boldsymbol{P}_{i_1,k|k-1}^{m}+(\hat{\boldsymbol{x}}_{i_1,k-1|k-1}^{m}-\hat{\boldsymbol{x}}_{i_1,k-1|k-1}^{m,n})\cdot\\&\qquad(\hat{\boldsymbol{x}}_{i_1,k-1|k-1}^{m}-\hat{\boldsymbol{x}}_{i_1,k-1|k-1}^{m,n})^{\mathrm{T}}](\boldsymbol{F}_{k-1}^{n})^{\mathrm{T}}+\boldsymbol{G}_{k-1}^{n}\boldsymbol{Q}_{k-1}^{n}(\boldsymbol{G}_{k-1}^{n})^{\mathrm{T}}\\&\leqslant\lambda_{i_1}\tau_{i_0}\boldsymbol{F}_{k-1}^{n}(\boldsymbol{F}_{k-1}^{n})^{\mathrm{T}}+\boldsymbol{F}_{k-1}^{n}\sum_{m=1}^{M}\mu_{i_1,k-1|k-1}^{m,n}[(\hat{\boldsymbol{x}}_{i_1,k-1|k-1}^{m}-\hat{\boldsymbol{x}}_{i_1,k-1|k-1}^{m,n})\cdot\\&\qquad(\hat{\boldsymbol{x}}_{i_1,k-1|k-1}^{m}-\hat{\boldsymbol{x}}_{i_1,k-1|k-1}^{m,n})^{\mathrm{T}}](\boldsymbol{F}_{k-1}^{n})^{\mathrm{T}}+\boldsymbol{G}_{k-1}^{n}\boldsymbol{Q}_{k-1}^{n}(\boldsymbol{G}_{k-1}^{n})^{\mathrm{T}}\\&\overset{\mathrm{def}}{=\!=}\tau_{i_1}\end{aligned}$$

进一步可得

$$\boldsymbol{P}_{i_2,k|k}^{n}\leqslant(\alpha_{i_1i_2,k}^{n})^{-1}\tau_{i_1}\boldsymbol{I}\leqslant\lambda_{i_2}\tau_{i_1}\boldsymbol{I}$$

式中：

$$\lambda_{i_2}=\sum_{l\in\mathcal{N}_{i_2}}\frac{\tau_{i_1}}{\rho_l}$$

按照此思路可以证明所有传感器估计的误差协方差矩阵都是有界的，证毕。

3.3.3 仿真例子

考虑如下跟踪场景：目标初始位置为(10^4，2×10^4)(单位：m)，以速度 290 m/s 运动 30 s；然后以 $2g$ 的协调转弯率运动 10 s；之后继续匀速运动 15 s；然后以 $3g$ 的协调转弯率运动 10 s；最后匀速运动 35 s。记目标的状态向量为 $\boldsymbol{x}_k=[\xi_k,\dot{\xi}_k,\ddot{\xi}_k,\eta_k,\dot{\eta}_k,\ddot{\eta}_k]^{\mathrm{T}}$，采用协调转弯模型产生目标运动轨迹，如下：

$$
\boldsymbol{x}_k=\begin{bmatrix}1 & \dfrac{\sin(\omega T)}{\omega} & 0 & 0 & -\dfrac{1-\cos(\omega T)}{\omega} & 0\\ 0 & \cos(\omega T) & 0 & 0 & -\sin(\omega T) & 0\\ 0 & 0 & 0 & 0 & 0 & 0\\ 0 & \dfrac{1-\cos(\omega T)}{\omega} & 0 & 1 & \dfrac{\sin(\omega T)}{\omega} & 0\\ 0 & \sin(\omega T) & 0 & 0 & \cos(\omega T) & 0\\ 0 & 0 & 0 & 0 & 0 & 0\end{bmatrix}\boldsymbol{x}_{k-1}+\boldsymbol{w}_{k-1}
$$

式中:采样时间为 $T=2$ s;协调转弯率为 $\omega=a_t/V_t$;加速度为 $a_t=2g$;速度为 $V_t=290$ m/s;过程噪声 $\boldsymbol{w}_{k-1}$ 是零均值高斯白噪声且在各轴上的标准差为 0.2 m/s^2。

采用匀速运动模型和匀加速运动模型跟踪目标,相应的状态转移矩阵为

$$
\boldsymbol{F}_{k-1}^1=\begin{bmatrix}1 & T & 0 & 0 & 0 & 0\\ 0 & 1 & 0 & 0 & 0 & 0\\ 0 & 0 & 0 & 0 & 0 & 0\\ 0 & 0 & 0 & 1 & T & 0\\ 0 & 0 & 0 & 0 & 1 & 0\\ 0 & 0 & 0 & 0 & 0 & 0\end{bmatrix},\quad \boldsymbol{F}_{k-1}^2=\begin{bmatrix}1 & T & \dfrac{T^2}{2} & 0 & 0 & 0\\ 0 & 1 & T & 0 & 0 & 0\\ 0 & 0 & 1 & 0 & 0 & 0\\ 0 & 0 & 0 & 1 & T & \dfrac{T^2}{2}\\ 0 & 0 & 0 & 0 & 1 & T\\ 0 & 0 & 0 & 0 & 0 & 1\end{bmatrix}
$$

$$
\boldsymbol{G}_{k-1}^m\boldsymbol{Q}_{k-1}^m(\boldsymbol{G}_{k-1}^m)^{\mathrm{T}}=q^m\begin{bmatrix}\dfrac{T^5}{20} & \dfrac{T^4}{8} & \dfrac{T^3}{6} & 0 & 0 & 0\\ \dfrac{T^4}{8} & \dfrac{T^3}{3} & \dfrac{T^2}{2} & 0 & 0 & 0\\ \dfrac{T^4}{6} & \dfrac{T^2}{2} & T & 0 & 0 & 0\\ 0 & 0 & 0 & \dfrac{T^5}{20} & \dfrac{T^4}{8} & \dfrac{T^3}{6}\\ 0 & 0 & 0 & \dfrac{T^4}{8} & \dfrac{T^3}{3} & \dfrac{T^2}{2}\\ 0 & 0 & 0 & \dfrac{T^3}{6} & \dfrac{T^2}{2} & T\end{bmatrix},\quad m=1,2
$$

式中:$q^1=0.5$ m/s^2,$q^2=20$ m/s^2。Markov 链的转移概率矩阵为

$$
\boldsymbol{\Pi}=\begin{bmatrix}0.9 & 0.1\\ 0.1 & 0.9\end{bmatrix}
$$

采用 20 个传感器协同跟踪机动目标,网络拓扑结构如图 3.15 所示,传感器测量信息为

$$\boldsymbol{y}_{i,k}=\begin{bmatrix}1&0&0&0&0&0\\0&0&0&1&0&0\end{bmatrix}\boldsymbol{x}_k+\boldsymbol{v}_{i,k},\quad i=1,2,\cdots,20$$

式中：第 i 个传感器的测量噪声协方差矩阵为$\sqrt{i}\boldsymbol{R}_0$，且 $\boldsymbol{R}_0=\mathrm{diag}\{30^2,30^2\}$。

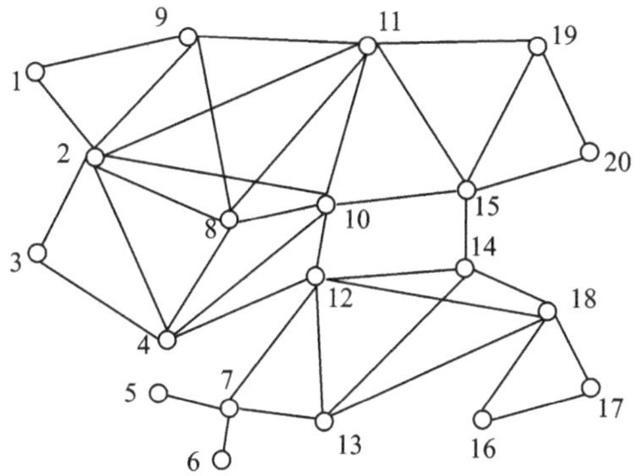

图 3.15　通信拓扑结构

算法性能比较指标为传感器网络的均方误差，即

$$\mathrm{MSD}_i=\frac{1}{N}\sum_{i=1}^{N}\mathrm{MSD}_{i,k}$$

式中：传感器第 i 个传感器在第 k 时刻的均方误差定义为

$$\mathrm{MSD}_{i,k}=E\{\|\boldsymbol{x}_x-\hat{\boldsymbol{x}}_{i,k|k}\|^2\}$$

为了验证实际的估计误差协方差矩阵 $E\{(\boldsymbol{x}_k-\hat{\boldsymbol{x}}_{i,k|k})(\boldsymbol{x}_k-\hat{\boldsymbol{x}}_{i,k|k})^{\mathrm{T}}\}$与其上界矩阵 $\boldsymbol{P}_{i,k|k}$ 之间的关系，定义矩阵的迹为

$$\mathrm{TRP}_k=\frac{1}{N}\sum_{i=1}^{N}\mathrm{tr}(\boldsymbol{P}_{i,k|k})$$

在仿真过程中，两种模型的初始模式概率均取为 $\mu_{i,0}^1=\mu_{i,0}^2=0.5$，目标估计的初始状态为真实状态与均值为$[100,0,0,100,0,0]^{\mathrm{T}}$ 的高斯分布之和。扩散权重采用 Metropolis 权重，即

$$\beta_{li}=\begin{cases}\dfrac{1}{\max\{d_l,d_i\}}, & l\in\mathcal{N}_i,\quad l\neq i\\ 1-\sum\limits_{l\in\mathcal{N}_i,l\neq i}\beta_{li}, & l=i\\ 0, & \text{其他}\end{cases}$$

如表 3.1 所列，将分布式多模型扩散滤波算法与已有滤波算法进行比较。具体来说，“Isolated”算法表示传感器之间不交换信息，每个传感器仅利用获得的测量信息估计目标运动状态，易见该算法性能最差；“Local”算法表示传感器之间仅交换测量信息而不将估计进行扩散，该算法主要用于说明将估计扩散可以进一步提高跟踪性能；“Centralized”算法表示集中式跟踪，即中心处理单元可以获取所有传感器的测

量信息,然后采用交互式多模型滤波算法估计目标的运动状态,该算法可以认为达到最优的估计性能;“Consensus - 1” 和“Consensus - 5”分别表示采用 1 步和 5 步平均一致的跟踪算法,在平均一致算法中传感器之间交换模型依赖的状态估计和似然函数;“Diffusion - 1”算法表示传感器之间不交换测量信息,只将状态估计进行扩散过程,该算法主要用于说明交换测量信息可以提高跟踪性能;“Diffusion - 2”算法表示在扩散过程中不交换协方差矩阵,只交换最终的状态估计,该算法主要用于说明交换协方差矩阵并用于估计融合能进一步提高跟踪性能;“Diffusion - 3”算法表示交换测量信息和中间状态估计而不交换协方差矩阵;“Algorithm 1”表示本书中描述的分布式多模型扩散滤波算法。

表 3.1 不同算法需要交换的信息及通信量

算 法	交换的信息	通信量
Isolated	NULL	0
Local	$\boldsymbol{H}_{i,k},\boldsymbol{R}_{i,k},\boldsymbol{y}_{i,k}$	$\frac{1}{2}(p^2+3p)$
Centralized	$\boldsymbol{H}_{i,k},\boldsymbol{R}_{i,k},\boldsymbol{y}_{i,k}$	$10(p^2+3p)$
Consensus - 1	$\boldsymbol{\psi}^n_{i,k\|k},\boldsymbol{\Psi}^n_{i,k\|k},\mu^n_{i,k}$	$\frac{1}{2}(p^2+3p)+1$
Consensus - 5	$\boldsymbol{\psi}^n_{i,k\|k},\boldsymbol{\Psi}^n_{i,k\|k},\mu^n_{i,k}$	$\frac{5}{2}(p^2+3p)+5$
Diffusion - 1	$\boldsymbol{\psi}^n_{i,k\|k},\boldsymbol{\Psi}^n_{i,k\|k},\boldsymbol{\Phi}^n_{i,k}$	$\frac{1}{2}(p^2+3p)+1$
Diffusion - 2	$\boldsymbol{H}_{i,k},\boldsymbol{R}_{i,k},\boldsymbol{y}_{i,k},\hat{\boldsymbol{x}}_{i,k\|k}$	$\frac{1}{2}(p^2+5p)$
Diffusion - 3	$\boldsymbol{H}_{i,k},\boldsymbol{R}_{i,k},\boldsymbol{y}_{i,k},\boldsymbol{\psi}^n_{i,k\|k},\boldsymbol{\Phi}^n_{i,k}$	p^2+3p
Algorithm 1	$\boldsymbol{H}_{i,k},\boldsymbol{R}_{i,k},\boldsymbol{y}_{i,k},\boldsymbol{\psi}^n_{i,k\|k},\boldsymbol{\Psi}^n_{i,k\|k},\boldsymbol{\Phi}^n_{i,k}$	p^2+3p+1

仿真过程考虑两种跟踪场景。场景一:所有的传感器均能产生测量信息;场景二:六个传感器不能产生有效的测量信息(传感器标号为 $i=5,6,7,16,17,18$),产生的测量仅为噪声,因此这些传感器不是一致可观的。对于场景一,传感器网络的均方误差和协方差上界如图 3.16 和图 3.17 所示,易见分布式多模型扩散滤波算法能够取得较好的跟踪效果。对于场景二,传感器网络的均方误差如图 3.18 所示,如果不交换测量信息,则“Isolated”、“Local”和“Diffusion - 2”算法不能取得好的跟踪效果。

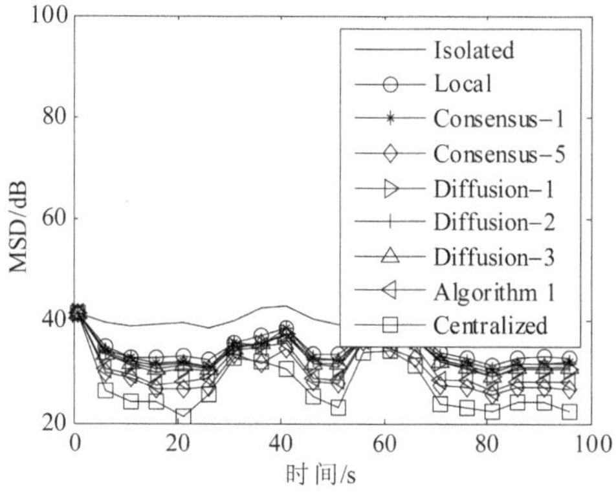

图 3.16　全部节点均可观时 MSD 性能

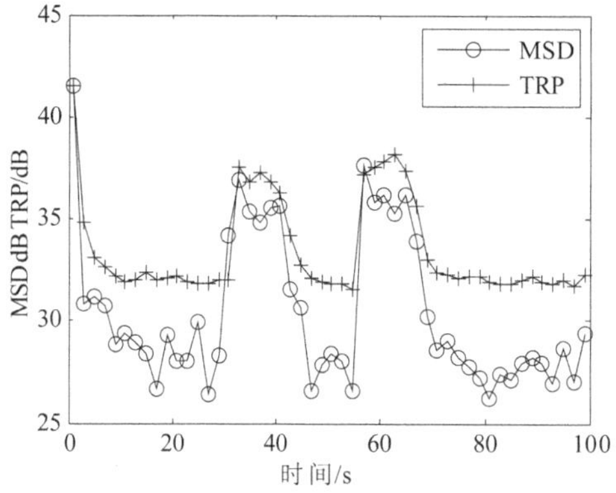

图 3.17　协方差矩阵上界

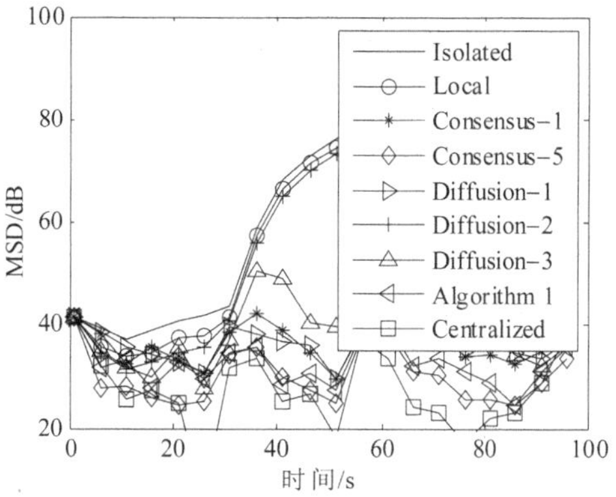

图 3.18　部分节点不可观时 MSD 性能

3.4　小　结

本章介绍了采用多传感器跟踪机动目标的分布式多模型滤波方法，针对两种融合结构，即具有融合中心的分布式估计融合和非全连接网络中的分布式估计融合，分别提出了两种实现方法：构造全局模型方法和无需全局模型方法。特别是将动态一致策略和扩散策略用于非全连接网络中的分布式多模型滤波，实现了传感器网络的分布式机动目标跟踪。

第4章
随机有限集模型与滤波

传统的多目标跟踪算法是在数据关联基础上发展起来的，其基本思想是通过数据关联技术将接收到的量测集合与运动目标建立对应关系，从而把跟踪多目标问题分解为跟踪多个单目标问题。因此，数据关联结果的好坏直接影响多目标跟踪性能的优劣。数据关联过程是传统多目标跟踪系统的一个重要内容，近几十年已发展了多种处理技术，如联合概率数据关联、多假设数据关联以及多维分配数据关联等。但是，当跟踪目标数目较多且目标相互靠近或者杂波密度较大时，现有的处理方法往往会出现计算组合爆炸问题。

随机有限集理论为发展多目标跟踪算法提供了一种新的思路。不同于传统的多目标跟踪算法，随机有限集理论把多目标运动状态以及量测建模为两个不同的随机有限集，即目标数目以及运动状态都是随机变化的；同样，由于目标数目的变化，以及量测过程中可能出现漏检以及杂波虚警，使得传感器接收到的量测数目也是随机时变的。这样，随机有限集中的元素可以代表目标状态向量，也可以代表量测向量，而集合中元素的个数表示目标状态或者量测的数目。因此，这种方法能更好地完整描述一个真实的多目标跟踪场景。通过利用有限集统计学理论，R. Mahler 首先在 Bayes 框架下给出了一套严格的数学基础，并把跟踪单目标的最优 Bayes 公式推广到多目标跟踪情形，后者的优点在于可以把目标跟踪起始、跟踪维持与跟踪终止在一个递推公式中表达出来而不用单独考虑。

由于随机有限集理论是以集合作为随机变量进行处理的，所以 R. Mahler 推导的最优多目标跟踪 Bayes 递推公式也是以集合作为积分变量。这实际上是把多目标跟踪数据关联的问题转化为一个更加困难的高维积分实现问题。虽然有学者提出用粒子采样的方法来逼近高维积分，但是由于需要大量的粒子，以及提取目标状态比较困难，所以很难实时实现，并且所得结果与实际情形往往有较大误差。为克服此问题，类似于单目标跟踪 Bayes 递推公式中仅考虑随机变量一、二阶矩的思想(如 Kalman 滤波仅递推目标状态均值和相应误差协方差矩阵)，R. Mahler 提出了随机有限集矩的概念，并推导了随机有限集矩应满足的递推公式。当仅考虑一阶矩时，也称为概率假设密度(Probability Hypothesis Density,PHD)滤波器。事实上,PHD 就是多目标状态在其后验概率密度下的一阶矩。即便这样,PHD 滤波的递推公式仍然包含高维积分的计算,但是由于积分是在单目标状态空间中进行的,因此要比原始的最优 Bayes 递推公式简单得多。此外,R. Mahler 又研究了 PHD 滤波在各种复杂场景下的多目标跟踪形式,例如多传感器多目标跟踪、未知杂波环境以及未知量测过程等情形。

目前实现 PHD 滤波的方法主要包括两种:一种是序贯 Monte Carlo 或粒子采样方法,另一种是高斯混合方法。特别是后者的提出,为实现 PHD 滤波在实际中的实时应用奠定了良好的基础。序贯 Monte Carlo 方法和粒子滤波一样,可以较好地处理非线性非高斯模型,其主要缺点是计算量较大不易实时实现,并且存在目标状态提取困难问题。另外,与粒子滤波一样存在粒子退化和贫化问题。高斯混合 PHD (Gaussian Mixture PHD,GM - PHD)是在假设模型为线性高斯模型的情形下,基于 Kalman 滤波提出的一种闭形式的实现算法,在这种算法中较容易提取目标运动状态,并且容易结合 EKF 或者 UKF 处理非线性高斯模型。当跟踪建模为随机跳变系统的多机动目标时,上述两种实现方法也被推广到多模型 PHD 滤波形式中。但是,经典的交互式思想并不能直接应用到多模型 PHD 滤波中。正如第 1 章所述,这是由两个困难导致的:一是原本需要计算的一维模型的概率转化为多维随机有限集的联合概率,计算复杂度和可操作性很难实现;二是在多模型 PHD 递推的过程中需要使用修剪技术来阻止计算高斯项数的指数增长,而对于不同模型的修剪后,可能导致在下一步递推中具有不同的高斯项数,以致不能再进行交互。此外,传统 Bayes 滤波理论中的平滑思想也被延伸到 PHD 滤波中,但是并没有针对随机跳变系统的多模型 PHD 平滑算法,这是因为随机跳变系统的平滑算法往往是基于 IMM 方法得到的,而后者恰恰不能在多模型 PHD 中使用。因此,如何把交互式思想或者仅把能达到交互式性能的策略引入到多模型 PHD 中是一个非常有挑战性,也是非常有意义的研究课题。另外,由于 GM - PHD 是基于 Kalman 滤波提出的,因此继承了 Kalman 滤波本身固有的缺陷,如需要精确已知目标的运动模型以及噪声的统计特性,而这在实际多机动目标跟踪过程中是无法获取的。如何提出对模型不确定性具有鲁棒性能的多机动目标跟踪算法也是一个亟需解决的问题。

4.1　随机有限集模型

多目标跟踪的目的是利用传感器接收到的受杂波干扰的量测信息同时估计目标的数目以及每个目标的运动状态。由于目标数目的时变特点,即在任一时刻,已有的目标可能逃离监测空间,而又有新的目标可能出现,或者已有的目标可能衍生出新的目标,这些决定了可以很自然地把多个目标状态建模为一个随机有限集,其中集合中的元素为目标的状态向量,而元素的数目为目标的个数。同样地,由于每次获取量测信息中可能出现的漏检或虚警,以及杂波密度的不同,得到的量测向量个数也是随机时变的,因此也适宜建模为一个随机有限集。具体地说,假设在 k 时刻监测空间中有 n_k 个目标,并获取 m_k 个量测信息,则可以分别建模为随机有限集,即

$$\boldsymbol{X}_k \stackrel{\text{def}}{=} \{\boldsymbol{x}_{k,1},\cdots,\boldsymbol{x}_{k,n_k}\} \subset \mathscr{X}$$

$$\boldsymbol{Z}_k \stackrel{\text{def}}{=} \{\boldsymbol{z}_{k,1},\cdots,\boldsymbol{z}_{k,m_k}\} \subset \mathscr{Z}$$

式中:$\boldsymbol{x}_{k,1},\cdots,\boldsymbol{x}_{k,n_k}$ 为目标的运动状态;$\boldsymbol{z}_{k,1},\cdots,\boldsymbol{z}_{k,m_k}$ 为传感器接收到的量测信息;而$\mathscr{X}\subset\mathbb{R}^n$ 和$\mathscr{Z}\subset\mathbb{R}^p$ 分别表示状态空间和量测空间,它们是所有有限子集的集合。

记 $\boldsymbol{X}_{k-1}$ 为 $k-1$ 时刻由所有目标状态组成的随机有限集,则 k 时刻监测空间中的多目标状态集合由三部分组成,即 $k-1$ 时刻保留下来的目标、衍生出来的新目标以及从外界进入的新目标,用数学表达式描述为

$$\boldsymbol{X}_k = [\cup_{\zeta\in\boldsymbol{X}_{k-1}}\boldsymbol{S}_{k|k-1}(\zeta)] \cup [\cup_{\zeta\in\boldsymbol{X}_{k-1}}\boldsymbol{B}_{k|k-1}(\boldsymbol{\zeta})] \cup \boldsymbol{\Gamma}_k$$

式中:$\boldsymbol{S}_{k|k-1}$ 表示 $k-1$ 时刻保留下来的目标状态集合;$\boldsymbol{B}_{k|k-1}(\boldsymbol{\zeta})$表示衍生出来的新目标状态集合;$\boldsymbol{\Gamma}_k$ 表示从外界进入的新目标状态集合。

同样地,k 时刻获取的量测信息包括两部分,即 k 时刻真实目标产生的量测和虚假杂波,用数学表达式描述为

$$\boldsymbol{Z}_k = [\cup_{\zeta\in\boldsymbol{X}_k}\boldsymbol{\Theta}(\boldsymbol{\zeta})] \cup \boldsymbol{Y}_k$$

式中:$\boldsymbol{\Theta}(\boldsymbol{\zeta})$表示真实目标产生的量测集合;$\boldsymbol{Y}_k$ 表示虚假杂波集合。

通过上述把多目标状态和量测集合建模为两个不同的随机有限集,多目标跟踪问题可以看作是 Bayes 框架下的最优滤波问题,这实际上也是求解后验密度函数的问题。记 $p_{k|k-1}(\boldsymbol{X}_k|\boldsymbol{Z}_{1:k-1})$为多目标预测密度,$p_k(\boldsymbol{X}_k|\boldsymbol{Z}_{1:k})$为 k 时刻的多目标后验密度,则基于有限集统计学的最优 Bayes 递推公式为

$$p_{k|k-1}(\boldsymbol{X}_k \mid \boldsymbol{Z}_{1:k-1}) = \int f_M(\boldsymbol{X}_k \mid \boldsymbol{X}) p_{k-1}(\boldsymbol{X} \mid \boldsymbol{Z}_{1:k-1}) \delta\boldsymbol{X}$$

$$p_k(\boldsymbol{X}_k \mid \boldsymbol{Z}_{1:k}) = \frac{h_M(\boldsymbol{Z}_k \mid \boldsymbol{X}_k) p_{k|k-1}(\boldsymbol{X}_k \mid \boldsymbol{Z}_{1:k-1})}{\int h_M(\boldsymbol{Z}_k \mid \boldsymbol{X}) p_{k|k-1}(\boldsymbol{X} \mid \boldsymbol{Z}_{1:k-1}) \delta\boldsymbol{X}}$$

式中:$f_M(\cdot|\cdot)$与 $h_M(\cdot|\cdot)$分别表示多目标状态转移密度函数和多目标量测似然函数,它们都是关于集合的函数;$\boldsymbol{Z}_{1:k} \stackrel{\text{def}}{=} \{\boldsymbol{Z}_1,\cdots,\boldsymbol{Z}_k\}$表示从 1 直到 k 时刻的量测集合;而上式中的积分表示有限集统计学理论中的集值积分。

虽然上面的递推公式与传统的单目标 Bayes 递推公式形式上一致,但是其中的变量都是针对多目标状态或量测集合的,例如 $\boldsymbol{X}_k$ 代表 k 时刻多个目标的状态集合,其中隐含了目标的数目。正是由于最优 Bayes 递推公式中包含有限集空间上集合的积分,所以在实际中很难实现闭形式的解。虽然有学者提出粒子采样实现算法,但是因为计算负担的沉重,所以不适用于实时跟踪。为此,类似于单目标跟踪中仅递推随机过程矩的思想,R. Mahler 发展了随机有限集矩的概念,并推导了一阶矩应满足的

递推公式。

设 $\boldsymbol{X}$ 为空间$\mathscr{X}$中的一个随机有限集，其概率分布为 Pr，则 $\boldsymbol{X}$ 的一阶矩为定义在空间$\mathscr{X}$上的非负函数 $\nu(\boldsymbol{x})$，且对于任意可测子集 $\boldsymbol{S}\subset\mathscr{X}$满足如下性质：

$$\int_S \nu(\boldsymbol{x})\mathrm{d}\boldsymbol{x}=\int\left|\boldsymbol{X}\cap\boldsymbol{S}\right|\Pr(\mathrm{d}\boldsymbol{X})$$

式中：上式右端积分中的$|\cdot|$表示集合的势，即集合元素的个数。$\nu(\boldsymbol{x})$也称为 PHD 函数或者强度函数。特别地，此公式表明 PHD 在任何一个区域的积分等于集合 $\boldsymbol{X}$ 在该区域存在的元素个数，并且相应的极值即为集合 $\boldsymbol{X}$ 中元素的状态估计。

一类重要的随机有限集是 Poisson 随机有限集或称服从 Poisson 分布，它是指如果 $\boldsymbol{X}$ 是 Poisson 随机有限集，则 $\boldsymbol{X}$ 的统计性质完全可以由其 PHD 函数刻画，即 $\boldsymbol{X}$ 的势分布 $\Pr\{|\boldsymbol{X}|=n\}$服从均值为 $\hat{\boldsymbol{N}}=\int\nu(\boldsymbol{x})\mathrm{d}\boldsymbol{x}$ 的 Poisson 分布，而对任意的有限势，$\boldsymbol{X}$ 中的元素是独立同分布的，并且概率密度函数为 $\nu(\boldsymbol{x})/\hat{\boldsymbol{N}}$。

为得到 PHD 滤波器，需要做如下三方面的假设：

① 目标之间的运动是相互独立的，并且目标产生的量测之间也是独立的；

② 杂波的随机有限集服从 Poisson 分布，且与目标产生的实际量测是独立的；

③ 预测的多目标随机有限集服从 Poisson 分布。

基于上述假设，可得如下 PHD 滤波器。记 $\nu_{k-1}(\boldsymbol{x})$为 $k-1$ 时刻的后验强度函数或 PHD，则预测强度函数或 PHD$\nu_{k|k-1}(\boldsymbol{x})$可由如下计算：

$$\nu_{k|k-1}(\boldsymbol{x})=\int\left[p_{S,k}(\boldsymbol{\xi})f(\boldsymbol{x}\mid\boldsymbol{\xi})+\beta_{k|k-1}(\boldsymbol{x}\mid\boldsymbol{\xi})\right]\nu_{k-1}(\boldsymbol{\xi})\mathrm{d}\boldsymbol{\xi}+\gamma_k(\boldsymbol{x})$$

从而k时刻的后验强度函数或 PHD$\nu_k(\boldsymbol{x})$更新为

$$\nu_k(\boldsymbol{x})=[1-p_{D,k}(\boldsymbol{x})]\nu_{k|k-1}(\boldsymbol{x})+\sum_{z\in\mathscr{Z}_k}\frac{p_{D,k}(\boldsymbol{x})h(\boldsymbol{z}\mid\boldsymbol{x})\nu_{k|k-1}(\boldsymbol{x})}{\kappa_k(\boldsymbol{z})+\int p_{D,k}(\boldsymbol{\xi})h(\boldsymbol{z}\mid\boldsymbol{\xi})\nu_{k|k-1}(\boldsymbol{\xi})\mathrm{d}\boldsymbol{\xi}}$$

式中：$f(\cdot\mid\cdot)$与$h(\cdot\mid\cdot)$分别表示单目标状态转移密度函数和单目标量测似然函数；$\kappa_k(\cdot)$表示杂波随机有限集 $\boldsymbol{Y}_k$ 的强度函数；$\beta_{k|k-1}(\cdot\mid\boldsymbol{\xi})$表示衍生目标随机有限集 $\boldsymbol{B}_{k|k-1}(\boldsymbol{\xi})$的强度函数；$\gamma_k(\cdot)$表示外界进入新目标随机有限集 $\boldsymbol{\Gamma}_k$ 的强度函数；$p_{S,k}(\boldsymbol{x})$与 $p_{D,k}(\boldsymbol{x})$分别表示已有目标的存留概率和目标被检测到的概率。在 PHD 滤波的基础上，N. Nandakumaran 等人采用物理空间描述法推导了具有固定滞后的 PHD 平滑递推公式，即

$$\nu_{t|k}(\boldsymbol{x})=\nu_{t|t}(\boldsymbol{x})\left\{\left[1-p_{S,k}(\boldsymbol{x})\right]+p_{S,k}(\boldsymbol{x})\int\frac{\nu_{t+1|k}(\boldsymbol{x}_{t+1})f(\boldsymbol{x}_{t+1}\mid\boldsymbol{x}_t)}{\nu_{t+1|t}(\boldsymbol{x}_{t+1})}\mathrm{d}\boldsymbol{x}_{t+1}\right\}$$

式中：$t=k-L$，其中 L 为固定的滞后步长。$\nu_{t|k}(\boldsymbol{x})$与 $\nu_{t+1|k}(\boldsymbol{x})$分别是 t 时刻和 $t+1$ 时刻的平滑 PHD，而 $\nu_{t|t}(\boldsymbol{x})$为 t 时刻的滤波 PHD，可以由上述公式获得。

由此可见，上述基于 PHD 的递推公式是在单目标状态空间进行的，因此需求的

计算量较小,但是仍然存在高维积分的计算问题,不过此时的维数已由多个目标的状态维数减为单目标的状态维数。上述公式的实现方法主要包括序贯 Monte Carlo 和高斯混合。另外,当跟踪建模为随机跳变系统的多机动目标时,只需使用状态增广的方法将目标运动状态 $\boldsymbol{x}$ 与离散时间 Markov 链 r 联合成一个新的状态 $\bar{\boldsymbol{x}}=(\boldsymbol{x},r)$,而新的状态 $\bar{\boldsymbol{x}}$ 满足的 PHD 递推公式与上述公式形式上一致。

在结束本小节之前,介绍以下两个引理作为闭形式 GM-PHD 滤波器的准备。事实上,下面两个引理也是推导经典 Kalman 滤波器的一种手段。

引理 4.1 给定相容维数的矩阵 $\boldsymbol{F}$、$\boldsymbol{P}$ 和 $\boldsymbol{Q}$,向量 $\boldsymbol{d}$ 和 $\boldsymbol{m}$,其中 $\boldsymbol{P}$ 和 $\boldsymbol{Q}$ 是正定的,则有

$$\int N(\boldsymbol{x};\boldsymbol{F}\boldsymbol{\zeta}+\boldsymbol{d},\boldsymbol{Q})N(\boldsymbol{\zeta};\boldsymbol{m},\boldsymbol{P})\mathrm{d}\boldsymbol{\zeta}=N(\boldsymbol{x};\boldsymbol{F}\boldsymbol{m}+\boldsymbol{d},\boldsymbol{Q}+\boldsymbol{F}\boldsymbol{P}\boldsymbol{F}^{\mathrm{T}})$$

引理 4.2 给定相容维数的矩阵 $\boldsymbol{H}$、$\boldsymbol{P}$ 和 $\boldsymbol{R}$,向量 $\boldsymbol{d}$,其中 $\boldsymbol{P}$ 和 $\boldsymbol{R}$ 是正定的,则有

$$N(\boldsymbol{z};\boldsymbol{H}\boldsymbol{x},\boldsymbol{R})N(\boldsymbol{x};\boldsymbol{m},\boldsymbol{P})=q(\boldsymbol{z})N(\boldsymbol{x};\hat{\boldsymbol{m}},\hat{\boldsymbol{P}})$$

其中,

$$\begin{aligned}
q(\boldsymbol{z})&=N(\boldsymbol{z};\boldsymbol{H}\boldsymbol{m},\boldsymbol{R}+\boldsymbol{H}\boldsymbol{P}\boldsymbol{H}^{\mathrm{T}})\\
\hat{\boldsymbol{m}}&=\boldsymbol{m}+\boldsymbol{K}(\boldsymbol{z}-\boldsymbol{H}\boldsymbol{m})\\
\hat{\boldsymbol{P}}&=\boldsymbol{P}-\boldsymbol{K}\boldsymbol{H}\boldsymbol{P}\\
\boldsymbol{K}&=\boldsymbol{P}\boldsymbol{H}^{\mathrm{T}}(\boldsymbol{R}+\boldsymbol{H}\boldsymbol{P}\boldsymbol{H}^{\mathrm{T}})^{-1}
\end{aligned}$$

4.2 多模型概率假设密度滤波

4.2.1 最佳拟合高斯滤波

考虑下面的离散时间线性随机跳变系统:

$$\begin{aligned}
\boldsymbol{x}_k&=\boldsymbol{F}_{k-1}(r_k)\boldsymbol{x}_{k-1}+\boldsymbol{G}_{k-1}(r_k)\boldsymbol{w}_{k-1}(r_k)\\
\boldsymbol{z}_k&=\boldsymbol{H}_k\boldsymbol{x}_k+\boldsymbol{v}_k
\end{aligned}\tag{4.1}$$

式中:$\boldsymbol{x}_k\in\mathbb{R}^n$ 为 k 时刻的目标状态向量;$\boldsymbol{z}_k\in\mathbb{R}^p$ 为 k 时刻的传感器量测向量;矩阵 $\boldsymbol{F}_{k-1}(r_k)$与 $\boldsymbol{G}_{k-1}(r_k)$分别为状态转移矩阵和噪声转移矩阵;$\boldsymbol{w}_{k-1}(r_k)$为零均值高斯白噪声过程且具有已知的协方差矩阵 $\boldsymbol{Q}_{k-1}(r_k)$;$\boldsymbol{H}_k$ 为量测矩阵;量测噪声 $\boldsymbol{v}_k$ 为零均值高斯白噪声过程且具有已知的协方差矩阵 $\boldsymbol{R}_k$;$r_k\in\mathcal{M}\overset{\mathrm{def}}{=}\{1,2,\cdots,M\}$为离散时间 Markov 链用来说明目标在时间区间$[k-1,k)$内的运动模式,其转移概率矩阵为 $\boldsymbol{\Pi}=[\pi_{ij}]_{M\times M}$,且 $\pi_{ij}\overset{\mathrm{def}}{=}\Pr\{r_{k+1}=j\mid r_k=i\}$。注意,此处并没有假设量测向量是依赖于 Markov 链 r_k,这与实际并不矛盾。因为量测信息往往并不依赖于目标的运动形式,而是由传感器的类型确定。

由于不能把线性随机跳变系统的交互式滤波方法直接引入到 PHD 递推公式的

实现中,从线性随机跳变系统本身做转换,即用最佳拟合高斯逼近方法构造与线性随机跳变系统等价的单模型线性高斯系统,此处“等价”的含义是指系统状态过程在两个模型下的一、二阶矩是相等的。为保持章节的完整性,此处再一次说明最佳拟合高斯逼近方法的实施过程。具体地说,期望构造如下系统:

$$\boldsymbol{x}_k = \boldsymbol{\Phi}_{k-1}\boldsymbol{x}_{k-1} + \boldsymbol{w}_{k-1} \tag{4.2}$$

式中:$\boldsymbol{w}_{k-1}$ 为零均值高斯白噪声过程,而其具有的协方差矩阵 $\boldsymbol{\Sigma}_{k-1}$ 以及系统状态转移矩阵 $\boldsymbol{\Phi}_{k-1}$ 均待定。换句话说,如果把线性随机跳变系统(见式(4.1))记为模型 $\mathscr{A}$,把线性高斯系统(见式(4.2))记为模型 $\mathscr{B}$,则有

$$E\{\boldsymbol{x}_k \mid \mathscr{A}\} = E\{\boldsymbol{x}_k \mid \mathscr{B}\}$$

$$\mathrm{Cov}\{\boldsymbol{x}_k \mid \mathscr{A}\} = \mathrm{Cov}\{\boldsymbol{x}_k \mid \mathscr{B}\}$$

为方便,当 $r_k = r$ 时,简记矩阵 $\boldsymbol{F}_{k-1}(r_k)$、$\boldsymbol{G}_{k-1}(r_k)$ 以及 $\boldsymbol{Q}_{k-1}(r_k)$ 分别为 $\boldsymbol{F}_{k-1}^r$、$\boldsymbol{G}_{k-1}^r$ 和 $\boldsymbol{Q}_{k-1}^r$。首先,一方面利用全概率公式,有如下等式:

$$\begin{aligned} E\{\boldsymbol{x}_k \mid \mathscr{A}\} &= \sum_{r=1}^{M} E\{\boldsymbol{x}_k \mid M_k^r, \mathscr{A}\}\Pr\{M_k^r \mid \mathscr{A}\} \\ &= \sum_{r=1}^{M} p_{k,r}\boldsymbol{F}_{k-1}^r E\{\boldsymbol{x}_{k-1} \mid \mathscr{A}\} \end{aligned}$$

式中:M_k^r 表示在时间区间$[k-1,k)$内模型 r 产生作用的事件;$p_{k,r}$ 表示该事件发生的概率。

另一方面,由模型(4.2)可以直接得到

$$E\{\boldsymbol{x}_k \mid \mathscr{B}\} = \boldsymbol{\Phi}_{k-1} E\{\boldsymbol{x}_{k-1} \mid \mathscr{B}\}$$

因此,通过比较上述两式可得

$$\boldsymbol{\Phi}_{k-1} = \sum_{r=1}^{M} p_{k,r}\boldsymbol{F}_{k-1}^r$$

其次,根据对协方差矩阵的计算可得

$$\mathrm{Cov}\{\boldsymbol{x}_k \mid \mathscr{A}\} = E\{\mathrm{Cov}\{\boldsymbol{x}_k \mid M_k^r, \mathscr{A}\}\} + \mathrm{Cov}\{E\{\boldsymbol{x}_k \mid M_k^r, \mathscr{A}\}\}$$

其中,上式右端的两项可以分别分解为

$$E\{\mathrm{Cov}\{\boldsymbol{x}_k \mid M_k^r, \mathscr{A}\}\} = \sum_{r=1}^{M} p_{k,r}[\boldsymbol{F}_{k-1}^r \mathrm{Cov}\{\boldsymbol{x}_{k-1} \mid \mathscr{A}\}(\boldsymbol{F}_{k-1}^r)^{\mathrm{T}} + \boldsymbol{G}_{k-1}^r\boldsymbol{Q}_{k-1}^r(\boldsymbol{G}_{k-1}^r)^{\mathrm{T}}]$$

$$\begin{aligned} \mathrm{Cov}\{E\{\boldsymbol{x}_k \mid M_k^r, \mathscr{A}\}\} = &\sum_{r=1}^{M} p_{k,r}\boldsymbol{F}_{k-1}^r E\{\boldsymbol{x}_{k-1} \mid \mathscr{A}\}E\{\boldsymbol{x}_{k-1} \mid \mathscr{A}\}^{\mathrm{T}}(\boldsymbol{F}_{k-1}^r)^{\mathrm{T}} - \\ &\boldsymbol{\Phi}_{k-1}E\{\boldsymbol{x}_{k-1} \mid \mathscr{A}\}E\{\boldsymbol{x}_{k-1} \mid \mathscr{A}\}^{\mathrm{T}}\boldsymbol{\Phi}_{k-1}^{\mathrm{T}} \end{aligned}$$

为简化上述记号,定义

$$\boldsymbol{\varepsilon}_k \overset{\mathrm{def}}{=\!=} E\{\boldsymbol{x}_k \mid \mathscr{A}\}$$

$$\boldsymbol{\Theta}_k \overset{\mathrm{def}}{=\!=} \mathrm{Cov}\{\boldsymbol{x}_k \mid \mathscr{A}\}$$

进一步可得

$$\boldsymbol{\varepsilon}_k = \boldsymbol{\Phi}_{k-1}\boldsymbol{\varepsilon}_{k-1}$$

$$\boldsymbol{\Theta}_k = \sum_{r=1}^{M} p_{k,r}[F_{k-1}^r(\boldsymbol{\Theta}_{k-1}+\boldsymbol{\varepsilon}_{k-1}\boldsymbol{\varepsilon}_{k-1}^{\mathrm{T}})(\boldsymbol{F}_{k-1}^r)^{\mathrm{T}}+\boldsymbol{G}_{k-1}^r\boldsymbol{Q}_{k-1}^r(\boldsymbol{G}_{k-1}^r)^{\mathrm{T}}]-\boldsymbol{\Phi}_{k-1}\boldsymbol{\varepsilon}_{k-1}\boldsymbol{\varepsilon}_{k-1}^{\mathrm{T}}\boldsymbol{\Phi}_{k-1}^{\mathrm{T}}$$

另外,由模型(4.2)可以直接得到

$$\mathrm{Cov}\{\boldsymbol{x}_k \mid \mathscr{B}\} = \boldsymbol{\Phi}_{k-1}\mathrm{Cov}\{\boldsymbol{x}_{k-1} \mid \mathscr{B}\}\boldsymbol{\Phi}_{k-1}^{\mathrm{T}} + \boldsymbol{\Sigma}_{k-1}$$

因此,通过比较协方差矩阵表示形式可得

$$\boldsymbol{\Sigma}_{k-1} = \boldsymbol{\Theta}_k - \boldsymbol{\Phi}_{k-1}\boldsymbol{\Theta}_{k-1}\boldsymbol{\Phi}_{k-1}^{\mathrm{T}}$$

至此,我们已经通过等价的定义求解出系统转移矩阵 $\boldsymbol{\Phi}_{k-1}$ 与噪声协方差矩阵 $\boldsymbol{\Sigma}_{k-1}$ 的表达式。该方法的好处是,计算过程与量测方程无关,因此可以直接处理具有非线性量测的随机跳变系统。由此,我们可以基于新构造的线性高斯系统发展 GM-PHD 滤波算法。

根据新的线性高斯系统(见式(4.2))以及量测方程(见式(4.1)),目标的状态转移密度函数和量测似然函数可以表示为

$$f(\boldsymbol{x}_k \mid \boldsymbol{x}_{k-1}) = N(\boldsymbol{x}_k;\boldsymbol{\Phi}_{k-1}\boldsymbol{x}_{k-1},\boldsymbol{\Sigma}_{k-1})$$

$$h(\boldsymbol{z}_k \mid \boldsymbol{x}_x) = N(\boldsymbol{z}_k;\boldsymbol{H}_k\boldsymbol{x}_k,\boldsymbol{R}_k)$$

式中:$\boldsymbol{\Phi}_{k-1} = \sum_{r=1}^{M} p_{k,r}\boldsymbol{F}_{k-1}^r$ 与 $\boldsymbol{\Sigma}_{k-1} = \boldsymbol{\Theta}_k - \boldsymbol{\Phi}_{k-1}\boldsymbol{\Theta}_{k-1}\boldsymbol{\Phi}_{k-1}^{\mathrm{T}}$ 由上述过程计算所得。

为简洁,假设目标存留概率 $p_{S,k}$ 以及被检测到的概率 $p_{D,k}$ 都与目标状态无关,并且外界进入新目标的随机有限集 PHD 和衍生随机有限集 PHD 可以表示成高斯混合的形式,即

$$\gamma_k(\boldsymbol{x}) = \sum_{j=1}^{J_{\gamma,k}} w_{\gamma,k}^j N(x;\boldsymbol{m}_{\gamma,k}^j,\boldsymbol{P}_{\gamma,k}^j)$$

$$\beta_{k|k1}(\boldsymbol{x} \mid \boldsymbol{\xi}) = \sum_{l=1}^{J_{\beta,k}} w_{\beta,k}^l N(\boldsymbol{x};\boldsymbol{F}_{\beta,k}^l\boldsymbol{\xi}+\boldsymbol{d}_{\beta,k}^l,\boldsymbol{Q}_{\beta,k}^l)$$

式中:$J_{\gamma,k}$、$w_{\gamma,k}^j$、$\boldsymbol{m}_{\gamma,k}^j$ 以及 $\boldsymbol{P}_{\gamma,k}^j$ 为确定外界进入新目标随机有限集 PHD 的形状参数;$J_{\beta,k}$、$w_{\beta,k}^l$、$\boldsymbol{F}_{\beta,k}^l$、$\boldsymbol{d}_{\beta,k}^l$ 以及 $\boldsymbol{Q}_{\beta,k}^l$ 为确定衍生随机有限集 PHD 的形状参数。

基于上述假设,可以得到 PHD 递推公式实现的下述算法:

步骤一:给定 $k-1$ 时刻的模式概率 $p_{k-1,i}$、均值 $\boldsymbol{\varepsilon}_{k-1}$ 以及协方差矩阵 $\boldsymbol{\Theta}_{k-1}$,按照最佳高斯拟合逼近方法确定系统转移矩阵 $\boldsymbol{\Phi}_{k-1}$ 和噪声协方差矩阵 $\boldsymbol{\Sigma}_{k-1}$,即

$$p_{k,r} = \sum_{i=1}^{M} \pi_{ir} p_{k-1,i}$$

$$\boldsymbol{\Phi}_{k-1} = \sum_{r=1}^{M} p_{k,r}\boldsymbol{F}_{k-1}^r$$

$$\boldsymbol{\Theta}_k = \sum_{r=1}^{M} p_{k,r}[\boldsymbol{F}_{k-1}^r(\boldsymbol{\Theta}_{k-1}+\boldsymbol{\varepsilon}_{k-1}\boldsymbol{\varepsilon}_{k-1}^{\mathrm{T}})(\boldsymbol{F}_{k-1}^r)^{\mathrm{T}}+\boldsymbol{G}_{k-1}^r\boldsymbol{Q}_{k-1}^r(\boldsymbol{G}_{k-1}^r)^{\mathrm{T}}]-\boldsymbol{\Phi}_{k-1}\boldsymbol{\varepsilon}_{k-1}\boldsymbol{\varepsilon}_{k-1}^{\mathrm{T}}\boldsymbol{\Phi}_{k-1}^{\mathrm{T}}$$

$$\boldsymbol{\Sigma}_{k-1} = \boldsymbol{\Theta}_k - \boldsymbol{\Phi}_{k-1}\boldsymbol{\Theta}_{k-1}\boldsymbol{\Phi}_{k-1}^{\mathrm{T}}$$
$$\boldsymbol{\varepsilon}_k = \boldsymbol{\Phi}_{k-1}\boldsymbol{\varepsilon}_{k-1}$$

步骤二：假设 $k-1$ 时刻的后验强度函数 $\nu_{k-1}(\boldsymbol{x})$为高斯混合形式，即

$$\nu_{k-1}(\boldsymbol{x}) = \sum_{j=1}^{J_{k-1}} \boldsymbol{w}_{k-1}^{j} N(\boldsymbol{x};\boldsymbol{m}_{k-1|k-1}^{j},\boldsymbol{P}_{k-1|k-1}^{j})$$

式中：J_{k-1} 为高斯项数；$\boldsymbol{w}_{k-1}^{j}$ 为第 j 个高斯项的权重；则预测强度函数 $\nu_{k|k-1}(\boldsymbol{x})$为

$$\nu_{k|k-1}(\boldsymbol{x}) = \nu_{S,k|k-1}(\boldsymbol{x}) + \nu_{\beta,k|k-1}(\boldsymbol{x}) + \gamma_k(\boldsymbol{x})$$

式中：$\gamma_k(\boldsymbol{x})$由上面的高斯混合形式给出，而

$$\nu_{S,k|k-1}(\boldsymbol{x}) = p_{S,k}\sum_{j=1}^{J_{k-1}} \boldsymbol{w}_{k-1}^{j} N(\boldsymbol{x};\boldsymbol{m}_{S,k|k-1}^{j},\boldsymbol{P}_{S,k|k-1}^{j})$$

$$\nu_{\beta,k|k-1}(\boldsymbol{x}) = \sum_{j=1}^{J_{k-1}}\sum_{l=1}^{J_{\beta,k}} \boldsymbol{w}_{k-1}^{j} w_{\beta,k}^{l} N(\boldsymbol{x};\boldsymbol{m}_{\beta,k|k-1}^{j,l},\boldsymbol{P}_{\beta,k|k-1}^{j,l})$$

$$\boldsymbol{m}_{S,k|k-1}^{j} = \boldsymbol{\Phi}_{k-1}\boldsymbol{m}_{k-1|k-1}^{j}$$

$$\boldsymbol{P}_{S,k|k-1}^{j} = \boldsymbol{\Phi}_{k-1}\boldsymbol{P}_{k-1|k-1}^{j}\boldsymbol{\Phi}_{k-1}^{\mathrm{T}} + \boldsymbol{\Sigma}_{k-1}$$

$$\boldsymbol{m}_{\beta,k|k-1}^{j,l} = \boldsymbol{F}_{\beta,k}^{l}\boldsymbol{m}_{k-1|k-1}^{j} + \boldsymbol{d}_{\beta,k}^{l}$$

$$\boldsymbol{P}_{\beta,k|k-1}^{j,l} = \boldsymbol{F}_{\beta,k}^{l}\boldsymbol{P}_{k-1|k-1}^{j}(\boldsymbol{F}_{\beta,k}^{l})^{\mathrm{T}} + \boldsymbol{Q}_{\beta,k}^{l}$$

步骤三：假设预测强度函数 $\nu_{k|k-1}(\boldsymbol{x})$可以表示成如下高斯混合形式：

$$\nu_{k|k-1}(\boldsymbol{x}) = \sum_{i=1}^{J_{k|k-1}} w_{k|k-1}^{i} N(\boldsymbol{x};\boldsymbol{m}_{k|k-1}^{i},\boldsymbol{P}_{k|k-1}^{i})$$

式中：$J_{k|k-1}$ 为高斯项数；$w_{k|k-1}^{i}$ 为第 i 个高斯项权重；则更新强度函数 $\nu_{k|k}(\boldsymbol{x})$为

$$\nu_k(\boldsymbol{x}) = (1 - p_{D,k})\nu_{k|k-1}(\boldsymbol{x}) + \sum_{\boldsymbol{z}\in \boldsymbol{Z}_k} \nu_{D,k}(\boldsymbol{x};\boldsymbol{z})$$

式中：$\nu_{D,k}(\boldsymbol{x};\boldsymbol{z}) = \sum_{i=1}^{J_{k|k-1}} w_k^{i}(\boldsymbol{z}) N(\boldsymbol{x};\boldsymbol{m}_{k|k}^{i}(\boldsymbol{z}),\boldsymbol{P}_{k|k}^{i})$

$$w_k^{i}(\boldsymbol{z}) = \frac{p_{D,k} w_{k|k-1}^{i} q_k^{i}(\boldsymbol{z})}{\kappa_k(\boldsymbol{z}) + p_{D,k}\sum_{l=1}^{J_{k|k-1}} w_{k|k-1}^{l} q_k^{l}(\boldsymbol{z})}$$

$$q_k^{i}(\boldsymbol{z}) = N(\boldsymbol{z};\hat{\boldsymbol{z}}_{k|k-1}^{i},\boldsymbol{H}_k\boldsymbol{P}_{k|k}^{i}\boldsymbol{H}_k^{\mathrm{T}} + \boldsymbol{R}_k)$$

$$\boldsymbol{m}_{k|k}^{i}(\boldsymbol{z}) = \boldsymbol{m}_{k|k-1}^{i} + \boldsymbol{K}_k^{i}(\boldsymbol{z}_k - \hat{\boldsymbol{z}}_{k|k-1}^{i})$$

$$\hat{\boldsymbol{z}}_{k|k-1}^{i} = \boldsymbol{H}_k\boldsymbol{m}_{k|k-1}^{i}$$

$$\boldsymbol{P}_{k|k}^{i} = (\boldsymbol{I} - \boldsymbol{K}_k^{i}\boldsymbol{H}_k)\boldsymbol{P}_{k|k-1}^{i}$$

$$\boldsymbol{K}_k^i = \boldsymbol{P}_{k|k-1}^i \boldsymbol{H}_k^{\mathrm{T}} (\boldsymbol{H}_k \boldsymbol{P}_{k|k-1}^i \boldsymbol{H}_k^{\mathrm{T}} + \boldsymbol{R}_k)^{-1}$$

在使用 GM－PHD 滤波器时，预测的目标数目可以根据预测 PHD 的权重计算，即

$$\hat{N}_{k|k-1} = \hat{N}_{k-1}\left(p_{S,k} + \sum_{j=1}^{J_{\beta,k}} w_{\beta,k}^j\right) + \sum_{j=1}^{J_{\gamma,k}} w_{\gamma,k}^j$$

而更新后的目标数目可以根据更新 PHD 的权重计算，即

$$\hat{N}_k = \hat{N}_{k|k-1}(1 - p_{D,k}) + \sum_{z \in \boldsymbol{Z}_k} \sum_{i=1}^{J_{k|k-1}} w_k^i(\boldsymbol{z})$$

实际上，在获取 PHD 递推实现的过程中主要应用了引理 4.1 与引理 4.2 来计算高斯密度函数的乘积和乘积的积分。因此，可以很自然地利用非线性滤波方法如 EKF、UKF 以及 CKF 处理机动目标跟踪中的非线性量测问题。随着迭代次数的增加，高斯项数呈指数增长，实际计算过程中需要使用修剪与合并技术来阻止。例如，在每次迭代过程中，可以把高斯项权重较小的剔除，或者说仅保留权重较大的。B. Vo 等人在文献中给出了一种清晰的修剪合并策略。S. Pasha 等人在文献中给出了针对随机跳变系统本身的多模型 PHD 滤波器。在文献中，S. Pasha 等人采取把目标状态向量 $\boldsymbol{x}$ 与表征运动模式的 Markov 链 r 联合在一起组成一个增广状态，然后基于该增广状态给出与单模型 PHD 递推公式形式一致的递推公式。需要指出的是，在定义外界进入新目标的随机有限集 PHD 和衍生新目标随机有限集 PHD 是依赖于 Markov 链的，因此计算过程更加复杂。

4.2.2　最佳拟合高斯平滑

在 4.2.1 小节中，首先利用最佳拟合高斯逼近方法把多模型滤波估计问题转化成单模型滤波估计问题，然后把针对随机跳变系统的多模型 PHD 实现转化为针对线性高斯系统的单模型 PHD 实现问题。虽然所提出的方法没有直接把交互式思想引入到多模型 PHD 中，但是所得结果不仅提高了跟踪精度，而且大大减少了计算消耗。同样，在获取随机跳变系统平滑估计时，可以利用对线性高斯系统的平滑估计结果代替。在此基础上，很容易实现具有固定滞后的 PHD 平滑公式。为方便，假设已得到 k 时刻滤波 PHD 的高斯混合形式，则平滑 PHD 实现过程如下：

假设 t 时刻的滤波 PHD 以及 $t+1$ 时刻的平滑 PHD 为如下高斯混合形式：

$$\nu_{t|t}(\boldsymbol{x}) = \sum_{i=1}^{J_{t|t}} w_{t|t}^i N(\boldsymbol{x}; \boldsymbol{m}_{t|t}^i, \boldsymbol{P}_{t|t}^i)$$

$$\nu_{t+1|k}(\boldsymbol{x}) = \sum_{j=1}^{J_{t+1|k}} w_{t+1|k}^j N(\boldsymbol{x}; \boldsymbol{m}_{t+1|k}^j, \boldsymbol{P}_{t+1|k}^j)$$

把上式代入平滑 PHD 公式中，可得

$$\nu_{t|k}(\boldsymbol{x})=(1-p_{S,k})\sum_{i=1}^{J_{t|t}}w_{t|t}^{i}N(\boldsymbol{x};\boldsymbol{m}_{t|t}^{i},\boldsymbol{P}_{t|t}^{i})+$$

$$p_{S,k}\sum_{i=1}^{J_{t|t}}\sum_{j=1}^{J_{t+1|k}}w_{t|t}^{i}w_{t+1|k}^{j}N(\boldsymbol{x};\boldsymbol{m}_{t|t}^{i},\boldsymbol{P}_{t|t}^{i})\cdot$$

$$\int\frac{N(\boldsymbol{x}_{t+1};\boldsymbol{m}_{t+1|k}^{j},\boldsymbol{P}_{t+1|k}^{j})}{\nu_{t+1|t}(\boldsymbol{x})}N(\boldsymbol{x}_{t+1};\boldsymbol{\Phi}_{t}x_{t},\boldsymbol{\Phi}_{t}\boldsymbol{P}_{t|t}^{i}\boldsymbol{\Phi}_{t}^{\mathrm{T}}+\boldsymbol{\Sigma}_{t})\mathrm{d}\boldsymbol{x}_{t+1}$$

可以利用 Rauch-Tung-Striebel 类型的平滑算法处理上式等号右端第二项，然后可得到

$$\nu_{t|k}(\boldsymbol{x})=(1-p_{S,k})\sum_{i=1}^{J_{t|t}}w_{t|t}^{i}N(\boldsymbol{x};\boldsymbol{m}_{t|t}^{i},\boldsymbol{P}_{t|t}^{i})+p_{S,k}\sum_{i=1}^{J_{t|t}}\sum_{j=1}^{J_{t+1|k}}w_{t|k}^{i,j}N(\boldsymbol{x}_{t+1};\boldsymbol{m}_{t|k}^{i,j},\boldsymbol{P}_{t|k}^{i,j})$$

式中：

$$w_{t|k}^{i,j}=\frac{w_{t|t}^{i}w_{t+1|k}^{j}N(\boldsymbol{m}_{t+1|k}^{j};\boldsymbol{m}_{t+1|t}^{i},\boldsymbol{P}_{t+1|t}^{i})}{\gamma_{t+1}(\boldsymbol{m}_{t+1|k}^{j})+\sum_{l=1}^{J_{t|t}}N(\boldsymbol{m}_{t+1|k}^{j};\boldsymbol{m}_{t+1|t}^{l},\boldsymbol{P}_{t+1|t}^{i})}$$

$$\boldsymbol{m}_{t|k}^{i,j}=\boldsymbol{m}_{t|t}^{i}+\boldsymbol{D}_{t}^{i}(\boldsymbol{m}_{t+1|k}^{j}-\boldsymbol{\Phi}_{t}\boldsymbol{m}_{t|t}^{i})$$

$$\boldsymbol{P}_{t|k}^{i,j}=\boldsymbol{P}_{t|t}^{i}+\boldsymbol{D}_{t}^{i}(\boldsymbol{P}_{t+1|k}^{j}-\boldsymbol{\Phi}_{t}\boldsymbol{P}_{t|t}^{i}\boldsymbol{\Phi}-\boldsymbol{\Sigma}_{t})(\boldsymbol{D}_{t}^{i})^{\mathrm{T}}$$

$$\boldsymbol{m}_{t+1|t}^{i}=\boldsymbol{\Phi}_{t}\boldsymbol{m}_{t|t}^{i}$$

$$\boldsymbol{P}_{t+1|t}^{i}=\boldsymbol{\Phi}_{t}\boldsymbol{P}_{t|t}^{i}\boldsymbol{\Phi}_{t}^{\mathrm{T}}+\boldsymbol{\Sigma}_{t}$$

$$\boldsymbol{D}_{t}^{i}=\boldsymbol{P}_{t|t}^{i}\boldsymbol{\Phi}_{t}(\boldsymbol{\Phi}_{t}\boldsymbol{P}_{t|t}^{i}\boldsymbol{\Phi}_{t}^{\mathrm{T}}+\boldsymbol{\Sigma}_{t})^{-1}$$

在实际计算过程中，即便在一个迭代步骤内，随着滞后步长的增加，高斯项的数目也会变得非常大，为此，我们选择在每计算一步滞后就采取修剪合并技术减少高斯项的数目。仿真结果显示，这并不会严重影响跟踪精度。此外，同样可以通过结合各种非线性滤波算法处理多机动目标跟踪中的非线性量测问题。

4.2.3 仿真例子

为了比较多目标跟踪算法之间的性能，首先介绍评价指标——最优分配子模式(Optimal Sub Pattern Assignment，OSPA)距离。事实上，对于比较单目标跟踪算法的性能，由于只是比较空间中两个向量之间的距离，可以使用常用的评价指标——均方根误差。而对于多目标情形，由于估计出的目标数目与真实目标数目不一定相等，即使数目相同，也不能建立估计的多目标状态与真实的多目标状态之间一一对应的关系，因此评价方法更加复杂。针对多目标跟踪算法的评价指标，R. Mahler 提出了瓦瑟斯坦距离(Wasserstein Distance，WD)评价指标，WD 同时考虑了估计数目的误

差和估计状态的误差带来的影响,较为直观地反映了随机有限集之间的差别,但是当随机有限集为空集时却没有给出定义。鉴于此局限性,D. Schuhmacher 等人在 WD 的基础上提出了 OSPA 距离评价指标。由于 OSPA 距离引入了截断距离的概念,有效解决了 WD 存在的问题。具体地,设集合 $\boldsymbol{X}_k=\{\boldsymbol{x}_k^1,\cdots,\boldsymbol{x}_k^{n_k}\}$ 与 $\hat{\boldsymbol{X}}_k=\{\hat{\boldsymbol{x}}_k^1,\cdots,\hat{\boldsymbol{x}}_k^{\hat{n}_k}\}$ 分别为 k 时刻多目标的真实状态和估计出的状态集合。如果 $n_k\leqslant\hat{n}_k$,则集合 $\boldsymbol{X}_k$ 与 $\hat{\boldsymbol{X}}_k$ 之间的 OSPA 距离定义为

$$\bar{d}_p^c(\boldsymbol{X}_k,\hat{\boldsymbol{X}}_k)=\left\{\frac{1}{\hat{n}_k}\left[\min_{\pi\in\Pi_{\hat{n}_k}}\sum_{i=1}^{n_k}d^c(\boldsymbol{x}_k^i,\hat{\boldsymbol{x}}_k^{\pi(i)})^p+c^p(\hat{n}_k-n_k)\right]\right\}^{1/p}$$

式中:$d^c(\boldsymbol{x},\boldsymbol{y})\overset{\text{def}}{=\!=}\min\{c,d(\boldsymbol{x},\boldsymbol{y})\}$ 表示元素 $\boldsymbol{x}$ 与 $\boldsymbol{y}$ 之间的距离,且截断距离为 $c>0$;$\Pi_{\hat{n}_k}$ 表示$\{1,2,\cdots,\hat{n}_k\}$的所有排列组成的集合,这里的 $\hat{n}_k\in\{1,2,\cdots\}$为任意值;$1\leqslant p<\infty$为阶数。

反之,如果 $n_k>\hat{n}_k$,则集合 $\boldsymbol{X}_k$ 与 $\hat{\boldsymbol{X}}_k$ 之间的 OSPA 距离定义为

$$\bar{d}_p^c(\boldsymbol{X}_k,\hat{\boldsymbol{X}}_k)=\bar{d}_p^c(\hat{\boldsymbol{X}}_k,\boldsymbol{X}_k)$$

例 4.1　本例的目的是说明所提出最佳拟合高斯逼近的 PHD 滤波算法的优越性。考虑平面上多目标跟踪场景,记目标状态为 $\boldsymbol{x}_k=(\boldsymbol{x}_k^p,\boldsymbol{x}_k^v,\boldsymbol{y}_k^p,\boldsymbol{y}_k^v)^{\mathrm{T}}$,其中$(\boldsymbol{x}_k^p,\boldsymbol{y}_k^p)$与$(\boldsymbol{x}_k^v,\boldsymbol{y}_k^v)$分别表示目标位置向量和速度向量。采用第 1 章中介绍的协调转弯运动模型描述目标运动,即

$$\boldsymbol{x}_k=\begin{bmatrix}1 & \dfrac{\sin(\omega T)}{\omega} & 0 & -\dfrac{1-\cos(\omega T)}{\omega}\\ 0 & \cos(\omega T) & 0 & -\sin(\omega T)\\ 0 & \dfrac{1-\cos(\omega T)}{\omega} & 1 & \dfrac{\sin(\omega T)}{\omega}\\ 0 & \sin(\omega T) & 0 & \cos(\omega T)\end{bmatrix}\boldsymbol{x}_{k-1}+\begin{bmatrix}\dfrac{T^2}{2} & 0\\ T & 0\\ 0 & \dfrac{T^2}{2}\\ 0 & T\end{bmatrix}\boldsymbol{w}_{k-1}$$

式中:ω 为协调转弯率;T 为采样时间间隔。

在仿真过程中,通过采用三个不同的协调转弯率对应的模型描述目标在整个过程中的运动。具体地说,模型一对应 $\omega=0\ (°)/\mathrm{s}$(实际上,此时的模型退化为近匀速运动模型),而此时的过程噪声方差为 5 $\mathrm{m/s^2}$;模型二对应顺时针转弯 $\omega=-3\ (°)/\mathrm{s}$,而此时的过程噪声方差为 20 $\mathrm{m/s^2}$;模型三对应逆时针转弯 $\omega=3\ (°)/\mathrm{s}$,而此时的过程噪声方差也为 20 $\mathrm{m/s^2}$。假设模型之间的切换服从一个三状态的离散时间齐次 Markov 链,且转移概率矩阵为

$$\boldsymbol{\Pi}=\begin{bmatrix}0.8 & 0.1 & 0.1\\ 0.1 & 0.8 & 0.1\\ 0.1 & 0.1 & 0.8\end{bmatrix}$$

量测模型采用距离和方位角方程,即

$$\boldsymbol{y}_k = \begin{bmatrix} \sqrt{(p_{x,k}-s_x)^2+(p_{y,k}-s_y)^2} \\ \arctan[(p_{x,k}-s_x)/(p_{y,k}-s_y)] \end{bmatrix} + \boldsymbol{v}_k$$

式中：(s_x, s_y)表示传感器的位置；量测噪声 $\boldsymbol{v}_k$ 建模为零均值高斯白噪声且具有已知的协方差矩阵 $\boldsymbol{R}=\mathrm{diag}\{100^2,(\pi/180)^2\}$。传感器的位置假设为(35，−60)(单位：km)。为处理非线性量测方程问题，采用 UKF 算法实现 PHD 滤波递推公式。

假设外界进入的新目标可能从两个区域出现，其随机有限集为 Poisson 的，且 PHD 为

$$\gamma_k(\boldsymbol{\xi}) = 0.1[N(\boldsymbol{\xi};\boldsymbol{m}_\gamma^1,\boldsymbol{P}_\gamma)+N(\boldsymbol{\xi};\boldsymbol{m}_\gamma^2,\boldsymbol{P}_\gamma)]$$

式中：$\boldsymbol{m}_\gamma^1=(40,0,-50,0)^{\mathrm{T}}$；$\boldsymbol{m}_\gamma^2=(30,0,-40,0)^{\mathrm{T}}$；$\boldsymbol{P}_\gamma=\mathrm{diag}\{10^6,10^4,10^6,10^4\}$。

假设衍生目标的随机有限集为 Poisson 的，且 PHD 为

$$\beta_{k|k-1}(\boldsymbol{x}\mid\boldsymbol{\xi}) = 0.05N(\boldsymbol{x};\boldsymbol{\xi},\boldsymbol{Q}_\beta)$$

式中：$\boldsymbol{Q}_\beta=\mathrm{diag}\{10^4,400,10^4,400\}$。

假设杂波的随机有限集为 Poisson 的，且 PHD 为

$$\kappa_k(\boldsymbol{z}) = \lambda_c V \mathcal{U}(\boldsymbol{z})$$

式中：杂波在每单位面积内的平均数为 $\lambda_c=0.347$，对应着每次扫描接收到 24 个杂波点；V 为传感器监测面积；$\mathcal{U}(\boldsymbol{z})$为在监测面积上均匀分布的概率密度函数。

在仿真过程中，采样时间间隔取为 $T=1$ s；仿真时间为 100 s；目标的存留概率取为 $p_{S,k}=0.99$；被检测到的概率取为 $p_{D,k}=0.98$；为避免高斯项数呈指数增长，采用修剪合并策略，其中舍弃门限取为 $T_{\mathrm{Th}}=10^{-7}$，合并门限取为 $U_{\mathrm{Th}}=5$，取强度函数的高斯混合项中权重大于 0.5 的高斯分量为目标状态估计，即 $w_{\mathrm{Th}}=0.5$；为限制每次迭代中的高斯项数，假设最多不超过 10 项，即 $J_{\max}=10$。

修剪合并算法的 MATLAB 程序如下：

```
for m = 1:Model_number
s = 0;
for j = 1:J_total(m,k)
    if w_total(j,m,k)>J_threshold
        s = s + 1; J_index(s) = j;
        w_index(s,m,k) = w_total(j,m,k);
        x_index(:,s,m,k) = x_total(:,j,m,k);
        P_index(:,:,s,m,k) = P_total(:,:,j,m,k);
    end
end
l = 0; J_temp = [];
while ~isempty(J_index),
    l = l + 1;
    [Max_val Max_ind] = max(w_total(J_index,m,k));
    for i = 1:length(J_index)
```

```
        if (x_total(:,J_index(i),m,k) - x_total(:,J_index(Max_ind),m,k))' * inv(P_total
          (:,:,J_index(i),m,k)) * (x_total(:,J_index(i),m,k) - x_total(:,J_index(Max_
          ind),m,k))<J_gate
           J_temp = union(J_temp,J_index(i));
           w_temp(l,m,k) = w_total(J_index(Max_ind),m,k);
           x_temp(:,l,m,k) = x_total(:,J_index(Max_ind),m,k);
           P_temp(:,:,l,m,k) = P_total(:,:,J_index(Max_ind),m,k);
        end
        end
        J_index = setdiff(J_index,J_temp);
    end
    if l>J_max
        for ss = 1:J_max
        w_total(ss,m,k) = w_temp(ss,m,k);
        x_total(:,ss,m,k) = x_temp(:,ss,m,k);
        P_total(:,:,ss,m,k) = P_temp(:,:,ss,m,k);
        end
        J_total(m,k) = J_max;
    else
        for ss = 1:l
        w_total(ss,m,k) = w_temp(ss,m,k);
        x_total(:,ss,m,k) = x_temp(:,ss,m,k);
        P_total(:,:,ss,m,k) = P_temp(:,:,ss,m,k);
        end
        J_total(m,k) = l;
    end
    end
```

图 4.1 给出了 4 个机动目标在仿真过程中的真实运动轨迹。目标运动轨迹如下:目标 1 在第 1 时刻于初始位置(40,−50)(单位:km)开始以近匀速运动 10 s,然后分 6 段运动,即 11～30 s 为左转弯运动,31～40 s 为近匀速运动,41～70 s 为左转弯运动,71～80 s 为近匀速运动,81～90 s 为左转弯运动,91～100 s 为近匀速运动;目标 2 由目标 1 在第 50 s 衍生出来,然后以近匀速运动 40 s,即在第 90 s 结束运动;目标 3 在第 5 s 于初始位置(30,−40)(单位:km)开始运动 10 s,然后分 4 段运动,即 16～35 s 为右转弯运动,36～45 s 为近匀速运动,46～65 s 为右转弯运动,66～85 s 为近匀速运动;目标 4 由目标 3 在第 25 s 衍生出来,且以近匀速运动运行 35 s。

图 4.1 同时给出了一次算法运行的目标状态估计结果,由此可见,所提出的最佳拟合高斯逼近 PHD 滤波算法(PHD - BFGUKF)可以较好地用于多机动目标跟踪场景。另外,为说明所提出算法的优越性,在图 4.2 中以 OSPA 距离为评价指标,与多

模型 PHD 算法(PHD - MMUKF)进行比较,仿真结果通过执行 100 次 Monte Carlo 求平均值获得。结果表明,所提出的算法明显优于已有的无交互式多模型算法。此外,通过对算法的运行计时可知,所提出的算法运行一次仅需 4.5 s,多模型方法则需要 48.8 s,可见,由于把多模型估计转变为单模型估计,计算消耗大大减少。

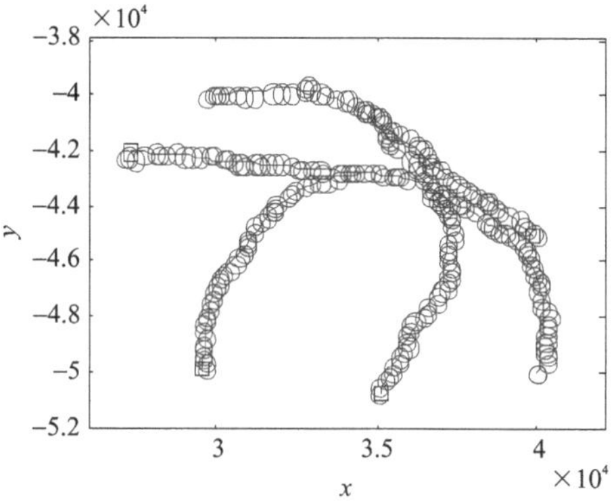

图 4.1　多机动目标运动轨迹与估计(1)

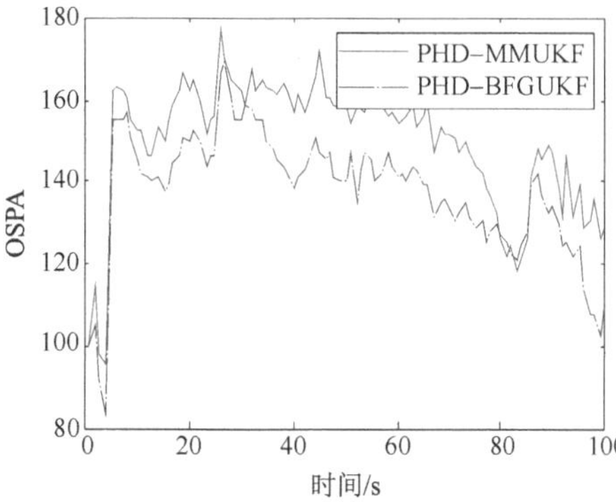

图 4.2　两种算法的 OSPA 距离(1)

例 4.2　本例的目的是说明所提出的最佳拟合高斯逼近的 PHD 平滑算法的优越性。仍然考虑二维多目标跟踪场景,采用例 4.1 中的协调转弯模型描述目标的运动,但是在模型二和模型三中的协调转弯率分别取为 $\omega=-4\ (°)/\mathrm{s}$ 和 $\omega=4(°)/\mathrm{s}$,其他保持不变。量测向量仍由距离和方位角方程产生。在本例中,传感器的位置为(6,10)(单位:km),量测噪声 $\boldsymbol{v}_k$ 建模为零均值高斯白噪声且具有已知的协方差矩阵 $\boldsymbol{R}=\mathrm{diag}\{100^2,(\pi/180)^2\}$。为处理非线性量测问题,采用 CKF 算法实现 PHD 递推公式。

假设外界进入的新目标可能从两个区域出现,且 PHD 为

$$\gamma_k(\boldsymbol{\xi})=0.1[N(\boldsymbol{\xi};\boldsymbol{m}_\gamma^1,\boldsymbol{P}_\gamma)+N(\boldsymbol{\xi};\boldsymbol{m}_\gamma^2,\boldsymbol{P}_\gamma)]$$

式中:$\boldsymbol{m}_\gamma^1=(10,0,20,0)^{\mathrm{T}}$;$\boldsymbol{m}_\gamma^2=(0,0,30,0)^{\mathrm{T}}$;$\boldsymbol{P}_\gamma=\mathrm{diag}\{10^6,10^4,10^6,10^4\}$。

衍生目标的随机有限集 PHD 以及杂波的随机有限集 PHD 仍分别采用上例中的模型,但是杂波平均数减少为 2 个。在仿真过程中,采样时间间隔取为 $T=1$ s;仿真时间为 100 s;目标的存留概率取为 $p_{S,k}=0.99$;被检测到的概率取为 $p_{D,k}=0.98$;为避免高斯项数呈指数增长,采用修剪合并策略,其中舍弃门限取为 $T_{\mathrm{Th}}=10^{-2}$,合并门限取为 $U_{\mathrm{Th}}=5$,取强度函数的高斯混合项中权重大于 0.5 的高斯分量为目标状态估计,即 $w_{\mathrm{Th}}=0.5$;为保证每次迭代中的高斯项数不会过多,假设最多不超过 10 项,即 $J_{\max}=10$。值得说明的是,在实现 PHD 平滑算法时,每实施一次滞后运算就采用修剪合并技术进行高斯项数的减少工作。

图 4.3 给出了 4 个机动目标在仿真过程中的真实运动轨迹。目标运动轨迹如下:目标 1 在第 1 时刻于初始位置(10,−20)(单位:km)开始以近匀速运动 10 s,然

后分 6 段运动,即 11～30 s 为左转弯运动,31～40 s 为近匀速运动,41～70 s 为左转弯运动,71～80 s 为近匀速运动,81～90 s 为左转弯运动,91～100 s 为近匀速运动;目标 2 由目标 1 在第 30 s 衍生出来,然后以近匀速运动 10 s,在 41～60 s 为左转弯运动,在 61～70 s 为近匀速运动;目标 3 在第 5 s 于初始位置(0,30)(单位:km)开始运动 10 s,然后分 4 段运动,即 16～35 s 为右转弯运动,36～45 s 为近匀速运动,46～65 s 为右转弯运动,66～85 s 为近匀速运动;目标 4 由目标 3 在第 40 s 衍生出来,且首先以近匀速运动运行 10 s,接着在 51～70 s 为左转弯运动,最后 10 s 以近匀速运动结束。

图 4.4 同时给出了一次单步滞后的 PHD 平滑算法运行的目标状态估计结果,由此可见本文所提出的最佳拟合高斯逼近 PHD 平滑算法(在图中记为 PHD-BFG-CKS)可以较好地用于多机动目标跟踪场景,并且要优于相应的滤波算法(在图中记为 PHD-BFG-CKF)。另外,为说明所提出算法的优越性,在图 4.4 中以 OSPA 距离为评价指标,与多模型 PHD 算法(在图中记为 PHD-MM-UKF)以及相应的滤波算法进行比较,仿真结果通过执行 100 次 Monte Carlo 求平均值获得。结果表明,所提出的平滑算法明显优于滤波算法,并且再一次证明了本文提出的最佳拟合高斯逼近 PHD 滤波算法要优于已有的无交互式多模型 PHD 滤波算法。此外,通过对算法的运行计时可知,平滑算法运行一次仅需 3.17 s,而相应的滤波方法仅需要1.94 s,这说明用于实现平滑 PHD 递推公式的计算量也是一个较大的消耗。另外,多模型 PHD 滤波算法则需要 11.72 s 完成一次跟踪过程,计算量较大。

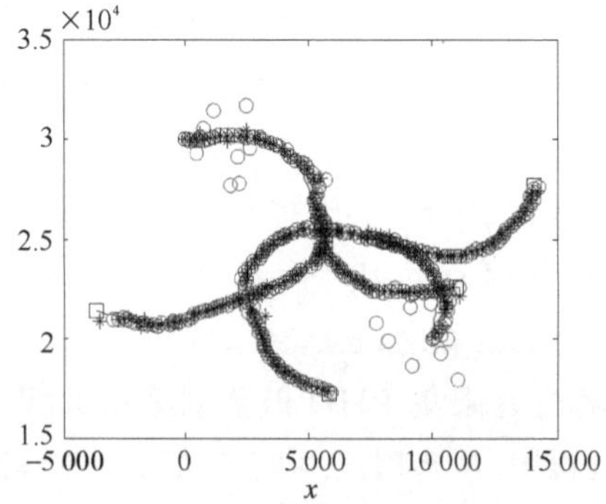

图 4.3　多机动目标运动轨迹与估计(2)

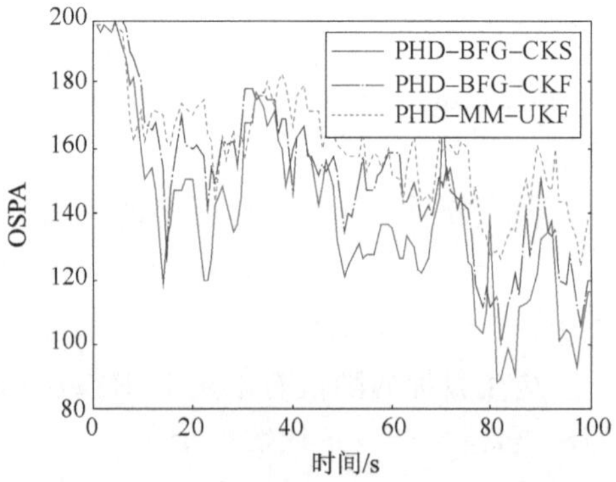

图 4.4　三种算法的 OSPA 距离(2)

4.3　非线性概率假设密度 H_∞ 滤波

虽然基于 Kalman 滤波的 GM-PHD 实现算法取得了很好的效果,但是由于 Kalman 滤波本身的特点,即要求精确已知系统模型和噪声的统计性质,使得在实际应用中很难再取得很好的跟踪效果。为此,本节采用对模型和噪声不确定性具有鲁

棒性能的 H_∞ 滤波实现 PHD 递推公式。为避免与 4.2 节内容的重复，本节考虑一般的非线性随机跳变系统。另外，由 4.2 节发展的算法来看，虽然最佳拟合高斯逼近方法可以处理非线性运动模型，例如采用线性化非线性随机跳变系统的方法构造等价的单模型线性高斯系统，但是这样获得的结果往往不能达到跟踪精度，特别当系统非线性较强而线性化方法不能表征系统特性时，可能导致滤波过程的发散。因此，我们首先把 H_∞ 性能指标与 EKF 和 UKF 结合，发展了扩展 H_∞ 滤波器(Extended H_∞ Filter，EHF)和无迹 H_∞ 滤波器(Unscented H_∞ Filter，UHF)，然后针对 S. Pasha 等人提出的无交互式的多模型 PHD 滤波方法进行实现。

在本节中，假设目标的运动和量测可以建模为如下的非线性随机跳变系统：

$$\left.\begin{aligned} \boldsymbol{x}_k &= f(\boldsymbol{x}_{k-1}, r_k) + \boldsymbol{w}_{k-1}(r_k) \\ \boldsymbol{z}_k &= h(\boldsymbol{x}_k, r_k) + \boldsymbol{v}_k(r_k) \end{aligned}\right\} \tag{4.3}$$

式中：$\boldsymbol{x}_k \in \mathbb{R}^n$ 为 k 时刻系统的状态向量；$\boldsymbol{z}_k \in \mathbb{R}^p$ 为 k 时刻对系统的量测向量；$r_k \in \mathcal{M} \overset{\text{def}}{=} \{1,2,\cdots,M\}$ 为齐次 Markov 链，转移概率矩阵为 $\boldsymbol{\Pi}=[\pi_{ij}]_{M\times M}$，且 $\pi_{ij} \overset{\text{def}}{=} \Pr\{r_k = j \mid r_{k-1}=i\}$；$f$ 和 h 分别为系统状态转移函数和量测函数；过程噪声 $\boldsymbol{w}_{k-1}(r_k)$ 与量测噪声 $\boldsymbol{v}_k(r_k)$ 为独立的零均值高斯白噪声过程，且协方差矩阵分别为 $\boldsymbol{Q}_{k-1}(r_k)$ 和 $\boldsymbol{R}_k(r_k)$。

基于上述模型，目标的状态转移密度函数与量测似然函数可以表示为

$$f(\boldsymbol{x}_k, r_k \mid \boldsymbol{x}_{k-1}, r_{k-1}) = N(\boldsymbol{x}_k; f(\boldsymbol{x}_{k-1}, r_k), \boldsymbol{Q}_{k-1}(r_k))\Pr\{r_k \mid r_{k-1}\}$$

$$h(\boldsymbol{z}_k \mid \boldsymbol{x}_x, r_k) = N(\boldsymbol{z}_k; h(\boldsymbol{x}_k, r_k), \boldsymbol{R}_k(r_k))$$

通过把目标状态 $\boldsymbol{x}_k$ 与 Markov 链 r_k 联合成一个增广状态 $\bar{\boldsymbol{x}}_k=(\boldsymbol{x}_k, r_k)$，可以得到与单模型 PHD 递推公式一致的形式，即若记 $\boldsymbol{v}_{k-1}(\boldsymbol{\xi}, r')$ 为 $k-1$ 时刻的后验强度函数或 PHD，则预测强度函数或 PHD$\nu_{k|k-1}(\boldsymbol{x}, r)$ 为

$$\begin{aligned} \nu_{k|k-1}(\boldsymbol{x},r) &= \int [p_S(\boldsymbol{\xi},r')f(\boldsymbol{x},r \mid \boldsymbol{\xi},r') + \beta_{k|k-1}(\boldsymbol{x},r \mid \boldsymbol{\xi},r')]\nu_{k-1}(\boldsymbol{\xi},r')\mathrm{d}\boldsymbol{\xi}\mathrm{d}r' + \gamma_k(\boldsymbol{x},r') \\ &= \sum_{r'=1}^{M} p_{S,k}(r)\Pr\{r_k = r \mid r_{k-1} = r'\}\int N(\boldsymbol{x}; f(\boldsymbol{\xi},r), \boldsymbol{Q}_{k-1}(r_k))\nu_{k-1}(\boldsymbol{\xi},r')\mathrm{d}\boldsymbol{\xi} + \\ &\quad \sum_{r'=1}^{M}\Pr\{r_k = r \mid r_{k-1} = r'\}\int \beta_{k|k-1}(\boldsymbol{x},r \mid \boldsymbol{\xi},r')\nu_{k-1}(\boldsymbol{\xi},r')\mathrm{d}\boldsymbol{\xi} + \gamma_k(\boldsymbol{x},r') \end{aligned}$$

从而 k 时刻的后验强度函数或 PHD$\nu_k(\boldsymbol{x}, r)$ 更新为

$$\begin{aligned} \nu_k(\boldsymbol{x},r) &= [1 - p_{D,k}(\boldsymbol{x},r)]\nu_{k|k-1}(\boldsymbol{x},r) + \\ &\quad \sum_{z\in Z_k} \frac{p_{D,k}(\boldsymbol{x},r)h(\boldsymbol{z} \mid x,r)\nu_{k|k-1}(\boldsymbol{x},r)}{\kappa_k(\boldsymbol{z}) + \int p_{D,k}(\boldsymbol{\xi},r')h(\boldsymbol{z} \mid \boldsymbol{\xi},r')\nu_{k|k-1}(\boldsymbol{\xi},r')\mathrm{d}\boldsymbol{\xi}\mathrm{d}r'} \\ &= [1 - p_{D,k}(\boldsymbol{x},r)]\nu_{k|k-1}(\boldsymbol{x},r) + \end{aligned}$$

$$\sum_{z \in \mathbf{Z}_k} \frac{p_{D,k}(\boldsymbol{x},r)h(z \mid x,r)\nu_{k|k-1}(\boldsymbol{x},r)}{\kappa_k(\boldsymbol{z}) + \sum_{r'=1}^{M} \int p_{D,k}(\boldsymbol{\xi},r')h(z \mid \boldsymbol{\xi},r')\nu_{k|k-1}(\boldsymbol{\xi},r')\mathrm{d}\boldsymbol{\xi}}$$

注意,衍生目标的随机有限集 PHD$\beta_{k|k-1}(\boldsymbol{x},r|\boldsymbol{\xi},r')$与外界进入的新目标的随机有限集 PHD$\gamma_k(\boldsymbol{x},r')$都是依赖于 Markov 链的,因此可以根据单模型的建模方式进行如下表示:

$$\beta_{k|k-1}(\boldsymbol{x},r \mid \boldsymbol{\xi},r') = \Pr\{r \mid \boldsymbol{\xi},r'\}\hat{\beta}_{k|k-1}(\boldsymbol{x} \mid \boldsymbol{\xi},r,r')$$

式中:$\Pr\{r|\boldsymbol{\xi},r'\}$表示在给定父目标运动状态的情形下,运动模式的衍生概率分布,通常情况下可以假设其运动模式仅与父目标的运动模式有关,即 $\Pr\{r|\boldsymbol{x},\boldsymbol{\xi},r'\} = \Pr\{r|r'\}$;而强度函数 $\hat{\beta}_{k|k-1}(\boldsymbol{x}|\boldsymbol{\xi},r,r')$可以建模为一个高斯混合的形式,即

$$\hat{\beta}_{k|k-1}(\boldsymbol{x} \mid \boldsymbol{\xi},r,r') = \sum_{l=1}^{J_{\beta,k}(r,r')} w_{\beta,k}^{l}(r,r')N(\boldsymbol{x};\boldsymbol{F}_{\beta,k}^{l}(r,r')\boldsymbol{\xi} + \boldsymbol{d}_{\beta,k}^{l}(r,r'),\boldsymbol{Q}_{\beta,k}^{l}(r,r'))$$

式中:$w_{\beta,k}^{l}(r,r')$为高斯项的权重;$\boldsymbol{F}_{\beta,k}^{l}(r,r')$、$\boldsymbol{d}_{\beta,k}^{l}(r,r')$以及 $\boldsymbol{Q}_{\beta,k}^{l}(r,r')$为确定强度函数形状的参数。同样,对于外界进入的新目标随机有限集 PHD,可以建模为

$$\gamma_k(\boldsymbol{x},r) = \Pr\{r\}\hat{\gamma}(\boldsymbol{x} \mid r)$$

式中:$\Pr\{r\}$表示新目标运动模式的概率分布;强度函数 $\hat{\gamma}(\boldsymbol{x}|r)$表示在给定运动模式的情形下,新目标运动状态的分布,也可以建模为一个高斯混合的形式,即

$$\hat{\gamma}_k(\boldsymbol{x} \mid r) = \sum_{j=1}^{J_{\gamma,k}} w_{\gamma,k}^{j}(r)N(\boldsymbol{x};\boldsymbol{m}_{\gamma,k}^{j}(r),\boldsymbol{P}_{\gamma,k}^{j}(r))$$

式中:$w_{\gamma,k}^{j}(r)$为高斯项的权重;$\boldsymbol{m}_{\gamma,k}^{j}(r)$和 $\boldsymbol{P}_{\gamma,k}^{j}(r)$为确定强度函数形状的参数。不失一般性,假设目标存留概率 $p_{S,k}(\boldsymbol{x},r)$与被检测到的概率 $p_{D,k}(\boldsymbol{x},r)$都与目标状态以及运动模式无关。下面通过发展对模型和噪声不确定性具有鲁棒性能的 EHF 和 UHF 算法来实现上述多模型 PHD 递推公式,其中引理 4.1 与引理 4.2 仍然起到至关重要的作用。

4.3.1 扩展 H_∞ 滤波

考虑如下离散时间非线性随机动态系统:

$$\left.\begin{aligned} \boldsymbol{x}_k &= f(\boldsymbol{x}_{k-1}) + \boldsymbol{w}_{k-1} \\ \boldsymbol{z}_k &= h(\boldsymbol{x}_k) + \boldsymbol{v}_k \\ \boldsymbol{y}_k &= \boldsymbol{L}_k\boldsymbol{x}_k \end{aligned}\right\} \tag{4.4}$$

式中:$\boldsymbol{x}_k \in \mathbb{R}^n$ 为 k 时刻系统的状态向量;$\boldsymbol{z}_k \in \mathbb{R}^p$ 为 k 时刻对系统的量测向量;$\boldsymbol{y}_k \in \mathbb{R}^q$ 为待估计的信号;f 和 h 分别为系统状态转移函数和量测函数;$\boldsymbol{L}_k$ 为已知的相容维数的矩阵;过程噪声 $\boldsymbol{w}_{k-1}$ 与量测噪声 $\boldsymbol{v}_k$ 为独立的零均值高斯白噪声过程,且协方

差矩阵分别为 $\boldsymbol{Q}_{k-1}$ 和 $\boldsymbol{R}_k$。

对非线性函数 f 和 h 分别在滤波估计 $\hat{\boldsymbol{x}}_{k-1|k-1}$ 与预测估计 $\hat{\boldsymbol{x}}_{k|k-1}$ 处进行一阶 Taylor 展开，得

$$\begin{aligned} f(\boldsymbol{x}_{k-1}) &= f(\hat{\boldsymbol{x}}_{k-1|k-1}) + \boldsymbol{F}_{k-1}(\boldsymbol{x}_{k-1} - \hat{\boldsymbol{x}}_{k-1|k-1}) + \Delta_1(\boldsymbol{x}_{k-1} - \hat{\boldsymbol{x}}_{k-1|k-1}) \\ &= \boldsymbol{F}_{k-1}\boldsymbol{x}_{k-1} + [f(\hat{\boldsymbol{x}}_{k-1|k-1}) - \boldsymbol{F}_{k-1}\hat{\boldsymbol{x}}_{k-1|k-1}] + \Delta_1(\boldsymbol{x}_{k-1} - \hat{\boldsymbol{x}}_{k-1|k-1}) \\ &\overset{\text{def}}{=} \boldsymbol{F}_{k-1}\boldsymbol{x}_{k-1} + \boldsymbol{p}_{k-1} + \boldsymbol{\Delta}_{1k-1} \\ h(\boldsymbol{x}_k) &= h(\hat{\boldsymbol{x}}_{k|k-1}) + \boldsymbol{H}_k(\boldsymbol{x}_k - \hat{\boldsymbol{x}}_{k|k-1}) + \Delta_2(\boldsymbol{x}_k - \hat{\boldsymbol{x}}_{k|k-1}) \\ &= \boldsymbol{H}_k\boldsymbol{x}_k + [h(\hat{\boldsymbol{x}}_{k|k-1}) - \boldsymbol{H}_k\hat{\boldsymbol{x}}_{k|k-1}] + \Delta_2(\boldsymbol{x}_k - \hat{\boldsymbol{x}}_{k|k-1}) \\ &\overset{\text{def}}{=} \boldsymbol{H}_k\boldsymbol{x}_k + \boldsymbol{q}_k + \boldsymbol{\Delta}_{2k} \end{aligned}$$

式中：$\boldsymbol{p}_{k-1} \overset{\text{def}}{=} f(\hat{\boldsymbol{x}}_{k-1|k-1}) - \boldsymbol{F}_{k-1}\hat{\boldsymbol{x}}_{k-1|k-1}$；$\boldsymbol{q}_k \overset{\text{def}}{=} h(\hat{\boldsymbol{x}}_{k|k-1}) - \boldsymbol{H}_k\hat{\boldsymbol{x}}_{k|k-1}$，$\boldsymbol{\Delta}_{1k-1} \overset{\text{def}}{=} \Delta_1(\boldsymbol{x}_{k-1} - \hat{\boldsymbol{x}}_{k-1|k-1})$，以及 $\boldsymbol{\Delta}_{2k} \overset{\text{def}}{=} \Delta_2(\boldsymbol{x}_k - \hat{\boldsymbol{x}}_{k|k-1})$。$\boldsymbol{F}_{k-1}$ 与 $\boldsymbol{H}_k$ 分别是非线性函数 f 和 h 在滤波估计 $\hat{\boldsymbol{x}}_{k-1|k-1}$ 与预测估计 $\hat{\boldsymbol{x}}_{k|k-1}$ 处的 Jacobian 矩阵，而 $\boldsymbol{\Delta}_{1k-1}$ 与 $\boldsymbol{\Delta}_{2k}$ 分别表示一阶 Taylor 展式的高阶项，它们在发展 EKF 算法时均被舍去。在下面的过程中，我们将把高阶项作为误差与噪声结合在一起当作扰动，这是因为 H_∞ 滤波对扰动的性质并没有特殊要求，仅为能量有界即可。把上述展开式代入原来的非线性系统（见式(4.4)）得

$$\begin{aligned} \boldsymbol{x}_k &= \boldsymbol{F}_{k-1}\boldsymbol{x}_{k-1} + \boldsymbol{p}_{k-1} + \boldsymbol{\Delta}_{1k-1} + \boldsymbol{w}_{k-1} \\ \boldsymbol{z}_k &= \boldsymbol{H}_k\boldsymbol{x}_k + \boldsymbol{q}_k + \boldsymbol{\Delta}_{2k} + \boldsymbol{v}_k \end{aligned} \tag{4.5}$$

若记 $\tilde{\boldsymbol{w}}_k \overset{\text{def}}{=} \boldsymbol{\Delta}_{1k} + \boldsymbol{w}_k$ 和 $\tilde{\boldsymbol{v}}_k \overset{\text{def}}{=} \boldsymbol{\Delta}_{2k} + \boldsymbol{v}_k$，则系统 (4.5)变为第 1 章中介绍 H_∞ 滤波时的系统，类似于线性系统的 H_∞ 滤波公式，可以得到如下非线性滤波过程：

$$\begin{aligned} &\hat{\boldsymbol{y}}_{k|k} = \boldsymbol{L}_k\hat{\boldsymbol{x}}_{k|k} \\ &\hat{\boldsymbol{x}}_{k|k-1} = f(\hat{\boldsymbol{x}}_{k-1|k-1}) \\ &\boldsymbol{P}_{k|k-1} = \boldsymbol{F}_{k-1}\boldsymbol{P}_{k-1|k-1}\boldsymbol{F}_{k-1}^{\mathrm{T}} + \tilde{\boldsymbol{Q}}_{k-1} \\ &\hat{\boldsymbol{x}}_{k|k} = \hat{\boldsymbol{x}}_{k|k-1} + \boldsymbol{K}_k[\boldsymbol{z}_k - h(\hat{\boldsymbol{x}}_{k|k-1})] \\ &\boldsymbol{K}_k = \boldsymbol{P}_{k|k-1}\boldsymbol{H}_k^{\mathrm{T}}(\boldsymbol{H}_k\boldsymbol{P}_{k|k-1}\boldsymbol{H}_k^{\mathrm{T}} + \tilde{\boldsymbol{R}}_k)^{-1} \\ &\boldsymbol{P}_{k|k} = \boldsymbol{P}_{k|k-1} - \boldsymbol{P}_{k|k-1}[\boldsymbol{H}_k^{\mathrm{T}} \quad \boldsymbol{L}_k^{\mathrm{T}}]\boldsymbol{R}_{e,k}^{-1}[\boldsymbol{H}_k^{\mathrm{T}} \quad \boldsymbol{L}_k^{\mathrm{T}}]^{\mathrm{T}}\boldsymbol{P}_{k|k-1} \end{aligned}$$

式中：矩阵 $\tilde{\boldsymbol{Q}}_{k-1} > \boldsymbol{0}$ 和 $\tilde{\boldsymbol{R}}_k > \boldsymbol{0}$ 由滤波器设计者根据经验或性能要求确定（由于噪声协方差矩阵 $\boldsymbol{Q}_{k-1}$ 与 $\boldsymbol{R}_k$ 是未知的，因此不再使用），而矩阵 $\boldsymbol{R}_{e,k}$ 由如下计算获得：

$$\boldsymbol{R}_{e,k} = \begin{bmatrix} \tilde{\boldsymbol{R}}_k & \boldsymbol{0} \\ \boldsymbol{0} & -\gamma\boldsymbol{I} \end{bmatrix} + \begin{bmatrix} \boldsymbol{H}_k \\ \boldsymbol{L}_k \end{bmatrix}\boldsymbol{P}_{k|k-1}[\boldsymbol{H}_k^{\mathrm{T}} \quad \boldsymbol{L}_k^{\mathrm{T}}]$$

特别地,当矩阵 $\boldsymbol{L}_k$ 选取为单位矩阵时,所获得的结果即为系统状态估计。

I. Yaesh 等人在文献中指出,当系统状态过程和量测过程中包含白噪声时,H_∞ 滤波中的矩阵 $\boldsymbol{P}_{k|k}$ 对应误差协方差矩阵的上界;而当不包含白噪声时,矩阵 $\boldsymbol{P}_{k|k}$ 没有具体意义。对参数 γ 的选取是一个重要问题,为保证 H_∞ 滤波器的存在性,需要满足:

$$\boldsymbol{P}_{k|k}^{-1}=\boldsymbol{P}_{k|k-1}^{-1}+\boldsymbol{H}_k^{\mathrm{T}}\widetilde{\boldsymbol{R}}_k^{-1}\boldsymbol{H}_k-\gamma^{-1}\boldsymbol{I}>\boldsymbol{0}$$

换句话说,γ 应满足的条件为

$$\gamma>\max\{\mathrm{eig}(\boldsymbol{P}_{k|k-1}^{-1}+\boldsymbol{H}_k^{\mathrm{T}}\widetilde{\boldsymbol{R}}_k^{-1}\boldsymbol{H}_k)^{-1}\}$$

式中:$\max\{\mathrm{eig}(\boldsymbol{A})^{-1}\}$表示矩阵 $\boldsymbol{A}^{-1}$ 的最大特征值。

基于上述 EHF 算法,可以得到递推公式的如下实现形式:

步骤一:假设 $k-1$ 时刻的后验强度函数 $\nu_{k-1}(\boldsymbol{\xi},r')$为高斯混合形式,即

$$\nu_{k-1}(\boldsymbol{\xi},r')=\sum_{i=1}^{J_{k-1}(r')}w_{k-1}^{i}(r')N(\boldsymbol{\xi};\boldsymbol{m}_{k-1|k-1}^{i}(r'),\boldsymbol{P}_{k-1|k-1}^{i}(r'))$$

式中:$J_{k-1}(r')$为模式依赖的高斯项数;$w_{k-1}^{i}(r')$为第 i 个高斯项的权重。由此可得预测强度函数 $\nu_{k|k-1}(\boldsymbol{x},r)$为

$$\nu_{k|k-1}(\boldsymbol{x},r)=\nu_{S,k|k-1}(\boldsymbol{x},r)+\nu_{\beta,k|k-1}(\boldsymbol{x},r)+\gamma_k(\boldsymbol{x},r)$$

式中:

$$\nu_{S,k|k-1}(\boldsymbol{x},r)=\sum_{r'=1}^{M}\sum_{i=1}^{J_{k-1}(r')}w_{S,k-1}^{i}(r,r')N(\boldsymbol{x};\boldsymbol{m}_{S,k|k-1}^{i}(r,r'),\boldsymbol{P}_{S,k|k-1}^{i}(r,r'))$$

$$\nu_{\beta,k|k-1}(\boldsymbol{x},r)=\sum_{r'=1}^{M}\sum_{j=1}^{J_{k-1}(r')}\sum_{l=1}^{J_{\beta,k}(r,r')}w_{\beta,k}^{j,l}(r,r')N(\boldsymbol{x};\boldsymbol{m}_{\beta,k|k-1}^{j,l}(r,r'),\boldsymbol{P}_{\beta,k|k-1}^{j,l}(r,r'))$$

$$w_{S,k-1}^{i}(r,r')=p_{S,k}\pi_{r'r}w_{k-1}^{i}(r')$$

$$w_{\beta,k}^{j,l}(r,r')=\Pr\{r\mid r'\}\boldsymbol{w}_{k-1}^{j}(r')w_{\beta,k}^{l}(r,r')$$

$$\boldsymbol{m}_{S,k|k-1}^{i}(r,r')=f(\boldsymbol{m}_{k-1|k-1}^{i}(r'),r)$$

$$\boldsymbol{P}_{S,k|k-1}^{i}(r,r')=\boldsymbol{F}_{k-1}(r,r')\boldsymbol{P}_{k-1|k-1}^{i}(r')\boldsymbol{F}_{k-1}^{\mathrm{T}}(r,r')+\widetilde{\boldsymbol{Q}}_{k-1}(r')$$

$$\boldsymbol{m}_{\beta,k|k-1}^{j,l}(r,r')=\boldsymbol{F}_{\beta,k}^{l}(r,r')\boldsymbol{m}_{k-1|k-1}^{j}(r')+\boldsymbol{d}_{\beta,k}^{l}(r,r')$$

$$\boldsymbol{P}_{\beta,k|k-1}^{j,l}(r,r')=\boldsymbol{F}_{\beta,k}^{l}(r,r')\boldsymbol{P}_{k-1|k-1}^{j}(r')(\boldsymbol{F}_{\beta,k}^{l}(r,r'))^{\mathrm{T}}+\boldsymbol{Q}_{\beta,k}^{l}(r,r')$$

式中:矩阵 $\boldsymbol{F}_{k-1}(r,r')$为函数 $f(\cdot,r)$在滤波估计 $\boldsymbol{m}_{k-1|k-1}^{j}(r')$处的 Jacobian 矩阵。

步骤二:假设预测强度函数 $\nu_{k|k-1}(\boldsymbol{x},r)$可以表示成如下高斯混合形式:

$$\nu_{k|k-1}(\boldsymbol{x},r)=\sum_{i=1}^{J_{k|k-1}(r)}w_{k|k-1}^{i}(r)N(\boldsymbol{x};\boldsymbol{m}_{k|k-1}^{i}(r),\boldsymbol{P}_{k|k-1}^{i}(r))$$

式中：$J_{k|k-1}(r)$为模式依赖的高斯项数；$w^i_{k|k-1}(r)$为第 i 个高斯项权重；则更新强度函数 $\nu_{k|k}(\boldsymbol{x},r)$为

$$\nu_{k|k}(\boldsymbol{x},r)=(1-p_{D,k})\nu_{k|k-1}(\boldsymbol{x},r)+\sum_{\boldsymbol{z}\in \boldsymbol{Z}_k}\nu_{D,k}(\boldsymbol{x},r;\boldsymbol{z})$$

式中：

$$\nu_{D,k}(\boldsymbol{x},r;\boldsymbol{z})=\sum_{i=1}^{J_{k|k-1}(r)} w^i_k(r,\boldsymbol{z})N(\boldsymbol{x};\boldsymbol{m}^i_{k|k}(r,\boldsymbol{z}),\boldsymbol{P}^i_{k|k}(r))$$

$$w^i_k(r,\boldsymbol{z})=\frac{p_{D,k}w^i_{k|k-1}(r)q^i_k(r,\boldsymbol{z})}{\kappa_k(\boldsymbol{z})+p_{D,k}\sum_{r'=1}^{M}\sum_{l=1}^{J_{k|k-1}(r')} w^l_{k|k-1}(r')q^l_k(r',\boldsymbol{z})}$$

$$q^i_k(r,\boldsymbol{z})= N(\boldsymbol{z};\hat{\boldsymbol{z}}^i_{k|k-1}(r),\boldsymbol{H}_k(r)\boldsymbol{P}^i_{k|k}(r)\boldsymbol{H}^{\mathrm{T}}_k(r)+\boldsymbol{R}_k(r))$$

$$\boldsymbol{m}^i_{k|k}(r,\boldsymbol{z})= \boldsymbol{m}^i_{k|k-1}(r)+\boldsymbol{K}^i_k(r)\left[\boldsymbol{z}_k-\hat{\boldsymbol{z}}^i_{k|k-1}(r)\right]$$

$$\hat{\boldsymbol{z}}^i_{k|k-1}(r)= h(\boldsymbol{m}^i_{k|k-1}(r),r)$$

$$\boldsymbol{K}^i_k(r)= \boldsymbol{P}^i_{k|k-1}(r)[\boldsymbol{H}^i_k(r)]^{\mathrm{T}}\{\boldsymbol{H}^i_k(r)\boldsymbol{P}^i_{k|k-1}(r)[\boldsymbol{H}^i_k(r)]^{\mathrm{T}}+\widetilde{\boldsymbol{R}}_k(r)\}^{-1}$$

$$\boldsymbol{P}^i_{k|k}(r)= \boldsymbol{P}^i_{k|k-1}(r)-\boldsymbol{P}^i_{k|k-1}(r)\left[[\boldsymbol{H}^i_k(r)]^{\mathrm{T}}\quad \boldsymbol{I}\right]\left[\boldsymbol{R}^i_{e,k}(r)\right]^{-1}\left[[\boldsymbol{H}^i_k(r)]^{\mathrm{T}}\quad \boldsymbol{I}\right]^{\mathrm{T}}\boldsymbol{P}^i_{k|k-1}(r)$$

$$\boldsymbol{R}^i_{e,k}(r)= \begin{bmatrix}\widetilde{\boldsymbol{R}}_k(r) & \boldsymbol{0}\\ \boldsymbol{0} & -\gamma\boldsymbol{I}\end{bmatrix}+\begin{bmatrix}\boldsymbol{H}^i_k(r)\\ \boldsymbol{I}\end{bmatrix}\boldsymbol{P}^i_{k|k-1}(r)\left[[\boldsymbol{H}^i_k(r)]^{\mathrm{T}}\quad \boldsymbol{I}\right]$$

在使用多模型 PHD 滤波器时，预测的目标数目可以由以下计算得到，即

$$\hat{N}_{k|k-1}=\sum_{r=1}^{M}\sum_{r'=1}^{M}\sum_{i=1}^{J_{k-1}(r')} w^i_{S,k-1}(r,r')+\sum_{r=1}^{M}\sum_{r'=1}^{M}\sum_{j=1}^{J_{k-1}(r')}\sum_{l=1}^{J_{\beta,k}(r,r')} w^{j,l}_{\beta,k}(r,r')+\sum_{r=1}^{M}\sum_{j=1}^{J_{\gamma,k}(r)} w^j_{\gamma,k}(r)$$

而更新后的目标数目为

$$\hat{N}_k=(1-p_{D,k})\sum_{r=1}^{M}\sum_{i=1}^{J_{k|k-1}(r)} w^i_{k|k-1}(r)+\sum_{\boldsymbol{z}\in \boldsymbol{z}_k}\sum_{r=1}^{M}\sum_{i=1}^{J_{k|k-1}(r)} w^i_k(r,\boldsymbol{z})$$

4.3.2　无迹 H_∞ 滤波

正如第 1 章中所述，无迹变换是一种计算随机变量经非线性变换后统计性质的方法。它首先用一组确定的 σ 点刻画随机变量的均值和协方差，然后将 σ 点进行非线性变换，使得变换后的 σ 点能够刻画原来随机变量经非线性变换后的统计性质。由于它是一种免微分的方法，能够适用于不连续的非线性变换，特别地，利用无迹变换发展的 UKF 往往比传统的 EKF 得到更高的估计精度，因此受到广泛关注。但是，无迹变换似乎很难与 H_∞ 滤波方法直接结合在一起，因为它实际上是一种统计线

性化方法,是对概率密度函数的逼近,而对于概率密度函数的逼近误差以及定义 H_∞ 范数似乎更加复杂。为此,本书没有直接把无迹变换与 H_∞ 范数建立联系,而是与 EHF 结构相结合,得到 UHF。

不失一般性,仅考虑状态估计情形,即 $\boldsymbol{L}_k=\boldsymbol{I}$ 为单位矩阵。假设已获取 $k-1$ 时刻的状态估计 $\hat{\boldsymbol{x}}_{k-1|k-1}$ 及相应的误差协方差矩阵上界 $\boldsymbol{P}_{k-1|k-1}$,根据第1章中 UKF 的递推过程,UHF 的滤波过程如下:首先,依据 $\hat{\boldsymbol{x}}_{k-1|k-1}$ 与 $\boldsymbol{P}_{k-1|k-1}$ 产生一组加权 σ 点,即

$$\boldsymbol{\chi}_{k-1|k-1}^{0}=\hat{\boldsymbol{x}}_{k-1|k-1}$$

$$\boldsymbol{\chi}_{k-1|k-1}^{s}=\hat{\boldsymbol{x}}_{k-1|k-1}+\left(\sqrt{(n+\kappa)\boldsymbol{P}_{k-1|k-1}}\right)_s,\quad s=1,\cdots,n$$

$$\boldsymbol{\chi}_{k-1|k-1}^{s}=\hat{\boldsymbol{x}}_{k-1|k-1}-\left(\sqrt{(n+\kappa)\boldsymbol{P}_{k-1|k-1}}\right)_s,\quad s=n+1,\cdots,2n$$

式中:κ 为一纯量参数。

接着,由上述 σ 点获取预测估计,即

$$\boldsymbol{\chi}_{k|k-1}^{s}=f(\boldsymbol{\chi}_{k-1|k-1}^{s})$$

$$\hat{\boldsymbol{x}}_{k|k-1}=\sum_{s=0}^{2n}W_s\boldsymbol{\chi}_{k|k-1}^{s}$$

$$\boldsymbol{P}_{k|k-1}=\sum_{s=0}^{2n}W_s(\boldsymbol{\chi}_{k|k-1}^{s}-\hat{\boldsymbol{x}}_{k|k-1})(\boldsymbol{\chi}_{k|k-1}^{s}-\hat{\boldsymbol{x}}_{k|k-1})^{\mathrm{T}}+\widetilde{\boldsymbol{Q}}_{k-1}$$

式中:W_s 为权重。

注意:在 EHF 中,更新估计的计算是依赖于线性化量测矩阵的,而在使用无迹变换技术时,由于没有求解 Jacobian 矩阵而不具备此项。利用统计线性误差递归方法构造一个伪量测矩阵,即满足

$$\boldsymbol{P}_{zz}=\widetilde{\boldsymbol{H}}_k\boldsymbol{P}_{k|k-1}\widetilde{\boldsymbol{H}}_k^{\mathrm{T}}$$

$$\boldsymbol{P}_{xz}=\boldsymbol{P}_{k|k-1}\widetilde{\boldsymbol{H}}_k^{\mathrm{T}}$$

式中:$\widetilde{\boldsymbol{H}}_k$ 为伪量测矩阵($\widetilde{\boldsymbol{H}}_k=\boldsymbol{P}_{k|k-1}^{-1}\boldsymbol{P}_{xz}$),而矩阵 $\boldsymbol{P}_{zz}$ 与 $\boldsymbol{P}_{xz}$ 可通过预测 σ 点获得

$$\boldsymbol{P}_{zz}=\sum_{s=0}^{2n}W_s[h(\boldsymbol{\chi}_{k|k-1}^{s})-\hat{\boldsymbol{z}}_{k|k-1}][h(\boldsymbol{\chi}_{k|k-1}^{s})-\hat{\boldsymbol{z}}_{k|k-1}]^{\mathrm{T}}$$

$$\boldsymbol{P}_{xz}=\sum_{s=0}^{2n}W_s(\boldsymbol{\chi}_{k|k-1}^{s}-\hat{\boldsymbol{x}}_{k|k-1})[h(\boldsymbol{\chi}_{k|k-1}^{s})-\hat{\boldsymbol{z}}_{k|k-1}]^{\mathrm{T}}$$

最后,把伪量测矩阵代入 EHF 的更新过程,得

$$\hat{\boldsymbol{x}}_{k|k}=\hat{\boldsymbol{x}}_{k|k-1}+\boldsymbol{P}_{xz}(\boldsymbol{P}_{zz}+\widetilde{\boldsymbol{R}}_k)^{-1}(\boldsymbol{z}_k-\hat{\boldsymbol{z}}_{k|k-1})$$

$$\boldsymbol{P}_{k|k}=\boldsymbol{P}_{k|k-1}-[\boldsymbol{P}_{xz}\quad\boldsymbol{P}_{k|k-1}]\boldsymbol{R}_{e,k}^{-1}[\boldsymbol{P}_{xz}\quad\boldsymbol{P}_{k|k-1}]^{\mathrm{T}}$$

式中:预测的量测为 $\hat{\boldsymbol{z}}_{k|k-1}=\sum_{s=0}^{2n}W_sh(\boldsymbol{\chi}_{k|k-1}^{s})$,而矩阵 $\boldsymbol{R}_{e,k}$ 为

$$\boldsymbol{R}_{e,k}=\begin{bmatrix}\boldsymbol{P}_{zz}+\widetilde{\boldsymbol{R}}_k & \boldsymbol{P}_{xz}^{\mathrm{T}}\\ \boldsymbol{P}_{xz} & -\gamma\boldsymbol{I}+\boldsymbol{P}_{k|k-1}\end{bmatrix}$$

参数 γ 应满足

$$\gamma>\max\{\mathrm{eig}\,[\boldsymbol{P}_{k|k-1}^{-1}+\boldsymbol{P}_{k|k-1}^{-1}\boldsymbol{P}_{xz}\widetilde{\boldsymbol{R}}_k^{-1}(\boldsymbol{P}_{k|k-1}^{-1}\boldsymbol{P}_{xz})^{\mathrm{T}}]^{-1}\}$$

基于上述 UHF 算法，可以得到递推公式的如下实现形式：

步骤一：假设 $k-1$ 时刻的后验强度函数 $\nu_{k-1}(\boldsymbol{\xi},r')$ 为高斯混合形式，即

$$\nu_{k-1}(\boldsymbol{\xi},r')=\sum_{i=1}^{J_{k-1}(r')}w_{k-1}^{i}(r')N(\boldsymbol{\xi};\boldsymbol{m}_{k-1|k-1}^{i}(r'),\boldsymbol{P}_{k-1|k-1}^{i}(r'))$$

式中：$J_{k-1}(r')$ 为模式依赖的高斯项数；$w_{k-1}^{i}(r')$ 为第 i 个高斯项的权重；则预测强度函数 $\nu_{k|k-1}(\boldsymbol{x},r)$ 为

$$\nu_{k|k-1}(\boldsymbol{x},r)=\nu_{S,k|k-1}(\boldsymbol{x},r)+\nu_{\beta,k|k-1}(\boldsymbol{x},r)+\gamma_k(\boldsymbol{x},r)$$

式中：$\gamma_k(\boldsymbol{x},r)$ 由上述高斯混合形式给出

$$\nu_{S,k|k-1}(\boldsymbol{x},r)=\sum_{r'=1}^{M}\sum_{i=1}^{J_{k-1}(r')}w_{S,k-1}^{i}(r,r')N(\boldsymbol{x};\boldsymbol{m}_{S,k|k-1}^{i}(r,r'),\boldsymbol{P}_{S,k|k-1}^{i}(r,r'))$$

$$\nu_{\beta,k|k-1}(\boldsymbol{x},r)=\sum_{r'=1}^{M}\sum_{j=1}^{J_{k-1}(r')}\sum_{l=1}^{J_{\beta,k}(r,r')}w_{\beta,k}^{j,l}(r,r')N(x;\boldsymbol{m}_{\beta,k|k-1}^{j,l}(r,r'),\boldsymbol{P}_{\beta,k|k-1}^{j,l}(r,r'))$$

其中：

$$w_{S,k-1}^{i}(r,r')=p_{S,k}\pi_{r'r}w_{k-1}^{i}(r')$$

$$w_{\beta,k}^{j,l}(r,r')=\Pr\{r\mid r'\}w_{k-1}^{j}(r')w_{\beta,k}^{l}(r,r')$$

$$\boldsymbol{m}_{S,k|k-1}^{i}(r,r')=\sum_{s=0}^{2n}W_s f(\boldsymbol{\chi}_{k-1|k-1}^{j,s}(r'),r)$$

$$\boldsymbol{P}_{S,k|k-1}^{i}(r,r')=\sum_{s=0}^{2n}W_s[f(\boldsymbol{\chi}_{k-1|k-1}^{j,s}(r'),r)-\boldsymbol{m}_{S,k|k-1}^{j}(r,r')][f(\boldsymbol{x}_{k-1|k-1}^{j,s}(r'),r)-\boldsymbol{m}_{s,k|k-1}^{j}]^{\mathrm{T}}+\widetilde{\boldsymbol{Q}}_{k-1}(r')$$

$$\boldsymbol{m}_{\beta,k|k-1}^{j,l}(r,r')=\boldsymbol{F}_{\beta,k}^{l}(r,r')\boldsymbol{m}_{k-1|k-1}^{j}(r')+\boldsymbol{d}_{\beta,k}^{l}(r,r')$$

$$\boldsymbol{P}_{\beta,k|k-1}^{j,l}(r,r')=\boldsymbol{F}_{\beta,k}^{l}(r,r')\boldsymbol{P}_{k-1|k-1}^{j}(r')[\boldsymbol{F}_{\beta,k}^{l}(r,r')]^{\mathrm{T}}+\boldsymbol{Q}_{\beta,k}^{l}(r,r')$$

式中：模式依赖的加权 σ 点为

$$\boldsymbol{\chi}_{k-1|k-1}^{j,0}(r')=\boldsymbol{m}_{k-1|k-1}^{j}(r')$$

$$\boldsymbol{\chi}_{k-1|k-1}^{j,s}(r')=\boldsymbol{m}_{k-1|k-1}^{j}(r')+\left(\sqrt{(n+\sigma)\boldsymbol{P}_{k-1|k-1}^{j}(r')}\right)_s,\quad s=1,\cdots,n$$

$$\boldsymbol{\chi}_{k-1|k-1}^{j,s}(r')=\boldsymbol{m}_{k-1|k-1}^{j}(r')-\left(\sqrt{(n+\sigma)\boldsymbol{P}_{k-1|k-1}^{j}(r')}\right)_s,\quad s=n+1,\cdots,2n$$

步骤二：假设预测强度函数 $\nu_{k|k-1}(\boldsymbol{x},r)$ 可以表示成如下高斯混合形式：

$$\nu_{k|k-1}(\boldsymbol{x},r)=\sum_{i=1}^{J_{k|k-1}(r)}w_{k|k-1}^{i}(r)N(\boldsymbol{x};\boldsymbol{m}_{k|k-1}^{i}(r),\boldsymbol{P}_{k|k-1}^{i}(r))$$

式中:$J_{k|k-1}(r)$为模式依赖的高斯项数;$w_{k|k-1}^{i}(r)$为第 i 个高斯项权重;则更新强度函数 $\nu_{k|k}(\boldsymbol{x},r)$为

$$\nu_{k}(\boldsymbol{x},r)=(1-p_{D,k})\nu_{k|k-1}(\boldsymbol{x},r)+\sum_{\boldsymbol{z}\in\boldsymbol{Z}_{k}}\nu_{D,k}(\boldsymbol{x},r;\boldsymbol{z})$$

式中:

$$\nu_{D,k}(\boldsymbol{x},r;\boldsymbol{z})=\sum_{i=1}^{J_{k|k-1}(r)}w_{k}^{i}(r,\boldsymbol{z})N(\boldsymbol{x};\boldsymbol{m}_{k|k}^{i}(r,\boldsymbol{z}),\boldsymbol{P}_{k|k}^{i}(r))$$

$$w_{k}^{i}(r,\boldsymbol{z})=\frac{p_{D,k}w_{k|k-1}^{i}(r)q_{k}^{i}(r,\boldsymbol{z})}{\kappa_{k}(\boldsymbol{z})+p_{D,k}\sum_{r'=1}^{M}\sum_{l=1}^{J_{k|k-1}(r')}w_{k|k-1}^{l}(r')q_{k}^{l}(r',\boldsymbol{z})}$$

$$q_{k}^{i}(r,\boldsymbol{z})=N(z;\hat{\boldsymbol{z}}_{k|k-1}^{i}(r),\boldsymbol{H}_{k}(r)\boldsymbol{P}_{k|k}^{i}(r)\boldsymbol{H}_{k}^{\mathrm{T}}(r)+\boldsymbol{R}_{k}(r))$$

$$\boldsymbol{m}_{k|k}^{i}(r,\boldsymbol{z})=\boldsymbol{m}_{k|k-1}^{i}(r)+\boldsymbol{P}_{xz}^{i}(r)[\boldsymbol{S}_{k}^{i}(r)]^{-1}[\boldsymbol{z}_{k}-\hat{\boldsymbol{z}}_{k|k-1}^{i}(r)]$$

$$\hat{\boldsymbol{z}}_{k|k-1}^{i}(r)=\sum_{s=0}^{2n}W_{s}h(\boldsymbol{\psi}_{k|k-1}^{i,s}(r),r)$$

$$\boldsymbol{P}_{k|k}^{i}(r)=\boldsymbol{P}_{k|k-1}^{i}(r)-\begin{bmatrix}\boldsymbol{P}_{xz}^{i}(r) & \boldsymbol{P}_{k|k-1}^{i}(r)\end{bmatrix}[\boldsymbol{R}_{e,k}^{i}(r)]^{-1}\begin{bmatrix}\boldsymbol{P}_{xz}^{i}(r) & \boldsymbol{P}_{k|k-1}^{i}(r)\end{bmatrix}^{\mathrm{T}}$$

$$\boldsymbol{P}_{xz}^{i}(r)=\sum_{s=0}^{2n}W_{s}[\boldsymbol{\psi}_{k|k-1}^{i,s}(r)-\boldsymbol{m}_{k|k-1}^{i}(r)][h(\boldsymbol{\psi}_{k|k-1}^{i,s}(r),r)-\hat{\boldsymbol{z}}_{k|k-1}^{i}(r)]^{\mathrm{T}}$$

$$\boldsymbol{S}_{k}^{i}(r)=\sum_{s=0}^{2n}W_{s}[h(\boldsymbol{\psi}_{k|k-1}^{i,s}(r),r)-\hat{\boldsymbol{z}}_{k|k-1}^{i}(r)][h(\boldsymbol{\psi}_{k|k-1}^{i,s}(r),r)-\hat{\boldsymbol{z}}_{k|k-1}^{i}(r)]^{\mathrm{T}}+\widetilde{\boldsymbol{R}}_{k}(r)$$

$$\boldsymbol{R}_{e,k}^{i}(r)=\begin{bmatrix}\widetilde{\boldsymbol{R}}_{k}(r)+\boldsymbol{P}_{zz}^{i}(r) & [\boldsymbol{P}_{xz}^{i}(r)]^{\mathrm{T}}\\ \boldsymbol{P}_{xz}^{i}(r) & -\gamma\boldsymbol{I}+\boldsymbol{P}_{k|k-1}^{i}(r)\end{bmatrix}$$

式中:模式依赖的加权 σ 点为

$$\boldsymbol{\psi}_{k|k-1}^{i,0}(r)=\boldsymbol{m}_{k|k-1}^{i}(r)$$

$$\boldsymbol{\psi}_{k|k-1}^{i,s}(r)=\boldsymbol{m}_{k|k-1}^{i}(r)+\left(\sqrt{(n+\kappa)\boldsymbol{P}_{k|k-1}^{i}(r)}\right),\quad s=1,\cdots,n$$

$$\boldsymbol{\psi}_{k|k-1}^{i,s}(r)=\boldsymbol{m}_{k|k-1}^{i}(r)-\left(\sqrt{(n+\kappa)\boldsymbol{P}_{k|k-1}^{i}(r)}\right),\quad s=n+1,\cdots,2n$$

对于其他的免微分非线性滤波算法(如 CKF),仍然可以利用本节所提出的方法与 H_{∞}性能指标结合,进而实现多模型 PHD 递推公式。需要说明的是,虽然 H_{∞}滤波在理论上对模型和噪声不确定性有较好的鲁棒性能,但是在实际应用过程中,由于量测信息与多目标运动信息源之间的不确定性以及 H_{∞}滤波本身有较多参数的选择,如矩阵 $\widetilde{\boldsymbol{Q}}_{k-1}$、$\widetilde{\boldsymbol{R}}_{k}$ 以及纯量 γ,使得设计合适的多机动目标跟踪算法更加困难。

4.3.3 仿真例子

仍然考虑二维多目标跟踪场景,采用例 4.1 中的协调转弯模型描述目标的运动,

监测区域为(20,50)×(−50,−30)(单位：km^2)。量测向量仍由距离和方位角方程产生。传感器的位置为(35,−70)(单位：km)，量测噪声 $\boldsymbol{v}_k$ 建模为零均值高斯白噪声，但协方差矩阵 $\boldsymbol{R}_k=\mathrm{diag}\{40^2,(\pi/180)^2\}$ 是未知的。

假设外界进入的新目标可能从三个区域出现，其随机有限集为 Poisson 的，且 PHD 为

$$\gamma_k(\boldsymbol{\xi},r)=0.1\Pr\{r\}[N(\boldsymbol{\xi};\boldsymbol{m}_\gamma^1,\boldsymbol{P}_\gamma)+N(\boldsymbol{\xi};\boldsymbol{m}_\gamma^2,\boldsymbol{P}_\gamma)+N(\boldsymbol{\xi};\boldsymbol{m}_\gamma^3,\boldsymbol{P}_\gamma)]$$

式中：模式分布为 $\Pr\{r\}=[0.8,0.1,0.1]$；$\boldsymbol{m}_\gamma^1=(40,0,-50,0)^{\mathrm{T}}$；$\boldsymbol{m}_\gamma^2=(20,0,-40,0)^{\mathrm{T}}$；$\boldsymbol{m}_\gamma^3=(25,0,-45,0)^{\mathrm{T}}$；$\boldsymbol{P}_\gamma=\mathrm{diag}\{10^6,10^4,10^6,10^4\}$。

假设衍生目标的随机有限集为 Poisson 的，且 PHD 为

$$\beta_{k|k-1}(\boldsymbol{x},r\mid\boldsymbol{\xi},r')=0.05\Pr(r\mid r')N(\boldsymbol{x};\boldsymbol{\xi},\boldsymbol{Q}_\beta)$$

式中：$\boldsymbol{Q}_\beta=\mathrm{diag}\{10^4,400,10^4,400\}$，衍生目标运动模式的概率分布为

$$\Pr\{r\mid r'\}=\begin{bmatrix}0.8&0.1&0.1\\0.8&0.1&0.1\\0.8&0.1&0.1\end{bmatrix}$$

在仿真过程中，采样时间间隔取为 $T=1$ s；仿真时间为 100 s；目标的存留概率取为 $p_{S,k}=0.99$；被检测到的概率取为 $p_{D,k}=0.98$；为避免高斯项数呈指数增长，采用修剪合并策略，其中舍弃门限取为 $T_{\mathrm{Th}}=10^{-7}$，合并门限取为 $U_{\mathrm{Th}}=5$，取强度函数的高斯混合项中权重大于 0.5 的高斯分量为目标状态估计；为限制迭代中的高斯项数，假设最多不超过 100 项，即 $J_{\max}=100$。

UHF 滤波算法的 MATLAB 程序如下：

```
sp_para = 1;
    L = sqrt(4 + sp_para) * chol(P_pred(:,:,j,m,k));
for s = 1:4
    sp_predic(:,s,j,m) = x_pred(:,j,m,k) + L(s,:)';
    sp_predic(:,s + 4,j,m) = x_pred(:,j,m,k) - L(s,:)';
    sp_weight(s) = 1/(2 * (4 + sp_para));
    sp_weight(s + 4) = 1/(2 * (4 + sp_para));
end
sp_predic(:,9,j,m) = x_pred(:,j,m,k);
sp_weight(9) = sp_para/(4 + sp_para);
eta_pred(:,j,m,k) = zeros(2,1);
for s = 1:9
    spz_predic(:,s,j,m) = [sqrt((sp_predic(1,s,j,m) - p_sx)^2 + (sp_predic(3,s,j,m) -
    p_sy)^2);atan((sp_predic(1,s,j,m) - p_sx)/(sp_predic(3,s,j,m) - p_sy))];
    eta_pred(:,j,m,k) = eta_pred(:,j,m,k) + sp_weight(s) * spz_predic(:,s,j,m);
end
S(:,:,j,m,k) = R;
P_xz(:,:,j,m) = zeros(4,2);
```

```
for s = 1:9
    S(:,:,j,m,k) = S(:,:,j,m,k) + sp_weight(s) * (spz_predic(:,s,j,m) - eta_pred(:,j,
    m,k)) * (spz_predic(:,s,j,m) - eta_pred(:,j,m,k))';
    P_xz(:,:,j,m) = P_xz(:,:,j,m) + sp_weight(s) * (sp_predic(:,s,j,m) - x_pred(:,j,
    m,k)) * (spz_predic(:,s,j,m) - eta_pred(:,j,m,k))';
end
    K(:,:,j,m,k) = P_xz(:,:,j,m) * inv(S(:,:,j,m,k));
    Re = [S(:,:,j,m,k) P_xz(:,:,j,m)';P_xz(:,:,j,m)  - gamma^2 * I + P_pred(:,:,j,m,
    k)];
    P_update(:,:,j,m,k) = P_pred(:,:,j,m,k) - [P_xz(:,:,j,m) P_pred(:,:,j,m,k)]] *
    inv(Re) * [P_xz(:,:,j,m)';P_pred(:,:,j,m,k)]];
```

图 4.5 和图 4.6 给出了 4 个机动目标在仿真过程中的真实运动轨迹及跟踪估计结果。目标运动轨迹如下:目标 1 在第 1 时刻于初始位置(40,−50)(单位:km)开始以近匀速运动 30 s,然后分两段运动,即 31～50 s 为左转弯运动,51～100 s 为近匀速运动;目标 2 在第 5 s 于初始位置(20,−40)(单位:km)开始运动 40 s,然后在时间段 46～65 s 左转弯,最后为近匀速运动 20 s;目标 3 由目标 2 在第 20 s 衍生出来,然后分 3 段运动,即 20～35 s 为近匀速运动,36～60 s 为近右转弯运动,61～86 s 为近匀速运动;目标 4 在第 10 s 于初始位置(25,−45)(单位:km)开始运动,且以近匀速运动运行 90 s。

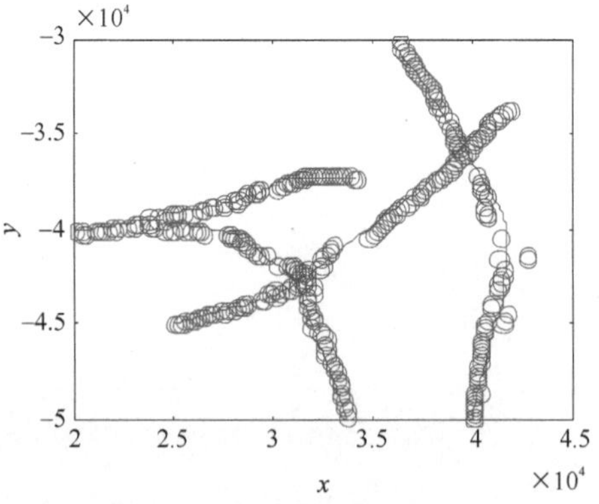

图 4.5　多机动目标运动轨迹与 EHF 估计

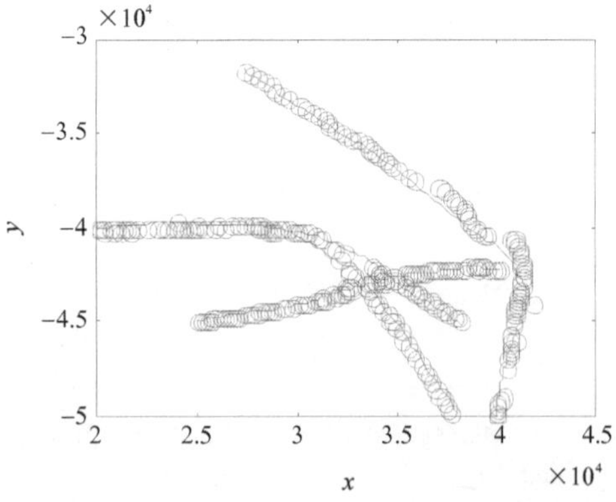

图 4.6　多机动目标运动轨迹与 UHF 估计

为了说明所提出算法的鲁棒性能,考虑滤波算法使用的权重矩阵 $\tilde{\boldsymbol{R}}_k$ 与真实的量测噪声协方差矩阵 $\boldsymbol{R}_k$ 有差别的情形。在仿真过程中,假设单位面积的杂波平均数取为 $\lambda_c=8.33\times10^{-2}\ \mathrm{km}^{-2}$,对应着在监测区域内每次扫描接收到的杂波平均数为 50 个。首先考虑选择 $\tilde{\boldsymbol{R}}_k=16\boldsymbol{R}_k$,仿真结果表明 H_∞ 滤波中的参数 $\gamma=4\times10^3$ 可以保证滤波器的正常运行。如图 4.7 所示,使用基于 EKF(GM - PHD - MMEKF)和基于 EHF(GM - PHD - MMEHF)的多模型 PHD 算法都可以较好地实现多机动目标跟踪。另外，为说明所提出算法的优越性，在图 4.8 中以 OSPA 距离为评价指标，与传统的基于 UKF(GM - PHD - MMUKF)和基于 UHF(GM - PHD - MMUHF)的多模型 PHD 算法进行比较，结果表明，当量测噪声的协方差矩阵估计值有偏差时，H_∞ 滤波算法表现出更好的跟踪性能。

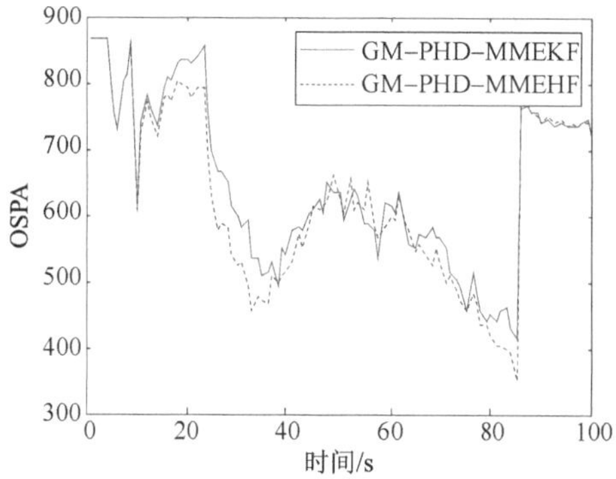

图 4.7　EKF 与 EHF 的 OSPA

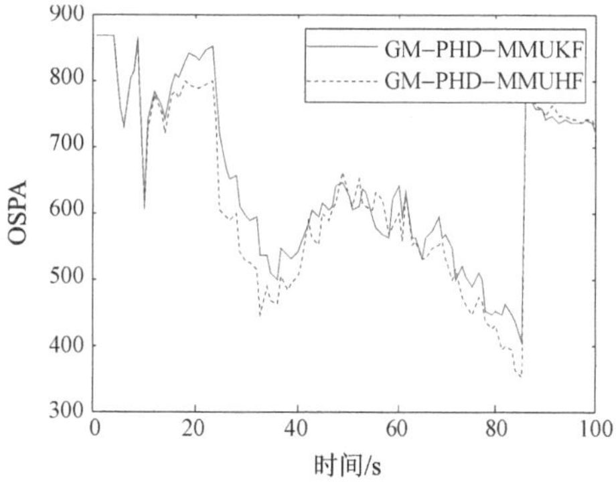

图 4.8　UKF 与 UHF 的 OSPA

4.4　多传感器概率假设密度滤波

4.4.1　问题描述

采用多传感器跟踪多机动目标是目标跟踪领域的重要研究方向，而传感器配准误差是多传感器信息融合中不可忽略的问题。配准误差有多种描述形式，例如状态空间中的平移误差和旋转误差、测量空间中的平移误差和旋转误差等。本小节考虑测量信息存在平移误差的情形，即

$$\left.\begin{aligned} \boldsymbol{x}_k &= \boldsymbol{F}_{k-1}\boldsymbol{x}_{k-1} + \boldsymbol{w}_{k-1} \\ \boldsymbol{z}_k^l &= \boldsymbol{H}_k^l\boldsymbol{x}_k + \boldsymbol{b}_k^l + \boldsymbol{v}_k^l, l = 1,2,\cdots,L \end{aligned}\right\} \tag{4.6}$$

式中：$\boldsymbol{x}_k \in \mathbb{R}^n$ 为目标的状态向量；$\boldsymbol{z}_k^l \in \mathbb{R}^m$ 为第 l 个传感器的测量信息；L 为传感器的个数；$\boldsymbol{F}_{k-1}$ 和 $\boldsymbol{H}_k^l$ 分别为系统状态转移矩阵和测量矩阵；$\boldsymbol{w}_{k-1}$ 和 $\boldsymbol{v}_k^l$ 是零均值高斯白噪声，协方差矩阵分别为 $\boldsymbol{Q}_{k-1}^x$ 和 $\boldsymbol{R}_k^l$；$\boldsymbol{b}_k^l$ 表示第 l 个传感器的配准误差。

由于配准误差 $\boldsymbol{b}_k^l$ 是未知的，需要与目标状态联合估计。为此，定义一个增广向量$[\boldsymbol{x}_k^{\mathrm{T}},\boldsymbol{b}_k^{\mathrm{T}}]^{\mathrm{T}}$，其中 $\boldsymbol{b}_k = [(\boldsymbol{b}_k^1)^{\mathrm{T}},\cdots,(\boldsymbol{b}_k^L)^{\mathrm{T}}]^{\mathrm{T}}$。记 $\nu_{k-1|k-1}(\boldsymbol{x}_{k-1},\boldsymbol{b}_{k-1})$为 $k-1$ 时刻的后验强度函数，则预测强度函数 $\nu_{k|k-1}(\boldsymbol{x}_k,\boldsymbol{b}_k)$为

$$\begin{aligned} \nu_{k|k-1}(\boldsymbol{x}_k,\boldsymbol{b}_k) &= \int[p_s f_x(\boldsymbol{x}_k \mid \boldsymbol{x}_{k-1}) f_b(\boldsymbol{b}_k \mid \boldsymbol{b}_{k-1}) + \beta_{k|k-1}(\boldsymbol{x}_k,\boldsymbol{b}_k \mid \boldsymbol{x}_{k-1},\boldsymbol{b}_{k-1})] \cdot \\ &\quad \nu_{k-1|k-1}(\boldsymbol{x}_{k-1},\boldsymbol{b}_{k-1})\mathrm{d}\boldsymbol{x}_{k-1}\mathrm{d}\boldsymbol{b}_{k-1} + \gamma_k(\boldsymbol{x}_k,\boldsymbol{b}_k) \end{aligned}$$

式中：p_s 为已有目标的存留概率；$f_x(\cdot \mid \cdot)$和 $f_b(\cdot \mid \cdot)$分别为单目标状态转移密

度函数和配准误差转移密度;$\beta_{k|k-1}(\cdot|\cdot)$和$\gamma_k(\cdot)$分别表示衍生目标随机有限集的强度函数和外界进入新目标随机有限集的强度函数。

假设不同传感器的配准误差是独立的,即

$$f_b(\boldsymbol{b}_k \mid \boldsymbol{b}_{k-1}) = \prod_{l=1}^{L} f_b^l(\boldsymbol{b}_k^l \mid \boldsymbol{b}_{k-1}^l)$$

式中:$f_b^l(\boldsymbol{b}_k^l|\boldsymbol{b}_{k-1}^l)$是第$l$个传感器配准误差的转移强度,而且配准误差$\boldsymbol{b}_k^l$可以描述成一阶高斯马尔可夫过程,即

$$f_b(\boldsymbol{b}_k^l \mid \boldsymbol{b}_{k-1}^l) = N(\boldsymbol{b}_k^l;\boldsymbol{b}_{k-1}^l,\boldsymbol{B}_{k-1}^l)$$

当获得所有传感器的测量信息后,采用序贯形式处理可得k时刻的后验强度函数,即

$$\nu_{k|k} = \mathscr{F}_k^L(\boldsymbol{Z}_k^L \mid \boldsymbol{x}_x,\boldsymbol{b}_k^L)\cdots\mathscr{F}_k^1(\boldsymbol{Z}_k^1 \mid \boldsymbol{x}_x,\boldsymbol{b}_k^1)\nu_{k|k-1}$$

式中:

$$\begin{aligned}&\boldsymbol{F}_k^l(\boldsymbol{Z}_k^l \mid \boldsymbol{x}_k,\boldsymbol{b}_k^l)\\&=1-p_d^l+\sum_{\boldsymbol{z}_k\in\boldsymbol{Z}_k}\frac{p_d^l h^l(\boldsymbol{z}_k \mid \boldsymbol{x}_x,\boldsymbol{b}_k)}{\kappa_k^l(\boldsymbol{z}_k)+\int p_d^l h^l(\boldsymbol{z}_k \mid \boldsymbol{x}_k',\boldsymbol{b}_k')\nu_{k|k-1}(\boldsymbol{x}_k',\boldsymbol{b}_k' \mid \boldsymbol{Z}_{1:k-1}^{1:L})\mathrm{d}\boldsymbol{x}_k'\mathrm{d}\boldsymbol{b}_k'}\end{aligned}$$

其中,p_d^l为第l个传感器的检测概率;$h^l(\cdot|\cdot)$为第l个传感器的单目标量测似然函数;$\kappa_k^l(\cdot)$为杂波随机有限集的强度函数。

4.4.2 高斯混合实现过程

为了得到高斯混合形式的PHD递推解,假设外界进入新目标的随机有限集PHD和衍生随机有限集PHD可以表示成高斯混合的形式,即

$$\gamma_k(\boldsymbol{x}_k,\boldsymbol{b}_k) = \sum_{j=1}^{J_{\gamma,k}}\prod_{l=1}^{L} w_{\gamma,k}^j N([\boldsymbol{x}_k;\boldsymbol{b}_k^l];[\boldsymbol{m}_{\gamma,k}^j;\boldsymbol{b}_{\gamma,k}^{j,l}],[\boldsymbol{P}_{\gamma,k}^j;\boldsymbol{B}_{\gamma,k}^{j,l}])$$

$$\beta_{k|k-1}(\boldsymbol{x}_k,\boldsymbol{b}_k \mid \boldsymbol{x}_{k-1},\boldsymbol{b}_{k-1}) = \sum_{i=1}^{J_{\beta,k}}\prod_{l=1}^{L} w_{\beta,k}^i N([\boldsymbol{x}_k;\boldsymbol{b}_k^l];[\boldsymbol{F}_{x,k}^i\boldsymbol{x}_{k-1}+\boldsymbol{d}_{x,k}^i;\boldsymbol{F}_{b,k}^{i,l}\boldsymbol{b}_{k-1}^l],[\boldsymbol{Q}_{x,k}^i;\boldsymbol{Q}_{b,k}^{i,l}])$$

式中:$J_{\gamma,k}$、$w_{\gamma,k}^j$、$\boldsymbol{m}_{\gamma,k}^j$、$\boldsymbol{b}_{\gamma,k}^{j,l}$、$\boldsymbol{B}_{\gamma,k}^{j,l}$以及$\boldsymbol{P}_{\gamma,k}^j$为确定外界进入新目标随机有限集PHD的形状参数;$J_{\beta,k}$、$w_{\beta,k}^i$、$\boldsymbol{F}_{x,k}^i$、$\boldsymbol{d}_{x,k}^i$、$\boldsymbol{F}_{b,k}^{i,l}$、$\boldsymbol{Q}_{x,k}^i$以及$\boldsymbol{Q}_{b,k}^{i,l}$为确定衍生随机有限集PHD的形状参数。

基于上述假设,可以得到递推公式的如下实现形式:

步骤一:假设$k-1$时刻的后验强度函数$\nu_{k-1|k-1}(\boldsymbol{x}_{k-1},\boldsymbol{b}_{k-1})$为高斯混合形式,即

$$\begin{aligned}&\nu_{k-1|k-1}(\boldsymbol{x}_{k-1},\boldsymbol{b}_{k-1})\\&=\sum_{j=1}^{J_{k-1}}\prod_{l=1}^{L} w_{k-1}^j N([\boldsymbol{x}_{k-1};\boldsymbol{b}_{k-1}^l];[\boldsymbol{m}_{k-1|k-1}^j;\boldsymbol{b}_{k-1|k-1}^{j,l}],[\boldsymbol{P}_{k-1|k-1}^j;\boldsymbol{B}_{k-1|k-1}^{j,l}])\end{aligned}$$

式中:J_{k-1}为高斯项数;w_{k-1}^j为第j个高斯项的权重;则预测强度函数$\nu_{k|k-1}(\boldsymbol{x}_k,$

$\boldsymbol{b}_k$)为

$$\nu_{k|k-1}(\boldsymbol{x}_k,\boldsymbol{b}_k)=\nu_{s,k|k-1}(\boldsymbol{x}_k,\boldsymbol{b}_k)+\nu_{\beta,k|k-1}(\boldsymbol{x}_k,\boldsymbol{b}_k)+\gamma_k(\boldsymbol{x}_k,\boldsymbol{b}_k)$$

式中：

$$\nu_{s,k|k-1}=p_s\sum_{j=1}^{J_{k-1}}\prod_{l=1}^{L}w_{k|k-1}^{j}N([\boldsymbol{x}_k;\boldsymbol{b}_k^l];[\boldsymbol{m}_{s,k|k-1}^{j};\boldsymbol{b}_{s,k|k-1}^{j,l}],[\boldsymbol{P}_{s,k|k-1}^{j};\boldsymbol{B}_{s,k|k-1}^{j,l}])+\gamma_k(\boldsymbol{x}_k,\boldsymbol{b}_k)$$

$$\nu_{\beta,k|k-1}=\sum_{j=1}^{J_{k-1}}\sum_{i=1}^{J_{\beta,k}}\prod_{l=1}^{L}w_{k-1}^{j}w_{\beta,k}^{i}N(\boldsymbol{x}_k;\boldsymbol{m}_{\beta,k|k-1}^{j,i},\boldsymbol{P}_{\beta,k|k-1}^{j,i})N(\boldsymbol{b}_k^l;\boldsymbol{b}_{\beta,k|k-1}^{j,i,l},\boldsymbol{B}_{\beta,k|k-1}^{j,i,l})$$

$$\boldsymbol{m}_{s,k|k-1}^{j}=\boldsymbol{F}_{k-1}\boldsymbol{m}_{k-1|k-1}^{j}$$

$$\boldsymbol{P}_{s,k|k-1}^{j}=\boldsymbol{F}_{k-1}\boldsymbol{P}_{k-1|k-1}^{j}\boldsymbol{F}_{k-1}^{\mathrm{T}}+\boldsymbol{Q}_{k-1}^{x}$$

$$\boldsymbol{m}_{\beta,k|k-1}^{j,i}=\boldsymbol{F}_{x,k}^{i}\boldsymbol{m}_{k-1|k-1}^{j}+\boldsymbol{d}_{x,k}^{i}$$

$$\boldsymbol{P}_{\beta,k|k-1}^{j,i}=\boldsymbol{F}_{x,k}^{i}\boldsymbol{P}_{k-1|k-1}^{j}(\boldsymbol{F}_{x,k}^{i})^{\mathrm{T}}+\boldsymbol{Q}_{x,k}^{i}$$

$$\boldsymbol{b}_{s,k|k-1}^{j,l}=\boldsymbol{b}_{k-1|k-1}^{j,l}$$

$$\boldsymbol{B}_{s,k|k-1}^{j,l}=\boldsymbol{B}_{k-1|k-1}^{j,l}+\boldsymbol{B}_{k-1}^{l}$$

$$\boldsymbol{b}_{\beta,k|k-1}^{j,i,l}=\boldsymbol{F}_{b,k}^{i,l}\boldsymbol{b}_{k-1|k-1}^{j,l}$$

$$\boldsymbol{B}_{\beta,k|k-1}^{j,i,l}=\boldsymbol{F}_{b,k}^{i,l}\boldsymbol{B}_{k-1|k-1}^{j,l}(\boldsymbol{F}_{b,k}^{i,l})^{\mathrm{T}}+\boldsymbol{Q}_{b,k}^{i,l}$$

步骤二：如果记预测强度函数为

$$\nu_{k|k-1}(\boldsymbol{x}_k,\boldsymbol{b}_k)=\sum_{j=1}^{J_{k|k-1}}\prod_{l=1}^{L}w_{k|k-1}^{j}N([\boldsymbol{x}_k;\boldsymbol{b}_k^l];[\boldsymbol{m}_{k|k-1}^{j};\boldsymbol{b}_{k|k-1}^{j,l}],[\boldsymbol{P}_{k|k-1}^{j};\boldsymbol{B}_{k|k-1}^{j,l}])$$

则采用多传感器序贯处理方式后的更新强度函数为

$$\nu_{k|k}^{1}(\boldsymbol{x}_k,\boldsymbol{b}_k)=(1-p_d^1)\nu_{k|k-1}(\boldsymbol{x}_k,\boldsymbol{b}_k)+\sum_{\boldsymbol{z}_k\in Z_k^1}\boldsymbol{\nu}_{d,k}^{1}(\boldsymbol{x}_k;\boldsymbol{z}_k)$$

$$\nu_{k|k}^{l}(\boldsymbol{x}_k,\boldsymbol{b}_k)=(1-p_d^l)\nu_{k|k}^{l-1}(\boldsymbol{x}_k,\boldsymbol{b}_k)+\sum_{\boldsymbol{z}_k\in Z_k^l}\boldsymbol{\nu}_{d,k}^{l}(\boldsymbol{x}_k;\boldsymbol{z}_k),\quad l=2,\cdots,L$$

式中：

$$\begin{aligned}&\nu_{d,k}^{1}(\boldsymbol{x}_k;\boldsymbol{z}_k)\\&=\sum_{j=1}^{J_{k|k-1}}\prod_{l=2}^{L}w_k^{j,1}(\boldsymbol{z}_k)N(\boldsymbol{x}_k;\boldsymbol{m}_{k|k}^{j,1}(\boldsymbol{z}_k),\boldsymbol{P}_{k|k}^{j,1})N(\boldsymbol{b}_k;\boldsymbol{b}_{k|k}^{j,1},\boldsymbol{B}_{k|k}^{j,1})N(\boldsymbol{b}_k^l;\boldsymbol{b}_{k|k-1}^{j,l},\boldsymbol{B}_{k|k-1}^{j,l})\end{aligned}$$

$$w_k^{j,1}(\boldsymbol{z}_k)=\frac{p_d^1 w_{k|k-1}^{j}q_k^{j,1}(\boldsymbol{z}_k)}{\kappa_k^1(\boldsymbol{z})+p_d^1\sum_{t=1}^{J_{k|k-1}}w_{k|k-1}^{t}q_k^{t,1}(\boldsymbol{z}_k)}$$

$$q_k^{j,1}(\boldsymbol{z}_k)=N(\boldsymbol{z}_k;\hat{\boldsymbol{z}}_{k|k-1}^{j,1},\boldsymbol{H}_k^1\boldsymbol{P}_{k|k-1}^{j}(\boldsymbol{H}_k^1)^{\mathrm{T}}+\boldsymbol{R}_k^1+\boldsymbol{B}_{k|k-1}^{j,1})$$

$$\boldsymbol{m}_{k|k}^{j,1}(\boldsymbol{z}_k)=\boldsymbol{m}_{k|k-1}^{j}+\boldsymbol{K}_k^{j,1}(\boldsymbol{z}_k-\hat{\boldsymbol{z}}_{k|k-1}^{j,1})$$

$$\hat{\boldsymbol{z}}_{k|k-1}^{j,1}=\boldsymbol{H}_k^1\boldsymbol{m}_{k|k-1}^{j}+\boldsymbol{b}_{k|k-1}^{j,1}$$

$$P_{k|k}^{j,1}=(I-K_k^{j,1}H_k^1)P_{k|k-1}^j$$
$$K_k^{j,1}=P_{k|k-1}^j(H_k^1)^{\mathrm T}[H_r^1P_{k|k-1}^j(H_k^1)^{\mathrm T}+R_k^1]^{-1}$$
$$b_{k|k}^{j,1}=b_{k|k-1}^{j,1}+B_{k|k-1}^{j,1}(z_k-\hat{z}_{k|k-1}^{j,1})$$
$$B_{k|k}^{j,1}=B_{k|k-1}^{j,1}-B_{k|k-1}^{j,1}[H_k^1P_{k|k-1}^j(H_k^1)^{\mathrm T}+B_{k|k-1}^{j,1}+R_k^1]^{-1}B_{k|k-1}^{j,1}$$

在实际计算过程中,需要采取修剪合并技术减少高斯项的数目。此外,同样可以通过结合各种非线性滤波算法和多模型估计方法处理多机动目标跟踪中的非线性量测问题。

4.4.3 仿真例子

本例的目的是说明所提出多传感器PHD滤波算法跟踪多机动目标的有效性。仍然考虑二维多目标跟踪场景,采用例4.1中的协调转弯模型描述目标的运动,量测向量仍由距离和方位角方程产生。在本例中,采用两个传感器进行跟踪多机动目标,传感器的位置分别为(2,15)(单位:km)和(18,15)(单位:km),量测噪声 v_k 建模为零均值高斯白噪声且协方差矩阵均为 $R_k^1=R_k^2=\mathrm{diag}\{100^2,(\pi/180)^2\}$,两个传感器的配准误差分别为(500,π/360)和(400,π/120)。

假设外界进入的新目标可能从三个区域出现,其随机有限集为Poisson的,且PHD为

$$\gamma_k(x_k,b_k)=0.1\sum_{j=1}^{2}\prod_{l=1}^{2}N(x_k;m_{\gamma,k}^j,P_{\gamma,k}^j)N(b_k^l;b_{\gamma,k}^{j,l},B_{\gamma,k}^{j,l})$$

式中:$m_{\gamma,k}^1=(10,0,20,0)^{\mathrm T}$,$m_{\gamma,k}^2=(0,0,30,0)^{\mathrm T}$,$P_{\gamma,k}^j=\mathrm{diag}\{10^6,10^4,10^6,10^4\}$,$b_{\gamma,k}^{j,1}=(500,\pi/360)^{\mathrm T}$,$\mathrm{b}_{\gamma,k}^{j,2}=(400,\pi/120)^{\mathrm T}$,$B_{\gamma,k}^{j,l}=\mathrm{diag}\{100^2,(0.02\pi/180)^2\}$。

假设衍生目标的随机有限集为Poisson的,且PHD为

$$\beta_{k|k-1}(x_k,b_k\mid x_{k-1},b_{k-1})=0.05\prod_{l=1}^{2}N(x_k;x_{k-1},Q_{x,k})N(b_k^l;b_{k-1}^l,Q_{b,k}^l)$$

式中:$Q_{x,k}=\mathrm{diag}\{10^4,400,10^4,400\}$;$Q_{b,k}^l=\mathrm{diag}\{400^2,(0.02\pi/180)^2\}$。

假设每个传感器杂波的随机有限集PHD仍分别采用例4.1中的模型。在仿真过程中,采样时间间隔取为 $T=1$ s;仿真时间为100 s;目标的存留概率取为 $p_{S,k}=0.99$;被检测到的概率取为 $p_{D,k}=0.98$;为避免高斯项数呈指数增长,采用修剪合并策略,其中舍弃门限取为 $T_{\mathrm{Th}}=10^{-3}$,合并门限取为 $U_{\mathrm{Th}}=5$,取强度函数的高斯混合项中权重大于0.5的高斯分量为目标状态估计,即 $w_{\mathrm{Th}}=0.5$;为限制每次迭代中的高斯项数,假设最多不超过100项,即 $J_{\max}=100$。

图4.9给出了4个目标在仿真过程中的真实运动轨迹。目标运动轨迹如下:目标1在第1时刻于初始位置(10,20)(单位:km)以匀速运动100 s;目标2由目标1在第30 s衍生出来以匀速运动40 s;目标3在第5 s于初始位置(0,30)(单位:km)开始运动,且以匀速运动95 s;目标4由目标3在第40 s衍生出来以匀速运动40 s。如图4.9所示,使用多传感器配准算法(GM-PHD-RE)可以很好地实现多目标跟

踪。图 4.10 所示以 OSPA 距离为评价指标，与没有处理配准误差的多目标跟踪算法相比(GM-PHD)，所提出的处理配准误差的多目标跟踪算法具有更好的跟踪性能。

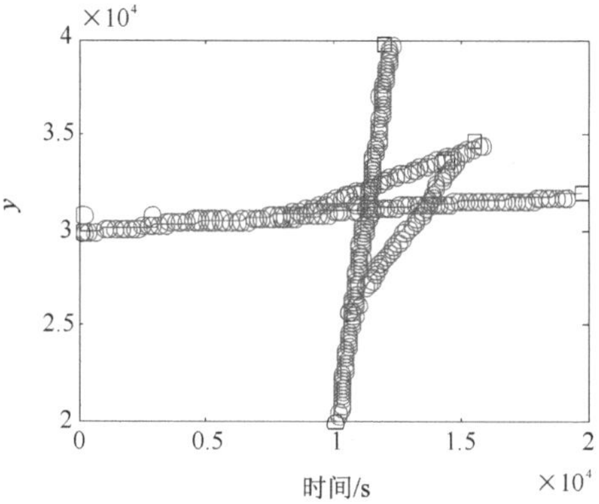

图 4.9　多机动目标运动轨迹与估计(3)

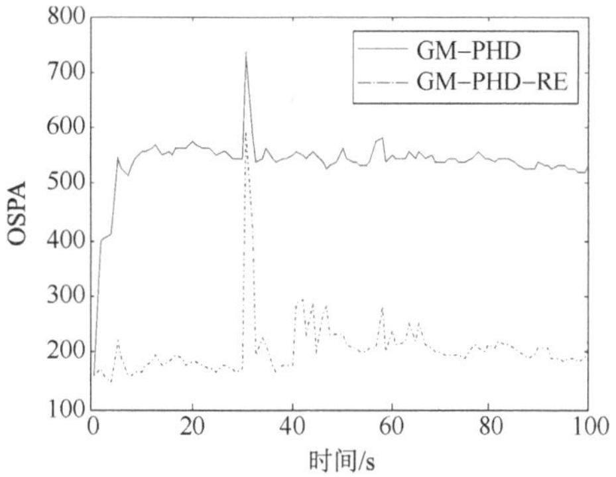

图 4.10　两种算法的 OSPA 距离(3)

进一步，将提出的多传感器配准误差方法与最佳拟合高斯逼近滤波结合用于跟踪多机动目标，仍然采用例 4.1 中的三个运动模型，如图 4.11 和图 4.12 所示，所提出的处理配准误差策略与多模型方法结合也能够很好地跟踪多机动目标。

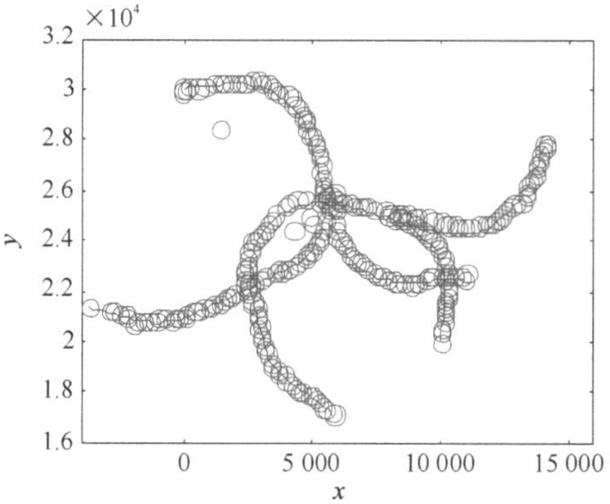

图 4.11　多机动目标运动轨迹与估计(4)

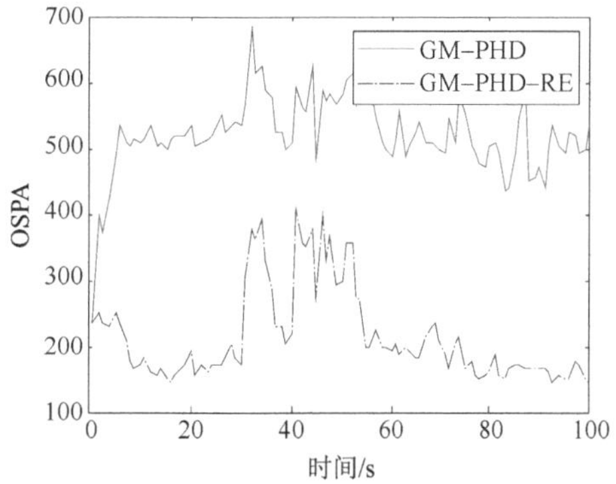

图 4.12　两种算法的 OSPA 距离(4)

4.5　小　结

本章主要介绍了多机动目标跟踪的随机有限集建模与估计方法。特别是当跟踪机动目标时，如何将多模型估计方法与概率假设密度实现算法相结合，以及如何将鲁棒非线性 H_∞ 滤波与概率假设密度实现算法相结合产生新型的多机动目标跟踪算法，并能够推广至一般的多传感器跟踪情形，对设计多机动目标跟踪算法具有一定的指导意义。

第 5 章
多模型滤波在导航和定位中的应用

导航、定位和跟踪在现代军事和民用领域中起到越来越重要的作用。F. Gustafsson 等人曾在文献中给出了三者的一个直观解释，即

Navigation, where, besides the position, velocity, attitude and heading, acceleration, and angular rates are included in the filtering problem.

Positioning, where one's own position is to be estimated. This is a filtering problem rather than a static estimation problem, when an inertial navigation system is used to provide measurements of movement.

Target Tracking, where another object's position is to be estimated based on measurements of relative range and angles to one's own position.

由此可见，三者实质上都可以看作一个滤波问题，只是利用的量测信息和获取的状态估计有区别。因此，无论是导航、定位还是跟踪，首要任务都是建立目标的运动模型和量测模型。而量测方程往往是依赖于所使用的传感器类型。例如对于雷达跟踪系统，提供的量测信息包括斜距、方位角以及俯仰角。而对于目标的运动模型，由于目标的运动轨迹要受周围环境的影响，运动模式经常是变化的。例如在城市街道中行驶的车辆在遭遇红灯或者进行转弯时，需要一个减速甚至停止的过程，而后会进一步加速至一个平稳速度运动，这也称为目标的运动发生机动。在这种情况下，使用任何一个单模型来描述车辆运动可能都不能对车辆进行高精度的定位或跟踪。多模型方法正是在这种场景下提出的，特别是通过把目标运动模式的切换建模为一个离散时间 Markov 链，即随机跳变系统模型，可以很好地描述目标的运动。此时，从应用数学的角度看，对目标的导航、定位或跟踪都可转变为一个随机跳变系统的滤波或估计问题。

本章将对两个常用的实际例子，即 GPS 导航和车辆定位来说明随机跳变系统滤波的具体应用，并用仿真结果说明算法的有效性。

5.1　在 GPS 导航中的应用

5.1.1　模型描述

GPS 是一种基于卫星的导航系统，由于其不受时间、地域等限制，且使用方便、成本低廉，是当前应用最为广泛的导航定位系统。但是，当载体（即使 GPS 导航的目标）做高速机动运动时，接收机的信号容易丢失，从而丧失导航功能。对于 GPS 的导航原理，在大量的教科书中都可以找到，而本书，是从滤波的观点来考虑机动载体的导航问题的。

首先建立载体的运动模型，为了更好地描述载体的实际运动，分别用三维空间中的近匀速运动模型和近匀加速运动模型刻画载体的可能运动行为。记 k 时刻的载体运动状态为 $\boldsymbol{x}_k=(\boldsymbol{x}_k^p,\boldsymbol{y}_k^p,\boldsymbol{z}_k^p,\boldsymbol{x}_k^v,\boldsymbol{y}_k^v,\boldsymbol{z}_k^v,\boldsymbol{x}_k^a,\boldsymbol{y}_k^a,\boldsymbol{z}_k^a)^{\mathrm{T}}$，其中$(\boldsymbol{x}_k^p,\boldsymbol{y}_k^p,\boldsymbol{z}_k^p)$、$(\boldsymbol{x}_k^v,\boldsymbol{y}_k^v,\boldsymbol{z}_k^v)$以及$(\boldsymbol{x}_k^a,\boldsymbol{y}_k^a,\boldsymbol{z}_k^a)$分别表示载体的位置向量、速度向量和加速度向量，则两个模型均可表示为 $\boldsymbol{x}_k=\boldsymbol{F}\boldsymbol{x}_{k-1}+\boldsymbol{w}_{k-1}$。

模型一：近匀速运动模型的载体状态转移矩阵为（此时，载体的运动状态仅包括位置向量和速度向量）

$$\boldsymbol{F}_{ncv}=\begin{bmatrix}\boldsymbol{I}_{3\times3} & T\boldsymbol{I}_{3\times3}\\ \boldsymbol{0}_{3\times3} & \boldsymbol{I}_{3\times3}\end{bmatrix}$$

式中：T 为采样时间间隔；$\boldsymbol{I}_{3\times3}$ 和 $\boldsymbol{0}_{3\times3}$ 分别为相容维数的单位矩阵和零矩阵。此时的过程噪声建模为零均值高斯白噪声过程且协方差矩阵为

$$\boldsymbol{Q}_{ncv}=S_p\begin{bmatrix}\dfrac{T^3}{3}\boldsymbol{I}_{3\times3} & \dfrac{T^2}{2}\boldsymbol{I}_{3\times3}\\ \dfrac{T^2}{2}\boldsymbol{I}_{3\times3} & T\boldsymbol{I}_{3\times3}\end{bmatrix}$$

式中：S_p 为相应连续噪声过程的功率谱密度值。

模型二：近匀加速运动模型的载体状态转移矩阵为

$$\boldsymbol{F}_{nca}=\begin{bmatrix}\boldsymbol{I}_{3\times3} & T\boldsymbol{I}_{3\times3} & \dfrac{T^2}{2}\boldsymbol{I}_{3\times3}\\ \boldsymbol{0}_{3\times3} & \boldsymbol{I}_{3\times3} & T\boldsymbol{I}_{3\times3}\\ \boldsymbol{0}_{3\times3} & \boldsymbol{0}_{3\times3} & \boldsymbol{I}_{3\times3}\end{bmatrix}$$

此时的过程噪声建模为零均值高斯白噪声过程且协方差矩阵为

$$\boldsymbol{Q}_{nca}=S_q\begin{bmatrix}\frac{T^5}{20}\boldsymbol{I}_{3\times3} & \frac{T^4}{8}\boldsymbol{I}_{3\times3} & \frac{T^3}{6}\boldsymbol{I}_{3\times3}\\ \frac{T^4}{8}\boldsymbol{I}_{3\times3} & \frac{T^3}{3}\boldsymbol{I}_{3\times3} & \frac{T^2}{2}\boldsymbol{I}_{3\times3}\\ \frac{T^3}{6}\boldsymbol{I}_{3\times3} & \frac{T^2}{2}\boldsymbol{I}_{3\times3} & T\boldsymbol{I}_{3\times3}\end{bmatrix}$$

式中:S_q 为相应连续噪声过程的功率谱密度值。

与卫星时钟相比,GPS 接收机的时钟是有误差的。记 b_k 和 d_k 分别为 GPS 接收机的钟差和漂移,则时钟误差可以建模为

$$\dot{b}=d+u_b$$

$$\dot{d}=u_d$$

式中:u_b 和 u_d 为独立的零均值高斯白噪声过程,且协方差矩阵分别为 $\boldsymbol{S}_f$ 和 $\boldsymbol{S}_g$。

上述离散化的等价形式为

$$\begin{bmatrix}b_k\\ d_k\end{bmatrix}=\begin{bmatrix}1 & T\\ 0 & 1\end{bmatrix}\begin{bmatrix}b_{k-1}\\ d_{k-1}\end{bmatrix}+\boldsymbol{w}_{k-1}^c$$

式中:$\boldsymbol{w}_{k-1}^c$ 为零均值高斯白噪声序列,且协方差矩阵为

$$\boldsymbol{Q}_c=\begin{bmatrix}\boldsymbol{S}_fT+\boldsymbol{S}_g\frac{T^3}{3} & \boldsymbol{S}_g\frac{T^2}{2}\\ \boldsymbol{S}_g\frac{T^2}{2} & \boldsymbol{S}_gT\end{bmatrix}$$

GPS 接收机收到的量测信息为第 i 颗可见星播发的伪距信号,即

$$\rho_k^i=r_k^i+c(\delta t-\delta t^i)+I_k^i+T_k^i+\in_k^i+w_k^i$$

$$r_k^i=\sqrt{(x_k^p-x_{i,k}^p)^2+(y_k^p-y_{i,k}^p)^2+(z_k^p-z_{i,k}^p)^2},\quad i=1,2,\cdots,n_k$$

式中:$(x_{i,k}^p,y_{i,k}^p,z_{i,k}^p)$为 k 时刻第 i 颗可见星在以地心为原点的地固坐标系(Earth-Centered Earth Fixed,ECEF)中的位置;n_k 为可见星的个数;r_k^i 表示 GPS 接收机与第 i 颗可见星之间的真实距离;c 为光速;δt 为接收机与 GPS 标准时间的时钟偏差;$\delta t-\delta t^i$ 即为接收机与第 i 颗可见星之间的时钟偏差;I_k^i 和 T_k^i 分别为信号穿过电离层和对流层时引起的时滞距离;$\in_k^i$ 为未建模误差;w_k^i 为量测噪声。

伪距量测的总误差可以表示为一个自相关 Markov 噪声序列 w_{ck}^i 与一个高斯白噪声序列 w_{nk}^i 的和,它们也分别称为伪距误差的相关部分和不相关部分,即量测方程可以重新描述为

$$\rho_k^i=r_k^i+b_k+w_{ck}^i+w_{nk}^i,\quad i=1,2,\cdots,n_k$$

若记 $\boldsymbol{X}_k=(\boldsymbol{x}_k^{\mathrm{T}},b_k,d_k)^{\mathrm{T}}$,且假设运动模型一和模型二之间的切换用 Markov 链进行描述,则载体的运动方程和量测方程可以表示为

$$\boldsymbol{X}_k=\boldsymbol{F}(r_k)\boldsymbol{X}_{k-1}+\boldsymbol{W}(r_k)$$
$$\boldsymbol{Z}_k=h(\boldsymbol{X}_k)+\boldsymbol{V}_k$$

式中：$r_k\in\{1,2\}$表示离散时间的两状态 Markov 链，且转移概率矩阵为 $\boldsymbol{\Pi}=[\pi_{ij}]_{2\times 2}$；系统状态转移矩阵 $\boldsymbol{F}(r_k)$可以由运动模型和时钟误差模型得到；类似可以得到过程噪声 $\boldsymbol{W}(r_k)$的协方差矩阵。非线性量测函数 $h(\cdot)$的维数由不同时刻的可见星个数确定，即 GPS 接收机接收到不同可见星的伪距信号以中心式融合的方式构成了量测向量，同样可以得到量测噪声 $\boldsymbol{V}_k$ 的表达形式。当 $r_k=i$ 时，简记 $\boldsymbol{F}(r_k)=\boldsymbol{F}_i$。

由于量测噪声不再是单纯的高斯白噪声过程，我们考虑使用 UHF 算法与 IMM 方法结合处理随机跳变系统的滤波问题。

5.1.2　算法设计

针对上述随机跳变系统，我们利用 UHF 作为 IMM 方法中的单模型滤波器。假设已获取 $k-1$ 时刻各模型的状态估计 $\hat{\boldsymbol{x}}^i_{k-1|k-1}$、$\boldsymbol{P}^i_{k-1|k-1}$ 以及模式概率 μ^i_{k-1}，则迭代过程如下：

步骤一：模型条件重初始化，即

$$\mu^{i|j}_{k-1}=\frac{\pi_{ij}\mu^i_{k-1}}{\sum_{i=1}^{M}\pi_{ij}\mu^i_{k-1}}$$

$$\hat{\boldsymbol{x}}^{0j}_{k-1|k-1}=\sum_{i=1}^{M}\mu^{i|j}_{k-1}\hat{\boldsymbol{x}}^i_{k-1|k-1}$$

$$\boldsymbol{P}^{0j}_{k-1|k-1}=\sum_{i=1}^{M}\mu^{i|j}_{k-1}[\boldsymbol{P}^i_{k-1|k-1}+(\hat{\boldsymbol{x}}^i_{k-1|k-1}-\hat{\boldsymbol{x}}^{0j}_{k-1|k-1})(\hat{\boldsymbol{x}}^i_{k-1|k-1}-\hat{\boldsymbol{x}}^{0j}_{k-1|k-1})^{\mathrm{T}}]$$

步骤二：模型条件预测，即

$$\boldsymbol{\chi}^{j,0}_{k-1|k-1}=\hat{\boldsymbol{x}}^{0j}_{k-1|k-1}$$

$$\boldsymbol{\chi}^{j,s}_{k-1|k-1}=\hat{\boldsymbol{x}}^{0j}_{k-1|k-1}+\left(\sqrt{(n+\kappa)\boldsymbol{P}^{0j}_{k-1|k-1}}\right)_{+s},\quad s=1,2,\cdots,11$$

$$\boldsymbol{\chi}^{j,s}_{k-1|k-1}=\hat{\boldsymbol{x}}^{0j}_{k-1|k-1}-\left(\sqrt{(n+\kappa)\boldsymbol{P}^{0j}_{k-1|k-1}}\right)_{+s},\quad s=12,13,\cdots,22$$

$$\boldsymbol{\chi}^{j,s}_{k|k-1}=\boldsymbol{F}_j\boldsymbol{\chi}^{j,s}_{k-1|k-1}$$

$$\hat{\boldsymbol{x}}^j_{k|k-1}=\sum_{s=0}^{22}W_s\boldsymbol{\chi}^{j,s}_{k|k-1}$$

$$\boldsymbol{P}^j_{k|k-1}=\sum_{s=0}^{22}W_s(\boldsymbol{\chi}^{j,s}_{k|k-1}-\hat{\boldsymbol{x}}^j_{k|k-1})(\boldsymbol{\chi}^{j,s}_{k|k-1}-\hat{\boldsymbol{x}}^j_{k|k-1})^{\mathrm{T}}+\boldsymbol{Q}^j_k$$

步骤三：模型条件更新，即

$$\hat{\boldsymbol{x}}_{k|k}^{j}=\hat{\boldsymbol{x}}_{k|k-1}^{j}+\boldsymbol{P}_{xz}^{j}(\boldsymbol{R}_{j}+\boldsymbol{P}_{zz}^{j})^{-1}(\boldsymbol{z}_{k}-\hat{\boldsymbol{z}}_{k|k-1}^{j})$$

$$\boldsymbol{P}_{k|k}^{j}=\boldsymbol{P}_{k|k-1}^{j}-\left[\boldsymbol{P}_{xz}^{j}\quad\boldsymbol{P}_{k|k-1}^{j}\right](\boldsymbol{R}_{e,k}^{j})^{-1}\left[\boldsymbol{P}_{xz}^{j}\quad\boldsymbol{P}_{k|k-1}^{j}\right]^{\mathrm{T}}$$

$$\hat{\boldsymbol{z}}_{k|k-1}^{j}=\sum_{s=0}^{22}W_{s}h(\boldsymbol{\chi}_{k|k-1}^{j,s})$$

$$\boldsymbol{P}_{zz}^{j}=\sum_{s=0}^{22}W_{s}\left[h(\boldsymbol{\chi}_{k|k-1}^{j,s})-\hat{\boldsymbol{z}}_{k|k-1}^{j}\right]\left[h(\boldsymbol{\chi}_{k|k-1}^{j,s})-\hat{\boldsymbol{z}}_{k|k-1}^{j}\right]^{\mathrm{T}}$$

$$\boldsymbol{P}_{xz}^{j}=\sum_{s=0}^{22}W_{s}(\boldsymbol{\chi}_{k|k-1}^{j,s}-\hat{\boldsymbol{x}}_{k|k-1}^{j})\left[h(\boldsymbol{\chi}_{k|k-1}^{j,s})-\hat{\boldsymbol{z}}_{k|k-1}^{j}\right]^{\mathrm{T}}$$

$$\boldsymbol{R}_{e,k}^{j}=\begin{bmatrix}\boldsymbol{R}_{k}+\boldsymbol{P}_{zz}^{j} & (\boldsymbol{P}_{xz}^{j})^{\mathrm{T}}\\ \boldsymbol{P}_{xz}^{j} & -\gamma\boldsymbol{I}+\boldsymbol{P}_{k|k-1}^{j}\end{bmatrix}$$

步骤四:模型概率更新,即

$$\mu_{k}^{j}=\frac{c_{j}\Lambda_{k}^{j}}{\sum_{i=1}^{2}c_{i}\Lambda_{k}^{i}}$$

式中:$c_{j}=\sum_{i=1}^{2}\pi_{ij}\mu_{k-1}^{i}$;模型似然概率为

$$\Lambda_{k}^{j}=N(\boldsymbol{z}_{k};\hat{\boldsymbol{z}}_{k|k-1}^{j},\boldsymbol{P}_{zz}^{j}+\boldsymbol{R}_{k})$$

步骤五:估计融合,即

$$\hat{\boldsymbol{x}}_{k|k}=\sum_{j=1}^{2}\mu_{k}^{j}\hat{\boldsymbol{x}}_{k|k}^{j}$$

$$\boldsymbol{P}_{k|k}=\sum_{j=1}^{2}\mu_{k}^{j}\left[\boldsymbol{P}_{k|k}^{j}+(\hat{\boldsymbol{x}}_{k|k}^{j}-\hat{\boldsymbol{x}}_{k|k})(\hat{\boldsymbol{x}}_{k|k}^{j}-\hat{\boldsymbol{x}}_{k|k})^{\mathrm{T}}\right]$$

在上述算法实现中,矩阵 $\boldsymbol{R}_k$ 为 H_∞ 滤波中的加权矩阵,而非相应的量测噪声协方差矩阵。此外,由于运动模型为线性,步骤二中的模型条件预测可以采用 Kalman 滤波的预测过程进行实现,而在步骤三中基于预测估计及相应的协方差矩阵产生 σ 点。

5.1.3 仿真结果

在仿真过程中,假设目标初始位置为东经 118.07°、北纬 32°,高度 3 885.7 m,相当于 WGS－84 ECEF 坐标系中的$[-2\ 549\ 639.1, 4\ 779\ 859.8, 3\ 362\ 490.5]^{\mathrm{T}}$(单位:m)。目标的运动轨迹如图 5.1 所示,图 5.2 给出了目标速度的变化情况。

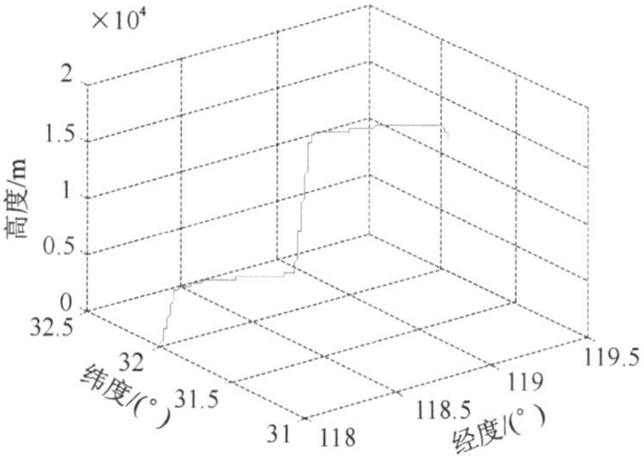

图 5.1　载体运动轨迹

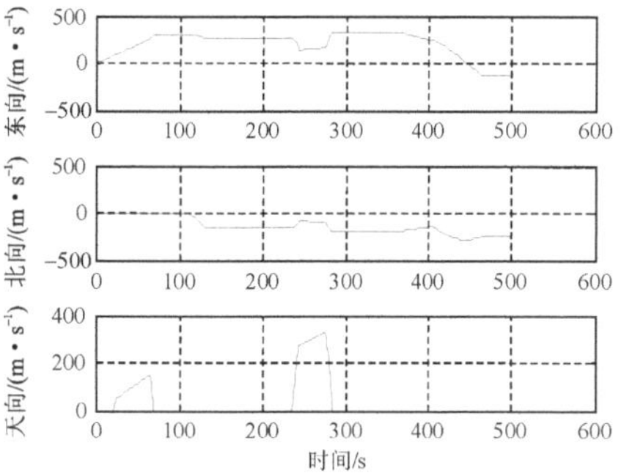

图 5.2　载体速度变化

在仿真过程中的参数设置如下：采样时间间隔取为 $T=1$ s；过程噪声的功率谱密度分别取为 $S_p=100$ 和 $S_q=400$；时钟偏差模型中的噪声功率谱密度分别取为 $S_f=4\times10^{-19}$ 和 $S_g=1.58\times10^{-18}$。而对于量测噪声，假设自相关噪声 w_{ck}^i 的标准差为 $\sigma_c=15$，不相关噪声 w_{nk}^i 的标准差同样取为 $\sigma_n=15$。运动模型 Markov 链的转移概率为 $\pi_{11}=\pi_{22}=0.95$ 和 $\pi_{12}=\pi_{21}=0.05$。

通过对算法执行 100 次 Monte Carlo 仿真，图 5.3 给出了 IMM－UHF 与单运动模型的位置均方根误差比较结果，如图所示，模型一在目标发生机动时产生了较大误差，这是由于近匀速运动模型不适合用于描述载体的高速机动，而且所提出的 IMM－UHF 要总体优于单模型方法。图 5.4 给出了 IMM－UHF 与 IMM－UKF 的位置均方根误差比较结果，同样可以看出基于 H_∞ 滤波的算法更适合处理噪声非高斯情形。

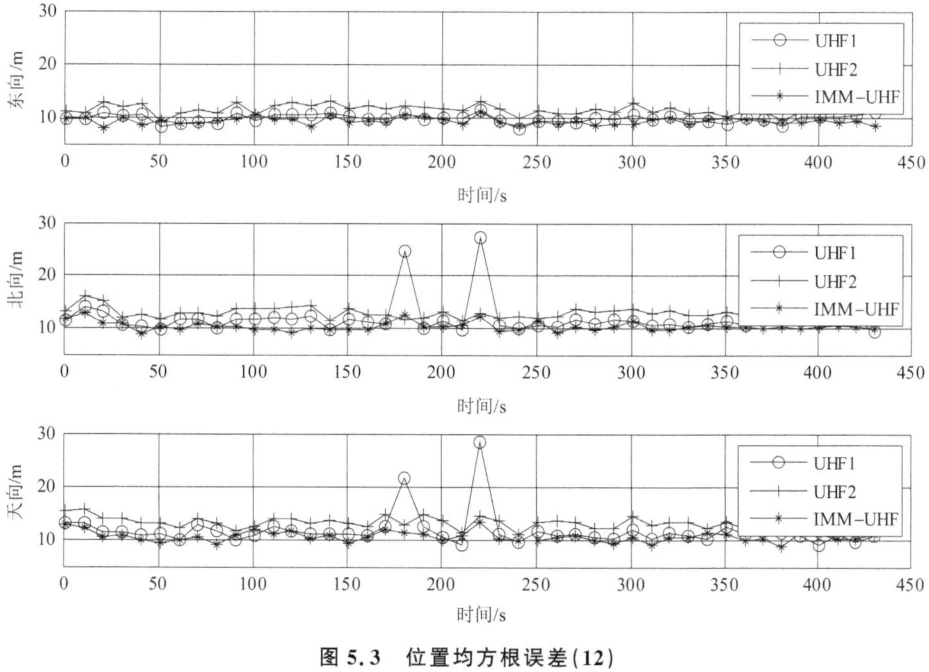

图 5.3　位置均方根误差(12)

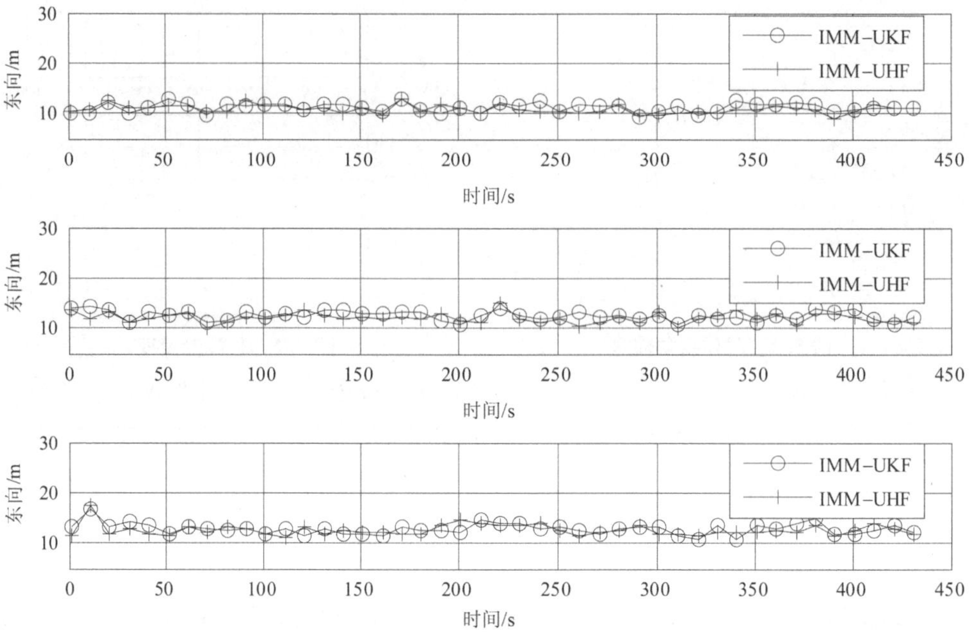

图 5.4 位置均方根误差(13)

5.2 在车辆定位中的应用

5.2.1 模型描述

采用 Ackerman 的转向模型描述车辆的运动行为,即

$$\begin{bmatrix} \dot{X}_c(t) \\ \dot{Y}_c(t) \\ \dot{\alpha}(t) \end{bmatrix} = \begin{bmatrix} V_c(t)\cos[\alpha(t)] \\ V_c(t)\sin[\alpha(t)] \\ \dfrac{V_c(t)}{L}\tan[\beta(t)] \end{bmatrix}$$

式中:$(X_c(t),Y_c(t))$为车辆后轴的中心;$V_c(t)$为速度;α 和 β 分别为车辆的方位角和转向角;L 为车辆前后轴之间的距离。

假设在车辆的左前方安装有 GPS 导航仪,位置记为 $P(X,Y)$,则可以通过建立车辆位置与导航仪位置之间的关系式,把车辆的运动模型转化为导航仪的运动模型,即

$$\begin{bmatrix} X(t) \\ Y(t) \end{bmatrix} = \begin{bmatrix} X_c(t) + a\cos[\alpha(t)] - b\sin[\alpha(t)] \\ Y_c(t) + a\sin[\alpha(t)] + b\cos[\alpha(t)] \end{bmatrix}$$

式中:a 为导航仪与车辆后轴之间的距离;b 为导航仪与中轴的距离。

把连续时间的车辆运动模型一阶逼近代入上式可得离散时间模型，即

$$\begin{bmatrix} X_{k+1} \\ Y_{k+1} \\ V_{k+1} \\ \alpha_{k+1} \\ \beta_{k+1} \end{bmatrix} = \begin{bmatrix} X_k + T\left\{V_k\cos(\alpha_k) - [a\sin(\alpha_k) + b\cos(\alpha_k)]\dfrac{V_k}{L}\tan(\beta_k)\right\} \\ Y_k + T\left\{V_k\sin(\alpha_k) + [a\cos(\alpha_k) - b\sin(\alpha_k)]\dfrac{V_k}{L}\tan(\beta_k)\right\} \\ V_k + T\dot{V}_k \\ \alpha_k + T\dfrac{V_k}{L}\tan(\beta_k) \\ \beta_k + T\dot{\beta}_k \end{bmatrix}$$

式中：T 为采样时间间隔；$(\dot{V}_k, \dot{\beta}_k)^{\mathrm{T}}$ 被建模为零均值高斯白噪声过程且具有协方差矩阵 $\boldsymbol{Q}_k^1 = \mathrm{diag}\{0.1^2, 0.01^2\}$。这种建模方式实际与近匀速运动模型类似，后者把加速度建模为零均值高斯白噪声过程。

注意，上述模型中转向角 β_k 被建模为一阶函数。换句话说，上述模型适合描述近直线运动或者描述不是急转弯的运动轨迹。为了进一步使上述模型更加适合实际场景，下面把转向角 β_k 建模为二阶函数，这实际是近匀加速模型的思想，即在后者中把加速度的导数建模为零均值高斯白噪声过程。由此得

$$\begin{bmatrix} X_{k+1} \\ Y_{k+1} \\ V_{k+1} \\ \alpha_{k+1} \\ \beta_{k+1} \\ \dot{\beta}_{k+1} \end{bmatrix} = \begin{bmatrix} X_k + T\left\{V_k\cos(\alpha_k) - [a\sin(\alpha_k) + b\cos(\alpha_k)]\dfrac{V_k}{L}\tan(\beta_k)\right\} \\ Y_k + T\left\{V_k\sin(\alpha_k) + [a\cos(\alpha_k) - b\sin(\alpha_k)]\dfrac{V_k}{L}\tan(\beta_k)\right\} \\ V_k + T\dot{V}_k \\ \alpha_k + T\dfrac{V_k}{L}\tan(\beta_k) \\ \beta_k + T\dot{\beta}_k \\ \dot{\beta}_k + T\ddot{\beta}_k \end{bmatrix}$$

式中：$(\dot{V}_k, \ddot{\beta}_k)^{\mathrm{T}}$ 为零均值高斯白噪声过程且具有协方差矩阵 $\boldsymbol{Q}_k^2 = \mathrm{diag}\{0.1^2, 0.2^2\}$。

为方便讨论，我们分别记上述模型为“模型 1”和“模型 2”。由于车辆在实际运动中可能在两个运动模型之间进行切换，因此可以用 Markov 链描述这种行为，从而把车辆定位中的运动模型建模为非线性随机跳变系统。此外，两个模型的维数是不同的，一种直接方法是在“模型 1”中增加一维 $\dot{\beta}_{k+1} = 0$。

假设在车辆上安装了导航仪、速度传感器以及转向角传感器，则量测方程可以表示为

$$z_k = \begin{bmatrix} X_k \\ Y_k \\ [1+\tan(\beta_k)H/L]V_k \\ \beta_k \end{bmatrix} + v_k$$

式中:量测噪声 v_k 被建模为零均值高斯白噪声过程且协方差矩阵 R_k 为未知量。

如果把车辆运动模式的切换用一个 Markov 链表示,则运动模型及量测模型可以表示为如下的非线性随机跳变系统:

$$x_k = f(x_{k-1}, r_k) + w_k(r_k)$$
$$z_k = h(x_k) + v_k$$

式中:$x_k = (X_k, Y_k, V_k, \alpha_k, \beta_k, \dot{\beta}_k)^{\mathrm{T}}$ 为车辆在 k 时刻的运动状态;$r_k \in \{1,2\}$ 为一个两状态离散时间 Markov 链,设其转移概率矩阵为 $\Pi = [\pi_{ij}]_{2\times 2}$;$f(\cdot,\cdot)$ 与 $h(\cdot)$ 分别为车辆运动状态转移函数和量测函数。接下来,我们将利用非线性随机跳变系统风险灵敏性滤波算法来处理过程噪声和量测噪声统计性质未知的问题,从而实现车辆的定位。

5.2.2 算法设计

针对上述离散时间非线性随机跳变系统,我们采用风险灵敏性滤波算法来获取车辆状态的估计。为避免内容重复,下面直接给出算法的迭代过程。假设在 $k-1$ 时刻已得到滤波信息状态中各高斯逼近分布的权重 d_{k-1}^i,均值 $\hat{x}_{k-1|k-1}^i$,相应的误差协方差矩阵 $\Sigma_{k-1|k-1}^i$,以及风险灵敏性滤波估计 $\hat{x}_{k-1|k-1}^{RS}$,则算法过程如下:

步骤一:模型条件重初始化,即

$$d_{k-1}^{0j} = \sum_{i=1}^{2} \pi_{ij} d_{k-1}^i$$

$$\hat{x}_{k-1|k-1}^{0j} = \sum_{i=1}^{2} \frac{\pi_{ij} d_{k-1}^i}{d_{k-1}^{0j}} \hat{x}_{k-1|k-1}^i$$

$$\Sigma_{k-1|k-1}^{0j} = \sum_{i=1}^{2} \frac{\pi_{ij} d_{k-1}^i}{d_{k-1}^{0j}} [\Sigma_{k-1|k-1}^i + (\hat{x}_{k-1|k-1}^i - \hat{x}_{k-1|k-1}^{0j})(\hat{x}_{k-1|k-1}^i - \hat{x}_{k-1|k-1}^{0j})^{\mathrm{T}}]$$

步骤二:模型条件预测,即

$$\hat{x}_{k-1|k-1}^{0j+} = \Sigma_{k-1|k-1}^{0j+} [(\Sigma_{k-1|k-1}^{0j})^{-1} \hat{x}_{k-1|k-1}^{0j} - \theta W_{k-1} \hat{x}_{k-1|k-1}^{RS}]$$

$$\Sigma_{k-1|k-1}^{0j+} = [(\Sigma_{k-1|k-1}^{0j})^{-1} - \theta W_{k-1}]^{-1}$$

$$S_{k-1}^{0j} = (\theta W_{k-1})^{-1} - \Sigma_{k-1|k-1}^{0j}$$

$$\chi_{k-1}^{j,s} = \hat{x}_{k-1|k-1}^{0j+} + \sqrt{\Sigma_{k-1|k-1}^{0j+}}\, \xi_s, \quad s = 1, \cdots, 2n$$

$$\hat{x}_{k|k-1}^j = \frac{1}{12} \sum_{s=1}^{12} f_j(\chi_{k-1}^{j,s})$$

$$\Sigma_{k|k-1}^j = \frac{1}{12} \sum_{s=1}^{12} f_j(\chi_{k-1}^{j,s}) [f_j(\chi_{k-1}^{j,s})]^{\mathrm{T}} - \hat{x}_{k|k-1}^j (\hat{x}_{k|k-1}^j)^{\mathrm{T}} + Q_k^j$$

步骤三：模型条件更新，即

$$\boldsymbol{\chi}_{k|k-1}^{j,s}=\hat{\boldsymbol{x}}_{k|k-1}^{j}+\sqrt{\boldsymbol{\Sigma}_{k|k-1}^{j}}\xi_{s},\quad s=1,\cdots,12$$

$$\hat{\boldsymbol{z}}_{k|k-1}^{j}=\frac{1}{12}\sum_{s=1}^{12}h(\boldsymbol{\chi}_{k|k-1}^{j,s})$$

$$\boldsymbol{S}_{k}^{j}=\frac{1}{12}\sum_{s=1}^{12}h(\boldsymbol{\chi}_{k|k-1}^{j,s})[h(\boldsymbol{\chi}_{k|k-1}^{j,s})]^{\mathrm{T}}-\hat{\boldsymbol{z}}_{k|k-1}^{j}(\hat{\boldsymbol{z}}_{k|k-1}^{j})^{\mathrm{T}}+\boldsymbol{R}_{k}$$

$$\boldsymbol{\Sigma}_{xz}^{j}=\frac{1}{12}\sum_{s=1}^{12}\boldsymbol{\chi}_{k|k-1}^{j,s}[h(\boldsymbol{\chi}_{k|k-1}^{j,s})]^{\mathrm{T}}-\hat{\boldsymbol{x}}_{k|k-1}^{j}(\hat{\boldsymbol{z}}_{k|k-1}^{j})^{\mathrm{T}}$$

$$\boldsymbol{d}_{k}^{j}=\frac{\boldsymbol{d}_{k-1}^{0j}}{\bar{p}(\boldsymbol{z}_{k})}\frac{\sqrt{|\boldsymbol{\Sigma}_{k-1|k-1}^{0j+}|}}{\sqrt{|\boldsymbol{\Sigma}_{k-1|k-1}^{0j}|}}N(\boldsymbol{z}_{k};\hat{\boldsymbol{z}}_{k|k-1}^{j},\boldsymbol{S}_{k}^{j})\exp(\hat{\boldsymbol{x}}_{k-1|k-1}^{0j};\hat{\boldsymbol{x}}_{k-1|k-1}^{RS},\boldsymbol{S}_{k-1}^{0j})$$

$$\hat{\boldsymbol{x}}_{k|k}^{j}=\hat{\boldsymbol{x}}_{k|k-1}^{j}+\boldsymbol{\Sigma}_{xz}^{j}(\boldsymbol{S}_{k}^{j})^{-1}(\boldsymbol{z}_{k}-\hat{\boldsymbol{z}}_{k|k-1}^{j})$$

$$\boldsymbol{\Sigma}_{k|k}^{j}=\boldsymbol{\Sigma}_{k|k-1}^{j}-\boldsymbol{\Sigma}_{xz}^{j}(\boldsymbol{S}_{k}^{j})^{-1}(\boldsymbol{\Sigma}_{xz}^{j})^{\mathrm{T}}$$

步骤四：风险灵敏性滤波估计，即

$$\hat{\boldsymbol{x}}_{k|k}^{RS}=\sum_{j=1}^{2}\frac{\boldsymbol{d}_{k}^{j}}{\sum_{i=1}^{2}\boldsymbol{d}_{k}^{i}}\hat{\boldsymbol{x}}_{k|k}^{j}$$

$$\boldsymbol{\Sigma}_{k|k}^{RS}=\sum_{j=1}^{2}\frac{\boldsymbol{d}_{k}^{j}}{\sum_{i=1}^{2}\boldsymbol{d}_{k}^{i}}[\boldsymbol{\Sigma}_{k|k}^{j}+(\hat{\boldsymbol{x}}_{k|k}^{j}-\hat{\boldsymbol{x}}_{k|k}^{RS})(\hat{\boldsymbol{x}}_{k|k}^{j}-\hat{\boldsymbol{x}}_{k|k}^{RS})^{\mathrm{T}}]$$

在上述实现过程中，采用数值积分来处理风险灵敏性滤波中遇到的高维积分计算问题，同样也可以采用无迹变换技术，但是由于车辆运动状态是六维的，产生的 σ 点的权重出现负值，因此在仿真过程中可能由于得到的协方差矩阵不是正定的而导致无法进一步实行 Cholesky 分解，从而出现运行终止的情形。

5.2.3 仿真结果

在仿真过程中，选取如下参数：$L=2.83$，$H=0.75$，$a=3.78$，以及 $b=0.5$。采样时间间隔为 $T=0.1$，风险灵敏性参数 θ 和权重矩阵 $\boldsymbol{W}_k$ 分别为 $\theta=0.01$ 和 $\boldsymbol{W}_k=\boldsymbol{I}_{6\times 6}$ 单位阵。Markov 链的转移概率取为 $\pi_{11}=\pi_{22}=0.75$ 和 $\pi_{12}=\pi_{21}=0.25$。

生成车辆运动轨迹的 MATLAB 程序如下：

```
for k = 2:50
    x(k) = x(k - 1) + T * (xv(k - 1) * cos(phi(k - 1)) - (a * sin(phi(k - 1)) + b * cos(phi(k
    - 1))) * xv(k - 1)/L * tan(beta(k - 1)));
    y(k) = y(k - 1) + T * (xv(k - 1) * sin(phi(k - 1)) + (a * cos(phi(k - 1)) - b * sin(phi(k
    - 1))) * xv(k - 1)/L * tan(beta(k - 1)));
    xv(k) = xv(k - 1) + T * q1 * randn;
```

```
        phi(k) = phi(k - 1) + T * xv(k - 1)/L * tan(beta(k - 1));
        beta(k) = beta(k - 1) + T * q2 * randn;
        dbeta(k) = 0;
    end
    for k = 51:100
        x(k) = x(k - 1) + T * (xv(k - 1) * cos(phi(k - 1)) - (a * sin(phi(k - 1)) + b * cos(phi(k
        - 1))) * xv(k - 1)/L * tan(beta(k - 1)));
        y(k) = y(k - 1) + T * (xv(k - 1) * sin(phi(k - 1)) + (a * cos(phi(k - 1)) - b * sin(phi(k
        - 1))) * xv(k - 1)/L * tan(beta(k - 1)));
        xv(k) = xv(k - 1) + T * q1 * randn;
        phi(k) = phi(k - 1) + T * xv(k - 1)/L * tan(beta(k - 1));
        beta(k) = beta(k - 1) + T * dbeta(k - 1);
        dbeta(k) = dbeta(k - 1) + T * q3 * randn;
    end
    for k = 101:150
        x(k) = x(k - 1) + T * (xv(k - 1) * cos(phi(k - 1)) - (a * sin(phi(k - 1)) + b * cos(phi(k
        - 1))) * xv(k - 1)/L * tan(beta(k - 1)));
        y(k) = y(k - 1) + T * (xv(k - 1) * sin(phi(k - 1)) + (a * cos(phi(k - 1)) - b * sin(phi(k
        - 1))) * xv(k - 1)/L * tan(beta(k - 1)));
        xv(k) = xv(k - 1) + T * q1 * randn;
        phi(k) = phi(k - 1) + T * xv(k - 1)/L * tan(beta(k - 1));
        beta(k) = beta(k - 1) + T * q2 * randn;
        dbeta(k) = 0;
    end
```

如图 5.5 所示,车辆的运动轨迹如下:车辆的初始位置为(10,20)(单位:m),然后向北以近匀速运动 5 s,接着执行顺时针右转弯运动 5 s,最后向东以近匀速运动 5 s。假设目标在运动中的用来描述加速度和转向角导数的噪声过程协方差矩阵是未知的。为尽可能覆盖噪声的强度,在设计算法时,我们选取 $\widetilde{\boldsymbol{Q}}_k^i=36\boldsymbol{Q}_k^i$ 和 $\widetilde{\boldsymbol{R}}_k=4\boldsymbol{R}_k$。

图 5.5 同时给出了经过一次算法运行得到的车辆位置估计,由此可见,所提出的算法可以很好地对车辆进行定位。此外,在图 5.6 中给出了经过 100 次 Monte Carlo 仿真的位置根均方误差,通过与采用单模型滤波的性能进行比较,可以看出采用多模型方法可以得到更高的定位精度。特别地,由于"模型 1"仅能描述近直线运动,因此在车辆进行转弯时产生了较大的误差,换句话说,它不适合描述车辆机动情形。

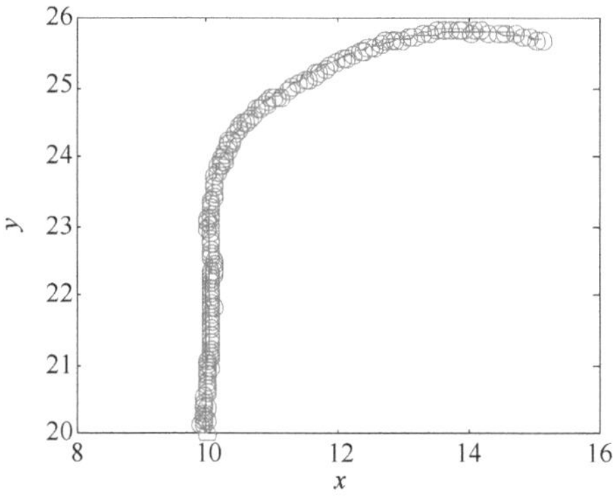

图 5.5　车辆运动轨迹及估计

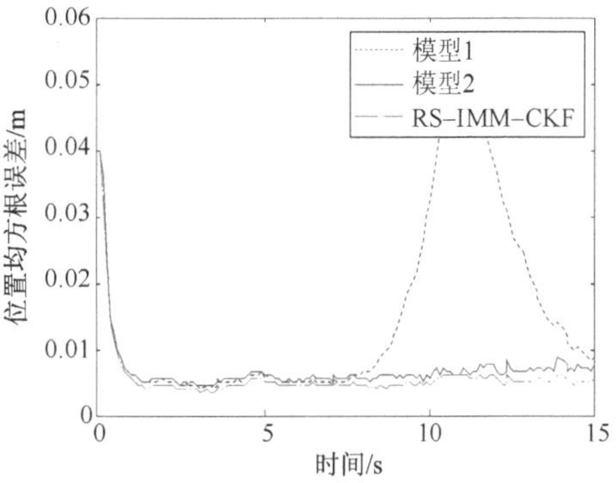

图 5.6　位置均方根误差(14)

5.3　小　结

本章介绍了多模型滤波算法在 GPS 导航和车辆定位中的应用。通过把运动载体和车辆的机动行为描述为运动模式的切换，根据实际情况分别建立了两状态的线性和非线性随机跳变系统模型，利用前面章节中发展的多模型滤波算法，对具体模型进行了仿真验证。

参考文献

[1] 周宏仁，敬忠良，王培德. 机动目标跟踪[M]. 北京：国防工业出版社，1991.
[2] 韩崇昭，朱洪艳，段战胜，等. 多源信息融合[M]. 北京：清华大学出版社，2006.
[3] Bar-Shalom Y, Li X R. Estimation and Tracking: Principles, Techniques, and Software[M]. Boston, MA: Artech House, 1993.
[4] Bar-Shalom Y, Li X R. Multitarget-Multisensor Tracking: Principles and Techniques[M]. Storrs, CT: YBS Publishing, 1995.
[5] Bar-Shalom Y, Li X R, Kirubarajan T. Estimation with Applications to Tracking and Navigation: Theory, Algorithms, and Software[M]. NewYork: Wiley, 2001.
[6] Li X R, Jilkov V P. Survey of Maneuvering Target Tracking. Part I: Dynamic Models[J]. IEEE Transactions on Aerospace and Electronic Systems, 2003, 39(4): 1333-1364.
[7] Li X R, Jilkov V P. Survey of Maneuvering Target Tracking. Part II: Motion Models of Ballistic and Space Targets[J]. IEEE Transactions on Aerospace and Electronic Systems, 2010, 46(1): 96-119.
[8] Li X R, Jilkov V P. A Survey of Maneuvering Target Tracking. Part III: Measurement Models[C]. Proceedings of the 2001 SPIE Conference on Signal and Data Processing of Small Targets, 2001: 423-446.
[9] Li X R, Jilkov V P. A Survey of Maneuvering Target Tracking. Part IV: Decision-Based Methods[C]. Proceedings of the 2002 SPIE Conference on Signal and Data Processing of Small Targets, 2002: 511-534.
[10] Li X R, Jilkov V P. Survey of Maneuvering Target Tracking. Part V: Multiple-Model Methods[J]. IEEE Transactions on Aerospace and Electronic Systems, 2005, 41(4): 1255-1321.

[11] Li X R. Multiple-Model Estimation with Variable Structure. Part II: Model-Set Adaptation[J]. IEEE Transactions on Automatic Control, 2000, 45(11): 2047-2060.

[12] Li X R, Zhi X R, Zhang Y M. Multiple-Model Estimation with Variable Structure. Part III: Model-Group Switching Algorithm[J]. IEEE Transactions on Aerospace and Electronic Systems, 1999, 35(1): 225-241.

[13] Li X R, Zhang Y M, Zhi X R. Multiple-Model Estimation with Variable Structure. Part IV: Design and Evaluation of Model-Group Switching Algorithm[J]. IEEE Transactions on Aerospace and Electronic Systems, 1999, 35(1): 242-254.

[14] Li X R, Zhang Y M. Multiple-Model Estimation with Variable Structure. Part V: Likely-Model Set Algorithm[J]. IEEE Transactions on Aerospace and Electronic Systems, 2000, 36(2): 448-466.

[15] Li X R, Jilkov V P, Ru J F. Multiple-Model Estimation with Variable Structure. Part VI: Expected-Mode Augmentation[J]. IEEE Transactions on Aerospace and Electronic Systems, 2005, 41(3): 853-867.

[16] Mahler R. Statistical Multisource Multitarget Information Fusion[M]. Artech House, 2007.